零件设计经典教材系列

UG NX 4.0 中文版基础教程

张云杰　编　著

清华大学出版社
北　京

内 容 简 介

UG 是当前三维图形设计软件中使用最为广泛的应用软件之一,广泛应用于通用机械、模具、家电、汽车及航天领域的设计工作之中。UG NX 4.0 中文版是 UGS 公司推出的最新版本。本书从实用角度出发介绍使用 UG NX 4.0 中文版的基础知识,并结合实例介绍其各功能模块的主要作用。全书从 UG NX 4.0 中文版的启动开始,详细介绍 UG NX 4.0 中文版的基本操作、草图绘制、建立实体特征、特征操作、自由曲面、装配、工程图以及 UG NC 加工等内容。

本书结构严谨、内容翔实、知识全面、可读性强,设计实例实用性强、专业性强、步骤明确。主要针对使用 UG NX 4.0 中文版进行机械设计的广大初、中级用户,是快速掌握 UG NX 4.0 的实用指导书,也可作为大专院校计算机辅助设计课程的指导教材。

本书封面贴有清华大学出版社防伪标签,无标签者不得销售。
版权所有,侵权必究。举报:010-62782989,beiqinquan@tup.tsinghua.edu.cn。

图书在版编目(CIP)数据

UG NX 4.0 中文版基础教程/张云杰编著. —北京:清华大学出版社,2007.6(2023.9 重印)
(零件设计经典教材系列)
ISBN 978-7-302-15238-5

Ⅰ. ①U… Ⅱ. ①张… Ⅲ. ①计算机辅助设计—应用软件,UG NX 4.0—高等学校—教材 Ⅳ. ①TP391.72

中国版本图书馆 CIP 数据核字(2007)第 071259 号

责任编辑:张彦青　宋延清
封面设计:杨玉兰
版式设计:北京东方人华科技有限公司
责任校对:李玉萍
责任印制:宋　林

出版发行:清华大学出版社
　　网　　址:http://www.tup.com.cn, http://www.wqbook.com
　　地　　址:北京清华大学学研大厦 A 座　　　邮　编:100084
　　社 总 机:010-83470000　　　　　　　　　　邮　购:010-62786544
　　投稿与读者服务:010-62776969, c-service@tup.tsinghua.edu.cn
　　质量反馈:010-62772015, zhiliang@tup.tsinghua.edu.cn
　　课件下载:http://www.tup.com.cn, 010-62791865

印 装 者:三河市龙大印装有限公司
经　　销:全国新华书店
开　　本:185mm×260mm　　　印　张:24.5　　　字　数:590 千字
版　　次:2007 年 6 月第 1 版　　　　　　　　印　次:2023 年 9 月第 23 次印刷
定　　价:49.00 元

产品编号:022735-02

前 言

UG 是 UGS 公司著名的 3D 产品开发软件，由于其强大的功能，现已逐渐成为当今世界最为流行的 CAD/CAM/CAE 软件之一，广泛应用于通用机械、模具、家电、汽车及航天领域。自从 1990 年 UG 软件进入中国以来，得到了越来越广泛的应用，在汽车、航空、军事、模具等诸多领域大展身手，现已成为我国工业界使用的主要大型 CAD/CAE/CAM 软件。无论资深的企业中坚，还是刚跨出校门的从业人员，都将熟练掌握和应用 UG 作为必备素质。

为了使读者尽快掌握 UG NX 4.0 的使用和设计方法，笔者集多年使用 UG 的设计经验，编写了本书，本书以 UG 的最新版本 UG NX 4.0 中文版为主，通过大量的实例讲解，诠释应用 UG NX 4.0 中文版进行机械设计的方法和技巧。

全书共分 10 章，主要内容包括：UG NX 4.0 的入门和基本操作、草绘设计、建立实体特征的方法、特征的操作方法、自由曲面设计、组件装配设计、工程图设计以及 UG NC 加工基础，在每章中结合了设计范例进行讲解，并在最后一章介绍了三个大型综合范例，以此来说明 UG NX 4.0 实际应用。笔者希望能够以点带面，展现出 UG NX 4.0 中文版的精髓，使读者看到完整的零件设计过程，进一步加深对 UG NX 4.0 各模块的理解和认识，体会 UG NX 4.0 中文版优秀的设计思想和设计功能，从而能够在以后的工程项目中熟练地应用。

本书结构严谨、内容丰富、语言规范，实例侧重于实际设计，实用性强，主要针对使用 UG NX 4.0 中文版进行设计和加工的广大初、中级用户，可以作为设计实战的指导用书，同时也可作为立志学习 UG NX 4.0 进行产品设计和加工的用户的培训教程，本书还可作为大专院校计算机辅助设计课程的高级教材。

另外，本书还配备了交互式多媒体教学光盘，将案例制作过程作为多媒体进行讲解，讲解形式活泼，方便实用，便于读者学习和使用。

本书由张云杰编著，同时参加编写工作的还有姚凌云、李红运、尚蕾、陈颖、张亚慧、张云静、郝利剑、王建刚、李秋梅、张云石、马军、黄雪毅、李超、刘海、白晶、陶春生等，书中的设计实例和光盘效果均由云杰媒体工作室设计制作，感谢云杰媒体工作室在技术上的支持，同时感谢出版社的编辑和老师们的大力协助。

由于编写人员的水平有限，因此书中难免有不足之处，希望广大用户批评指正。

作　者

目 录

第1章 UG NX 4.0 入门 1
1.1 UG NX 4.0 简介 1
1.1.1 UG NX 4.0 的特点 1
1.1.2 UG NX 4.0 的启动与退出 2
1.2 UG NX 4.0 的功能模块 5
1.2.1 CAD 模块 6
1.2.2 CAM 模块 7
1.2.3 CAE 模块 7
1.2.4 其他模块 9
1.3 UG NX 4.0 个性化设置 10
1.3.1 菜单按钮设置 11
1.3.2 自定义工具栏 11
1.3.3 工具栏及工具栏按钮定制 12
1.3.4 工具栏、菜单图标大小设置及状态栏位置摆放 12
1.4 UG NX 4.0 数据交换 13
1.4.1 UG NX 4.0 与 Parasolid 数据交换 13
1.4.2 UG NX 4.0 与 CGM 数据交换 14
1.4.3 UG NX 4.0 与 IGES 数据交换 15
1.4.4 UG NX 4.0 与 DXF/DWG 格式数据交换 16
1.4.5 UG NX 4.0 导入 Imageware 数据 17
1.4.6 UG NX 4.0 与 VRML 格式数据交换 17
1.5 设计范例 18
1.5.1 范例介绍 18
1.5.2 设计步骤 19
1.6 本章小结 24

第2章 UG NX 4.0 基本操作 25
2.1 基本操作工具 25
2.1.1 UG NX 4.0 的操作界面 25
2.1.2 文件管理操作 28
2.1.3 编辑对象 31
2.1.4 通用工具 38
2.1.5 资源栏 45
2.2 视图布局设置 46
2.3 工作图层设置 48
2.4 系统参数设置 50
2.5 设计范例 53
2.6 本章小结 55

第3章 草绘 56
3.1 草图的作用 56
3.1.1 草图绘制功能 56
3.1.2 草图的作用 56
3.2 草图平面 57
3.2.1 草图平面概述 57
3.2.2 指定草图平面 57
3.2.3 重新附着草图平面 60
3.3 草绘设计 60
3.3.1 草图曲线工具栏 60
3.3.2 草图操作工具栏 63
3.4 草图约束与定位 70
3.4.1 草图约束工具栏 70
3.4.2 尺寸约束 70
3.4.3 几何约束 73
3.4.4 编辑草图约束 75
3.4.5 草图定位 80
3.5 设计范例 82
3.5.1 设计分析 82
3.5.2 绘制草图的步骤 83

3.6	本章小结	88

第4章 建立实体特征 89

- 4.1 实体建模概述 89
  - 4.1.1 实体建模的特点 89
  - 4.1.2 建模的工具栏 90
  - 4.1.3 模型导航器 93
- 4.2 成形特征 94
  - 4.2.1 体素特征 94
  - 4.2.2 成形特征 99
  - 4.2.3 扫描特征 110
- 4.3 布尔运算 116
  - 4.3.1 相加运算 116
  - 4.3.2 相减运算 117
  - 4.3.3 相交运算 117
- 4.4 设计范例 118
  - 4.4.1 底座模型介绍 118
  - 4.4.2 建模步骤 118
- 4.5 本章小结 123

第5章 特征的操作 124

- 5.1 特征操作 124
  - 5.1.1 边特征操作 124
  - 5.1.2 面特征操作 128
  - 5.1.3 复制特征操作 131
  - 5.1.4 修改特征操作 135
  - 5.1.5 其他特征操作 136
- 5.2 特征编辑 142
  - 5.2.1 编辑特征参数 142
  - 5.2.2 编辑位置 143
  - 5.2.3 移动特征 144
  - 5.2.4 特征重排序 145
  - 5.2.5 特征替换 145
  - 5.2.6 特征抑制与释放 146
- 5.3 设计范例 147
  - 5.3.1 范例介绍 147
  - 5.3.2 操作步骤 147
- 5.4 本章小结 152

第6章 曲面设计基础 153

- 6.1 概述 153
  - 6.1.1 曲面设计功能概述 153
  - 6.1.2 创建曲面的工具栏 153
- 6.2 曲面特征设计 155
  - 6.2.1 依据点创建曲面 155
  - 6.2.2 依据曲线创建曲面 161
  - 6.2.3 依据曲面创建曲面 182
- 6.3 曲面特征编辑 193
  - 6.3.1 编辑曲面的工具栏 194
  - 6.3.2 移动定义点 194
  - 6.3.3 移动极点 196
  - 6.3.4 扩大 196
  - 6.3.5 等参数修剪/分割 197
  - 6.3.6 片体边界 198
  - 6.3.7 更改参数 200
- 6.4 设计范例 202
  - 6.4.1 零件设计分析 202
  - 6.4.2 模型的创建过程 203
- 6.5 本章小结 217

第7章 装配设计基础 218

- 7.1 装配概述 218
  - 7.1.1 装配的基本术语 219
  - 7.1.2 引用集 221
  - 7.1.3 配对条件 224
- 7.2 装配方式方法 231
  - 7.2.1 从底向上装配设计 232
  - 7.2.2 自顶向下装配设计 233
- 7.3 爆炸视图 236
  - 7.3.1 爆炸视图的基本特点 237
  - 7.3.2 【爆炸视图】工具条
    及菜单命令 237
  - 7.3.3 创建爆炸视图 238
  - 7.3.4 编辑爆炸视图 238
  - 7.3.5 爆炸视图及组件可视化
    操作 239
- 7.4 组件阵列 241
  - 7.4.1 基于特征的阵列 241

7.4.2　线性阵列 242
　　　7.4.3　圆形阵列 243
　7.5　装配顺序 244
　　　7.5.1　应用环境介绍 244
　　　7.5.2　创建装配序列 248
　　　7.5.3　回放装配序列 249
　　　7.5.4　删除序列 249
　7.6　设计范例 250
　　　7.6.1　模型分析 250
　　　7.6.2　设计步骤 250
　7.7　本章小结 264

第8章　工程图设计基础 265

　8.1　工程图概述 265
　　　8.1.1　UG NX 4.0 的制图功能 265
　　　8.1.2　进入【制图】功能模块 265
　　　8.1.3　工程图的管理 266
　8.2　视图操作 268
　　　8.2.1　基本视图 268
　　　8.2.2　部件视图 271
　　　8.2.3　投影视图 272
　　　8.2.4　剖视图 273
　　　8.2.5　局部放大图 276
　　　8.2.6　断开视图 277
　8.3　编辑工程图 279
　　　8.3.1　移动/复制视图 279
　　　8.3.2　对齐视图 281
　　　8.3.3　定义视图边界 281
　　　8.3.4　编辑剖切线 283
　　　8.3.5　视图关联编辑 284
　8.4　尺寸标注和注释 286
　　　8.4.1　两个工具栏 286
　　　8.4.2　尺寸类型 286
　　　8.4.3　标注尺寸的方法 289
　　　8.4.4　编辑标注尺寸 292
　　　8.4.5　插入表格和零件明细表 293

　8.5　设计范例 298
　　　8.5.1　零件设计分析 298
　　　8.5.2　零件制图过程 299
　8.6　本章小结 306

第9章　UG NC 加工基础 308

　9.1　数控编程概述 308
　　　9.1.1　数控编程功能概述 308
　　　9.1.2　数控编程的一般步骤 309
　9.2　NC 加工环境 309
　　　9.2.1　初始化加工环境 309
　　　9.2.2　NC 加工环境简介 311
　　　9.2.3　操作导航器 311
　9.3　NC 加工的基本操作 314
　　　9.3.1　创建程序 314
　　　9.3.2　创建刀具 315
　　　9.3.3　创建几何体 318
　　　9.3.4　创建方法 322
　　　9.3.5　创建操作 323
　9.4　设计范例 325
　　　9.4.1　模型介绍及其设计思路 325
　　　9.4.2　操作步骤 325
　9.5　本章小结 328

第10章　UG 设计综合范例 330

　10.1　方箱设计 330
　　　10.1.1　模型介绍 330
　　　10.1.2　设计步骤 331
　10.2　齿轮设计 346
　　　10.2.1　模型介绍 347
　　　10.2.2　设计步骤 347
　10.3　汽压缸设计 358
　　　10.3.1　模型介绍 358
　　　10.3.2　设计步骤 359
　10.4　本章小结 382

第 1 章 UG NX 4.0 入门

Unigraphics(简称 UG)软件为 UGS 公司推出的五大主要产品之一,UG NX 是下一代数字化产品开发系统,融入了行业内广泛采纳的集成应用程序,涵盖了产品设计、工程和制造中的全套开发流程。它使得客户能够在一个完全数字化的环境中构思、设计、生产和验证其离散制造产品,并获取它们的产品定义。UG NX 先后推出多个版本,并且不断升级,最新版本的 NX 4.0 进行了多项以用户为核心的改进,提供了特别针对产品式样、设计、模拟和制造而开发的新功能,为客户提供了创建创新产品的新方法,并在数字化模拟、知识捕捉、可用性和系统工程 4 个关键领域帮助客户进行创新,它带有数据迁移工具,对希望过渡到 NX 4.0 的 UG 用户能够提供很大的帮助。

本章主要内容:
- UG NX 4.0 简介
- UG NX 4.0 功能模块
- UG NX 4.0 个性化设置
- UG NX 4.0 数据交换
- 设计范例

1.1 UG NX 4.0 简介

UG NX 4.0 是一个高度集成的 CAD/CAM/CAE 软件系统,可应用于整个产品的开发过程,包括产品的概念设计、建模、分析和加工等。它不仅具有强大的实体造型、曲面造型、虚拟装配和生成工程图等设计功能,而且在设计过程中可进行有限元分析、机构运动分析、动力学分析和仿真模拟,提高设计的可靠性。同时,UG NX 4.0 可以运用建立好的三维模型直接生成数控代码,用于产品的加工,其后处理程序支持多种类型的数控机床。另外它所提供的二次开发语言 UG/Open GRIP、UG/Open API 简单易学,实现功能多,便于用户开发专用 CAD 系统。

1.1.1 UG NX 4.0 的特点

UG NX 4.0 是在 NX 3.0 基础上改进而来的,因而它具有 UG 软件共同的特点。

(1) 具有统一的数据库,真正实现了 CAD/CAE/CAM 等各模块之间的自由交换,可实施并行工程和协同设计。

(2) 采用复合建模技术,把显示建模、参数化建模等建模方式融为一体,形成复合建模技术。

(3) 采用特征建模和特征编辑作为实体建模技术。UG NX 4.0 的改进功能是针对产品式样、设计、模拟仿真和加工制造而开发的,主要包括以下几个方面:

- 以客户为中心的改进。对产品式样的设计、分析、仿真和制造等功能的改进以客户为中心，为客户提供了创建创新产品的新方法。

- 数字化模拟。NX 4.0 把很多高级 CAE 功能引入了 NX，提供了可升级分析来支持创新。NX 4.0 包括为设计者提供的设计模拟工具以及为工程分析专家提供的最高性能模拟。NX 4.0 还扩展对 NX Nastran 广泛分析功能以及第三方求解程序(比如 ABAQUS 和 ANSYS)的访问。NX Nastran 是 UGS 数字化模拟战略的重要组成部分。有了 NX Nastran，客户就能够实施其最佳实践，增加模拟对设计的影响。
- 知识捕捉。UG NX 4.0 具有知识捕捉的能力，它把产品知识嵌入设计中，以便在整个设计过程中使用，从而改善创新水平，提高生产力。除了设计方面的知识外，UG NX 4.0 还可以捕捉制造工艺方面的知识，允许公司捕捉简单工作流程环境中的共用制造工艺，并简化制造工艺，确保工艺能够被重复使用，从而缩短产品上市时间。
- 易用性。在 NX 4.0 中，以行业和工程体验为基础的一系列用户界面的改善，提高了 NX 4.0 的易用性。用户可以选择自己的体验级别和行业，NX 4.0 将会根据其选择显示一套最有效的功能界面。公司可以根据自身需要创建自己的屏幕布置和图标，以便提高使用 NX 4.0 的效率。
- 数控编程和模具设计。NX 4.0 对以前的版本进行了诸多改进，这些改进涉及一般和高速铣削加工、多功能机床支持、5 轴机加工和自动化编程，机床运动加工仿真支持所有这些新增强的功能。

1.1.2　UG NX 4.0 的启动与退出

启动时，在电脑左下角处选择【开始】|【所有程序】| UGS NX 4.0 | NX 4.0 命令，打开 UG NX 4.0 启动窗口，如图 1.1 所示。

图 1.1　UG NX 4.0 启动

待系统运行稳定后，打开 UG NX 4.0 的运行界面，进入 UG/Gateway(入口)环境，如图 1.2 所示的 UG NX 4.0 入口窗口界面。在菜单栏中选择【文件】|【新建】命令，输入文件名 yizhang，单击 OK 按钮，打开 yizhang 文件修改的入口界面。入口界面的窗口由菜单栏、工具栏、资源栏，状态栏等构成，如图 1.3 所示。

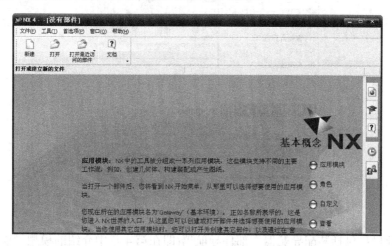

图 1.2 UG NX 4.0 入口界面一

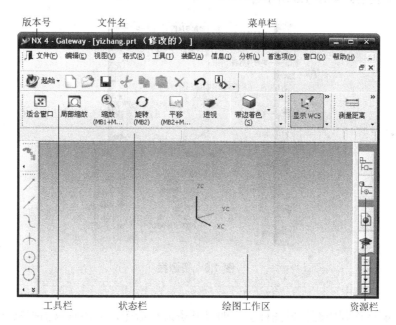

图 1.3 UG NX 4.0 入口界面二

(1) 工具栏：工具栏种类很多，根据不同的应用环境工具栏不相同，如图 1.4 所示的工具栏是【标准】工具栏。

图 1.4 【标准】工具栏

(2) 菜单栏：选择菜单栏中各个选项，打开下拉式菜单，如图 1.5 所示为【编辑】的下拉菜单。

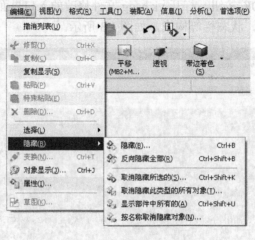

图 1.5　【编辑】的下拉菜单

(3) 资源栏：包括装配导航器、部件导航器(即在第 4 章中介绍的模型导航器)、培训、帮助、历史等内容，如图 1.6 所示。

图 1.6　资源栏

技巧：
- 把鼠标移到资源栏各图标上方即打开资源栏命令，关闭时只需把鼠标移开即可。
- 在资源栏的历史中可以快速找到近期打开的文件模型。

(4) 状态栏：包括提示行和状态行。提示行用于显示当前操作的相关信息。系统提示操作具体步骤，让用户来选择。状态行用于显示操作的执行情况。在操作执行过程中，状态行会提示执行结果，如图 1.7 所示。

退出 UG NX 4.0 系统，在菜单栏中选择【文件】|【退出】命令，或者直接在窗口的右上角单击图标　　，在打开的【退出】对话框中单击【是】按钮即可退出系统，如图 1.8 所示为【退出】对话框。

图 1.7　状态栏

图 1.8　【退出】对话框

1.2　UG NX 4.0 的功能模块

UG NX 4.0 包含几十个功能模块。打开 UG NX 4.0 软件运行进入它最基本的模块，即 UG/入口模块，也称作基本环境模块，如图 1.2、图 1.3 所示。UG/入口模块是 UG NX 4.0 的基本模块，包括打开、创建、存储等文件操作；着色、消隐、缩放等视图操作；创建新的 UG 零部件文件、绘制工程图，以及输入、输出各种不同格式的文件，同时该模块还提供层控制、屏幕布局和在线帮助功能。在 UG NX 4.0 入口模块界面窗口上单击【文件】菜单下方的【起始】图标，打开其下拉菜单，如图 1.9 所示显示了部分的功能模块命令，包括建模、装配、外观造型设计、制图、钣金、加工、机械布管、电气线路等。按照它们应用的类型分为几种：CAD 模块、CAM 模块、CAE 模块和其他模块。

图 1.9　【起始】下拉菜单

1.2.1 CAD 模块

CAD 模块由许多模块构成,包括建模、装配、制图、外观造型设计等。其中建模模块是进行三维建模的主要功能模块,由实体建模、特征建模、自由曲面造型、用户自定义特征等模块构成;装配模块分为装配建模模块和高级装配模块;制图模块用于绘制工程图。

1. 建模模块

(1) 实体建模

该模块基于显示建模和参数化建模的复合建模的方式,不仅包含诸如扫描、旋转操作、布尔运算等成形特征操作,还包括编辑特征操作、草图命令等建模工具。

(2) 特征建模

该模块是基于特征的建模模块。特征建模是指根据工程特征的设计含义建模。此模块包括成形特征的大部分命令如孔、腔体、沟槽等,基本体素如球、柱体等,以及特征操作命令如倒斜角、软倒角、拔锥等。

(3) 自由曲面造型

该模块用于创建复杂的曲面形状,包括自由曲面成形命令,如图 1.10 所示。

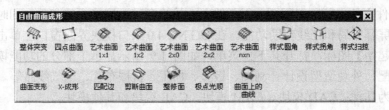

图 1.10 【自由曲面成形】工具栏

(4) 用户自定义特征

该模块允许用户自行定义特征,称作零件族。该模块通过定义特征变量和特征调用方式。当把用户自定义的特征加到设计模型中时,也可以对其进行编辑。

2. 装配模块

该模块是把一系列单独的部件装配起来,它支持自顶向下建模、从底向上建模和并行装配 3 种装配的建模方式。在装配时,可以对装配部件进行编辑和修改,同时,零部件之间保持关联性,任何修改都会导致装配模型的改变。

3. 制图模块

该模块是 UG NX 4.0 软件用来帮助工程师获得与三维模型完全相对应的二维工程图。此模块具有完成二维工程图的所有功能,能利用三维模型的数据进行快速绘制的尺寸标注、剖面线绘制等。随着三维模型的改变,制图模块对工程图实时改变。制图模块还提供了快速布局二维视图的功能,包括剖视图、局部视图等。

4. 外观造型设计模块

该模块主要提供工业产品造型的功能,在以前的版本中称作工业造型设计模块。此模块为工业设计师提供了产品概念设计阶段的设计环境,提供高级的图形工具以获得很好的产品设计效果图，达到更好的视觉效果。外观造型设计模块主要包括形状分析、形象化渲染等子模块，如图 1.11 所示。

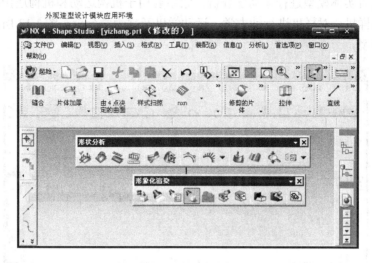

图 1.11　外观造型设计模块应用环境

1.2.2　CAM 模块

UG NX 4.0 中 CAM 模块主要是指加工模块。加工模块是用来模拟数控加工工程，以及对数控加工自动编程。UG NX 4.0 的加工模块不仅具有以前版本加工模块的铣削、车削、线切割等数控加工功能，改进还涉及一般和高速铣削加工、多功能机床支持、5 轴机加工和自动化编程等部分。数控加工模块的应用环境 CAM 模块的界面如图 1.12 所示。

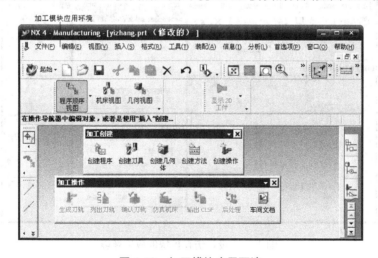

图 1.12　加工模块应用环境

1.2.3　CAE 模块

CAE 模块是进行产品分析的主要模块，包括运动仿真、设计仿真、注塑模向导、级进模向导等。

1. 运动仿真模块

此模块是对实体模型进行运动学分析,它主要用于机构运动和机构连接设计,能够创建产品的虚拟样机,对样机进行动力学、运动学以及静力学分析,图1.13所示为运动仿真模块的应用环境。

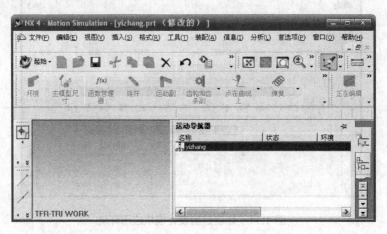

图1.13 运动仿真模块的应用环境

2. 设计仿真模块

该模块用于模型结构分析,通过运用有限元工具创建其有限元模型、分析并对其进行后处理,研究模型的受力、变形等,图1.14所示为此模块的应用环境。

图1.14 设计仿真模块的应用环境

3. 注塑模向导和级进模向导

这两个模块是模具设计中常用的两个模块,图1.15所示为此两模块的工具栏操作命令。

图 1.15 【注塑模向导】和【级进模向导】工具栏

1.2.4 其他模块

在 UG NX 4.0 中还有许多其他模块，如钣金模块、机械布管、电气线路、管线路逻辑图、船舶设计等。这些模块不同于 CAD、CAM 和 CAE 模块。

1. 钣金模块

此模块用于钣金件的设计、制造、排样和冲模，包括钣金展开、剪切、激光切割等功能，复杂钣金件(如航空钣金等)的设计和制造功能，以及钣金的成形与展平操作，图 1.16 为 NX 4.0 钣金模块的应用环境。

图 1.16 NX 钣金模块的应用环境

2. 机械布管

此模块可以完成管道、管路、电缆管道等管道结构及连接各管道的连接件的设计，并能自动完成管道走向、布置和材料清单等的设计，图 1.17 所示为【机械布管】工具栏。

3. 电气线路

此模块可以完成电气布线设计，包括计算电气线路长度、线束直径等，设计电气线路连接件设计。

图 1.17 【机械布管】工具栏

1.3 UG NX 4.0 个性化设置

UG NX 4.0 个性化设置主要是指自定义菜单栏命令和工具栏命令。对于不同的应用模块，菜单栏以及工具栏的命令各有不同。为了能在某一应用模块下获得更合理的界面窗口，用户可以对菜单栏和工具栏显示方式进行必要的修改，把常用的工具栏命令显示在桌面窗口上，而隐藏不必要的工具栏命令和菜单命令。对于常用的菜单命令而言，可以通过自定义的方式在工具栏上添加菜单按钮，以增加使用的方便性，如图 1.18～1.21 所示。

图 1.18 【自定义】对话框

图 1.19 【自定义】对话框的【命令】选项卡

图 1.20 【自定义】对话框的【选项】选项卡

图 1.21 【自定义】对话框的【布局】选项卡

UG NX 4.0 个性化设置主要包括以下几点：菜单按钮设置、工具栏按钮设置、自定义工具栏，工具栏及工具栏按钮定制，工具栏、菜单图标大小设置及状态栏位置摆放等。

UG NX 4.0 个性化设置主要通过选择菜单栏中【工具】｜【自定义】命令来完成。还有一种方式是在已定位的工具栏区域右击,在弹出的快捷菜单中选择【自定义】命令即可。

按照上面的操作方法,打开如图 1.18 所示的【自定义】对话框。它由 5 个标签按钮构成,分别为【工具栏】、【命令】、【选项】、【布局】和【角色】。在对话框中,不同的标签对应不同选项卡。

- 【工具栏】选项卡对应于工具栏设置,包括工具栏的显示、隐藏、新建、重置和加载,如图 1.18 所示。
- 【命令】选项卡对应于菜单命令设置,包括菜单按钮的添加、删除,如图 1.19 所示。
- 【选项】选项卡包括的设置有:个性化菜单设置、工具栏图标大小设置和菜单图标大小设置,如图 1.20 所示。
- 【布局】选项卡对应于布局设置,包括对布局的保存、重置以及工具栏和状态栏位置的摆放设置,如图 1.21 所示。
- 【角色】选项卡对应于角色设置,包括角色的加载和创建。

1.3.1 菜单按钮设置

添加菜单按钮是把菜单命令以按钮的形式放置在工具栏上,其操作方法如下:在【自定义】对话框中单击【命令】标签,切换到【命令】选项卡,在选项卡的【类别】列表框选择菜单条中的菜单,则【命令】列表框中出现该菜单的操作命令,拖动操作命令到工具栏上,则成功添加了菜单按钮,在此按钮上方右击,弹出快捷菜单,如图 1.22 所示。快捷菜单命令包括按钮的重置、删除等操作。

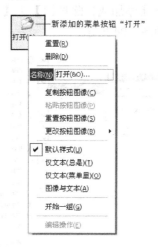

图 1.22 菜单按钮操作

工具栏按钮设置所包含的内容与菜单按钮设置一致,方法也基本相同,只是在添加工具栏按钮时在【类别】列表框选择工具栏命令。

1.3.2 自定义工具栏

自定义工具栏包括工具栏的新建、删除、加载等设置。在【自定义】对话框中单击【工具栏】标签,切换到【工具栏】选项卡,单击【新建】按钮,打开【工具栏属性】对话框,如图 1.23 所示。

图 1.23 【工具栏属性】对话框

在【工具栏属性】对话框的【名称】文本框输入用户拟定的工具栏名称，在【应用】列表框中选择要添加工具栏上的命令，选中【总是可用】复选框表示全选，单击【确定】按钮新建工具栏。在【自定义】对话框的【工具栏】选项卡中，【删除】按钮和【加载】按钮分别表示自定义工具栏的删除和加载命令。

1.3.3 工具栏及工具栏按钮定制

工具栏及工具栏按钮定制是指工具栏及工具栏按钮的显示与隐藏，这些操作简单、灵活。显示时，只需在【自定义】对话框的【工具栏】选项卡的工具栏列表中选中要显示工具栏的复选框，隐藏时只需取消选中工具栏复选框即可。工具栏按钮定制也很简单，在工具栏的右上角单击 图标，选择【添加或移除按钮】｜【标准】命令，在要显示的工具栏按钮前打勾，对其分别选择，如图 1.24 所示。

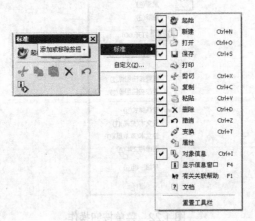

图 1.24 工具栏按钮

> 注意：工具栏显示后位于绘图工作区，需要拖动它使标题部分落入主菜单条内。

1.3.4 工具栏、菜单图标大小设置及状态栏位置摆放

工具栏、菜单图标大小设置是在【自定义】对话框的【选项】选项卡中，对菜单图标

大小和工具栏图标大小两选项进行设置完成的。状态栏位置摆放包括提示行和状态行两类，它们处于同一行的位置。在【自定义】对话框的【布局】选项卡中，提示/状态位置选项显示状态栏位置摆放的两种方式：【俯视图】单选按钮和【底部】单选按钮。

1.4　UG NX 4.0 数据交换

UG NX 4.0 数据交换类型很多，主要通过选择菜单栏中【文件】|【导入】/【导出】命令下的子菜单完成。通过 UG NX 4.0 数据交换接口，可与其他软件共享数据，以便充分发挥各自软件的优势。UG NX 4.0 既可将其模型数据转换成多种数据格式文件，被其他软件调用；同时，UG NX 4.0 也可读取由其他软件所生成的各种数据文件。

UG NX 4.0 数据格式的转换有多种，其中，UG NX 4.0 可导入的包括 Parasolid、CGM、VRML、STL、STEP203、STEP214、DXF/DWG、IGES、Imageware、V4 CATIA、V5 CATIA、Pro/E 实体等数据文件，导出的文件类型有 Parasolid、CGM、VRML、STL、多边形文件、STEP203、STEP214、DXF/DWG、JPEG、V4 CATIA、V5 CATIA、PNG、IGES 等，如图 1.25 所示。通过这些数据格式可与 VRML、AUTOCAD、CATIA、Imageware、Pro/E、ANSYS 等软件进行数据交换，下面将介绍部分数据交换格式。

图 1.25　UG NX 4.0 数据交换格式

1.4.1　UG NX 4.0 与 Parasolid 数据交换

UG NX 4.0 文件和 Parasolid 文件可以互相交换数据，但在数据交换时需要选择相对应的软件版本，UG NX 4.0 与 Parasolid 数据交换沿用 UG NX 3.0 的方式，对应于 Parasolid 16.0 版本。

1. UG NX 4.0 文件导出为 Parasolid 格式

UG NX 4.0 文件导出为 Parasolid 格式操作简单，在菜单栏中选择【文件】|【导出】| Parasolid 命令，打开【导出 Parasolid】对话框，如图 1.26 所示，在 UG NX 4.0 绘图区中选择要导出的模型或部件，在【要导出的 Parasolid 版本】选项中选择默认版本，单击【确定】按钮，在打开的对话框中输入导出 Parasolid 的文件名，单击【确定】按钮完成操作。

图 1.26　【导出 Parasolid】对话框

2. Parasolid 格式导入 UG NX 4.0

Parasolid 格式导入 UG NX 4.0 类似于 UG NX 4.0 文件导出为 Parasolid 格式，并且更为简单，选择【文件】|【导出】| Parasolid 命令，如图 1.25 所示。在打开的【导入 Parasolid 文件】对话框输入 Parasolid 文件名，单击 OK 按钮。

1.4.2　UG NX 4.0 与 CGM 数据交换

CGM(计算机图形数据文件)文件是一种标准的计算机图形文件格式，是产生二维工程图的一种文件格式之一。

1. UG NX 4.0 模型导出 CGM 文件格式

在菜单栏中选择【文件】|【导出】| CGM 命令，打开【导出 CGM】对话框，UG NX 4.0 模型导出 CGM 文件格式的对话框比较复杂，如图 1.27 所示。

图 1.27　【导出 CGM】对话框

2. UG NX 4.0 导入 CGM 文件格式

在菜单栏中选择【文件】|【导入】|CGM 命令，打开【导入 CGM 文件】对话框，选择 CGM 格式的文件，单击 OK 按钮完成。

1.4.3　UG NX 4.0 与 IGES 数据交换

IGES 格式文件是一种通用的图形数据格式，许多图形软件都以它为图形的一般格式在各软件之间交换数据。

1. UG NX 4.0 模型导出 IGES 文件格式

在菜单栏中选择【文件】|【导出】|IGES 命令，打开【导出 IGES】对话框，如图 1.28 所示。【导出 IGES】对话框包含许多选项按钮，在执行操作时需要对它们分别进行设置，具体介绍如下。

(1) 来源指定，该选项指定导出 IGES 文件模型的来源，包括【从显示部件中选择】和【现有部件】两个单选按钮。如果选择前一个选项，则【类选择】按钮激活；如果选择后一个选项，则【选择部件】按钮激活，因而可以通过它们分别选择 UG NX 4.0 模型导出为 IGES 文件。

(2) 【选择图纸】按钮：该按钮用来指定要导出的图纸。

(3) 【指定 IGES 文件】按钮：该按钮用来指定 IGES 文件名。

(4) 【选择设置文件】按钮：该按钮用来选择 IGES 的设置文件。

(5) 【修改设置】按钮：单击该按钮，打开如图 1.29 所示的【导出设置】对话框。该对话框包含 6 个选项设置按钮，可以对它们分别进行设置。

(6) 【指定日志文件】按钮：用来选择日志文件。

(7) 【查看日志文件】按钮：用来查看日志文件。

按照给定 UG NX 4.0 模型导出 IGES 文件的要求应在【导出 IGES】对话框各选项分别设置，单击【确定】按钮，界面出现如图 1.30 所示的【导出转换作业】的提示信息和运行窗口，等系统稳定后在提示信息处单击【确定】按钮完成操作。

图 1.28　【导出 IGES】对话框

图 1.29　【导出设置】对话框

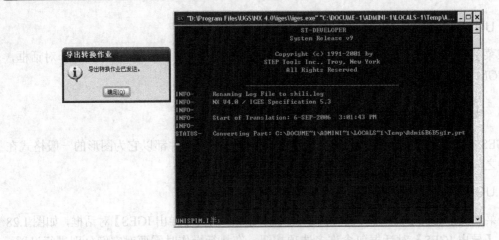

图 1.30　提示信息与运行窗口

2. UG NX 4.0 导入 IGES 文件格式

UG NX 4.0 导入 IGES 文件操作与上面操作类似，且更为简单。在菜单栏中选择【文件】|【导入】|IGES 命令，打开如图 1.31 所示的【导入 IGES】对话框。该对话框除【选择 IGES 文件】按钮和【导入目标】选项与【导出 IGES】对话框不同外，其他选项含义相同，这里就不再赘述。其中【选择 IGES 文件】按钮用于 IGES 文件的指定。

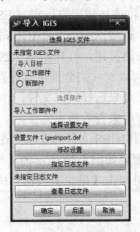

图 1.31　【导入 IGES】对话框

1.4.4　UG NX 4.0 与 DXF/DWG 格式数据交换

DXF/DWG 数据格式是 AUTOCAD 软件的一种文件。UG NX 4.0 与 DXF/DWG 格式数据交换也就是 UG NX 4.0 可与 AUTOCAD 软件进行数据交换。

1. UG NX 4.0 导出 DXF/DWG 文件

在菜单栏中选择【文件】|【导出】|DXF/DWG 命令，打开【导出 DXF/DWG】对话框，如图 1.32 所示。【导出 DXF/DWG】对话框与【导出 IGES】对话框多数选项类似，功能相同，其操作方法也一样，这里就不再介绍。

图 1.32 【导出 DXF/DWG】对话框

2. UG NX 4.0 导入 DXF/DWG 文件

在菜单栏中选择【文件】|【导入】| DXF/DWG 命令，打开【导入 DXF/DWG】对话框，此对话框与【导入 IGES】对话框类似，这里不再介绍。

UG NX 4.0 与 STEP203、STEP214 格式的数据交换同 UG NX 4.0 与 DXF/DWG 和 UG NX 4.0 与 IGES 数据交换类似，这里不再介绍。

1.4.5　UG NX 4.0 导入 Imageware 数据

Imageware 软件是逆向工程领域的著名软件，UG NX 4.0 可以与 Imageware 软件进行数据交换。在菜单栏中选择【文件】|【导入】| Imageware 命令，打开如图 1.33 所示的【导入 Imageware】对话框。该对话框中要导入的对象选项包括【扫描线】、【多边形模型】、【曲线】和【曲面】4 个复选框。单击【确定】按钮，在打开的【导入 IMW】对话框中输入要导入的 Imageware 文件名，单击 OK 按钮完成操作。

图 1.33　【导入 Imageware】对话框

> 注意：UG NX 4.0 导出到 Imageware 软件的数据格式采用 IGES 格式，这是 UG NX 4.0 与 Imageware 交换数据的特殊之处。

1.4.6　UG NX 4.0 与 VRML 格式数据交换

VRML 是虚拟现实的操作软件，UG NX 4.0 和 VRML 之间可以进行数据的互相转换。

UG NX 4.0 导出 VRML 格式文件的操作方法如下：在菜单栏中选择【文件】|【导出】| VRML 命令，打开如图 1.34 所示的 VRML 对话框。

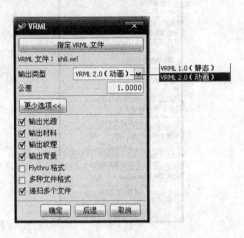

图 1.34 VRML 对话框

VRML 对话框比较简单，包括以下几个选项。

(1)【指定 VRML 文件】按钮，此选项用来指定 VRML 文件名，默认文件名与 UG NX 4.0 模型文件名相同，仅后缀名不同。

(2)【输出类型】下拉列表，此选项用来指定 VRML 的输出类型，包括 VRML 1.0(静态)和 VRML 2.0(动态)两类。

(3)【公差】文本框，此选项用来指定公差值。

(4) 其他选项，包括输出光源、输出材料、输出纹理、输出背景、多种文件格式、递归多个文件等多个复选框。

UG NX 4.0 导入 VRML 格式文件的操作方法与上面类似，只是【导入】对话框不同，这里不再介绍。

1.5 设计范例

本节将通过一个设计范例的操作过程来说明 UG NX 4.0 入门的一些基本操作功能，包括 UG NX 4.0 的启动、文件新建及打开、进入建模应用模块环境、工具栏及按钮定制、UG NX 4.0 与 IGES 数据交换等基本操作，虽然不可能涵盖本章的所有内容，但是设计范例的详细介绍，可以更好地理解 UG NX 4.0 的基本功能，从而为下面章节详细介绍 UG NX 4.0 具体功能操作打下基础。

1.5.1 范例介绍

本节的设计范例是分析 UG NX 4.0 入门操作的简单实例，包括创建文件名为 shili.prt 的轴和 shili2 的滑动轴承座两部件模型、对两部件模型导出 IGES 格式、对轴和轴承座进行简单装配操作。

1.5.2 设计步骤

1. 轴的创建与导出 IGES 格式

(1) 启动 UG NX 4.0。在电脑桌面左下角选择【开始】|【所有程序】| UGS NX 4.0 | NX 4.0 菜单命令,打开 UG NX 4.0 的入口环境。

(2) 创建 shili.prt 文件。在 UG NX 4.0 的入口窗口中选择菜单命令【文件】|【新建(N)】或单击【新建】图标,在打开的如图 1.35 所示的【新建部件文件】对话框中输入文件名 shili,选择【单位】为毫米,单击 OK 按钮,进入【NX 4.0-Gateway-[shili.prt(修改的)]】窗口环境。

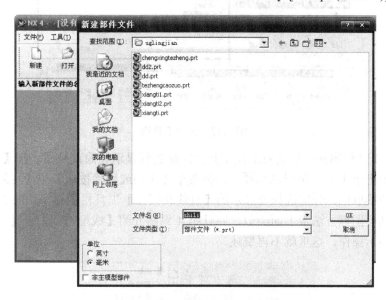

图 1.35 【新建部件文件】对话框

(3) 进入建模环境。单击【起始】图标,打开如图 1.36 所示的【起始】下拉菜单,选择【建模(M)】,进入建模环境。

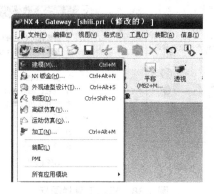

图 1.36 【起始】下拉菜单

(4) 显示工具栏。显示本文件创建所用的工具栏,包括【成形特征】、【特征操作】、【直线和圆弧】和【编辑曲线】。在菜单栏中选择【工具】|【自定义】命令,打开【自

定义】对话框,单击【工具条】标签,切换到【工具条】选项卡,在【工具条】列表中把【成形特征】、【特征操作】、【直线和圆弧】和【编辑曲线】工具栏前的复选框选中,则各工具栏显示出来,如图 1.37 所示。

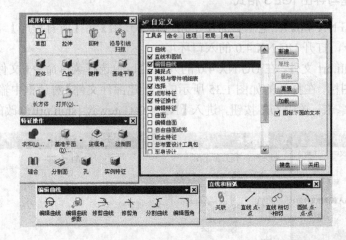

图 1.37　显示工具栏

(5) 显示工具栏图标,分别对上述工具栏图标进行显示和隐藏操作。在【直线和圆弧】工具栏右上角上单击下三角形图标 ,选择菜单【添加或移除按钮】|【直线和圆弧】命令,打开下拉菜单栏,分别选择要显示的【直线和圆弧】工具栏图标,如图 1.38 所示。显示其他的工具栏图标方法跟上面类似,并且第 4 章将介绍【成形特征】、【特征操作】工具栏图标的显示操作,这里就不再赘述。

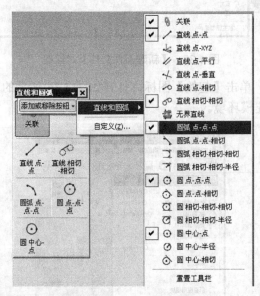

图 1.38　显示工具栏图标

(6) 创建圆柱体。在【成形特征】工具栏中单击【圆柱体】图标 ,打开【圆柱体】对话框,选择【直径,高度】创建方式,在打开的矢量构造器选择图标 ,指定圆柱体方向,单击【确定】按钮,在【圆柱】参数对话框中输入以下参数值:直径 20、高度 50,单击【确定】按钮,选择坐标原点为圆心,单击【确定】按钮,如图 1.39 所示。

图 1.39 创建圆柱体

(7) 导出轴的 IGES 格式。在菜单栏中选择【文件】|【导出】| IGES 命令,打开【导出 IGES】对话框,单击【类选择】按钮,打开【类选择】对话框,在绘图工作区选择轴部件,单击如图 1.40 所示工具条中的 ✓ 按钮完成类选择,其他的按钮设置按默认值不变,单击【确定】按钮,如图 1.41 所示。

图 1.40 【类选择】工具条

图 1.41 导出轴的 IGES 格式

2. 创建滑动轴承座

(1) 创建 shili2 文件,进入建模环境。操作方法跟前面类似,这里不再赘述。

(2) 进入草图环境。在【成形特征】工具栏中单击【草图】图标,展开如图 1.42 所示的【选择草图平面】工具条,单击图标,进入草图环境。

图 1.42 【选择草图平面】工具条

(3) 绘制草图。在草图环境下绘制如图 1.43 所示草图。草图的尺寸已经在图中标注。绘制完成后在【草图生成器】工具栏上单击【完成草图】图标,完成草图绘制。

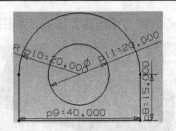

图 1.43 绘制草图

(4) 拉伸操作。在【成形特征】工具栏中单击【拉伸】图标，打开【拉伸】对话框，选择上步绘制的草图为剖面几何图形，输入参数值：起始值 0，结束值 20。其他选项按默认值不变，单击【确定】按钮，如图 1.44 所示。

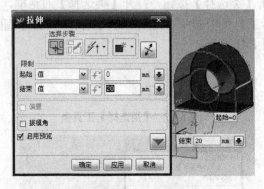

图 1.44 拉伸操作

(5) 导出轴承座的 IGES 格式。操作方法与第 7 步相同。

3. 轴和轴承座简单装配

(1) 创建文件名为 zhuangpei 的模型文件，进入装配模块环境。

(2) 选择要添加的 shili 组件。在【装配】工具栏中单击【添加现有的组件】图标，打开【选择部件】对话框，如图 1.45 所示，在【选择已加载的部件】列表框中选择 shili.prt，单击【确定】按钮，打开【添加现有部件】对话框。

图 1.45 【选择部件】对话框

(3) 添加 shili 组件。在 Reference Set 下拉列表框中选择【整个部件】；在【定位】下拉列表框中选择【绝对】；在【图层选项】下拉列表框中选择【原先的】，单击【确定】按钮如图 1.46 所示。在打开的点构造器中输入添加 shili 组件的位置坐标值为(0，0，0)。

(4) 添加 shili2 组件。先按照第(2)步和第(3)步前半部分的操作方法把 shili2 部件添加进来，打开类似于图 1.46 所示的添加 shili2 组件对话框，单击【确定】按钮，打开【配对条件】对话框，如图 1.47 所示。

图 1.46 【添加现有部件】对话框及【组件预览】

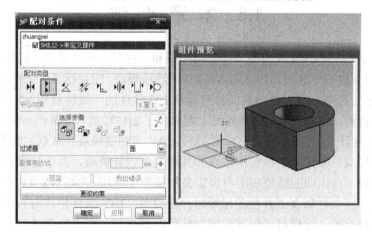

图 1.47 【配对条件】对话框及【组件预览】

(5) 在【配对条件】对话框的【配对类型】中选择【配对】图标，先选择 shili2 组件的孔面，再选择 shili1 组件的圆柱面，单击【预览】按钮，如图 1.48 所示。

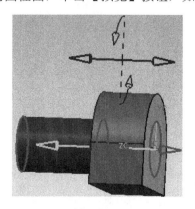

图 1.48 【配对】预览

(6) 在【配对条件】对话框的【配对类型】中选择【对齐】图标，先选择 shili2 组件的端面,再选择 shili1 组件的轴端面,单击【预览】按钮,如图 1.49 所示。单击【确定】按钮完成,图 1.50 所示为最终的装配结果。

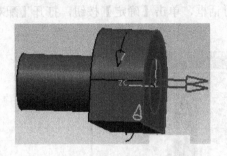

图 1.49 对齐预览

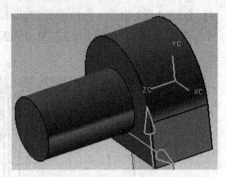

图 1.50 装配结果

1.6 本 章 小 结

本章介绍了 UG NX 4.0 入门的一些基础知识和一些基本操作功能,包括 UG NX 4.0 的特点、UG NX 4.0 启动与退出界面、UG NX 4.0 的功能模块、UG NX 4.0 个性化设置、UG NX 4.0 数据交换等。其中,UG NX 4.0 的特点包括 UG 软件的一般特点和 NX 4.0 版本相对其他版本的改进特点。UG NX 4.0 启动界面主要介绍了窗口环境、工具栏、菜单栏和状态栏;UG NX 4.0 的功能模块主要包括 CAD、CAM、CAE 等功能模块。本章主要介绍了 CAD 模块,包括建模模块、装配模块、制图模块和外观造型设计模块,其中建模模块又包括实体建模、特征建模、自由曲面造型和用户自定义特征等子模块。UG NX 4.0 个性化设置是指菜单、状态栏、工具栏以及工具栏图标等用户化设置。UG 文件格式与其他形式的文件格式可以进行数据交换,这样可以很好地增加软件的通用性,增强软件接口功能。最后,本章的设计范例通过具体的操作目标对 UG NX 4.0 的入门知识和操作方法进行实例性的介绍说明,包括很多入门的基础知识及其操作方法。

第 2 章　UG NX 4.0 基本操作

UG NX 4.0 的基本操作是用户学习其他 UG NX 4.0 知识的基础，是用户入门的必备知识，因此学好基本操作将对后续的学习带来很多方便，正确理解 UG NX 4.0 的一些基本概念，如图层、视图布置等是用户建模和其他操作的前提。同样，熟练掌握 UG NX 4.0 的一些通用工具，如【点构造器】对话框、【矢量构造器】对话框和【平面构造】对话框等，可为用户学习其他的操作打下坚实的基础。此外，用户根据自己的需要改变系统的一些默认参数，也给用户绘制图形和在绘图区观察对象提供了方便。

本章首先介绍基本操作工具，如文件管理操作、隐藏对象、删除对象、变换对象、通用工具和资源条等，然后详细讲解视图布局设置、工作图层设置和系统参数设置。最后本章还讲述了一个设计范例，使读者能够更加深刻地领会一些基本概念，掌握 UG NX 4.0 基本操作的一般方法和技巧。

本章主要内容：

- 基本操作工具
- 视图布局设置
- 工作图层设置
- 系统参数设置
- 设计范例

2.1　基本操作工具

2.1.1　UG NX 4.0 的操作界面

用户启动 UG NX 4.0，新建一个文件或者打开一个文件后，将进入 UG NX 4.0 的基本操作界面，如图 2.1 所示。

从图 2.1 中可以看到，UG NX 4.0 的基本操作界面包括标题栏、菜单栏、工具栏、提示栏、状态栏、绘图区和资源栏等。各部分的说明如下。

1．标题栏

标题栏用来显示 UG NX 4.0 的版本、进入的功能模块名称和用户当前正在使用的文件名。如图 2.1 所示，标题栏中显示的 UG NX 4.0 版本为 NX 4.0，进入的功能模块为 Gateway，即入门模块。用户当前使用的文件名为 UG_base.prt。

如果用户想进入其他的功能模块，可以单击【起始】图标，在打开的下拉菜单中选择相应的命令即可进入相应的模块。如图 2.2 所示，单击【起始】图标，在下拉菜单中选择【运动仿真】菜单命令，即可进入【运动仿真】功能模块。

标题栏除了可以显示这些信息外，它右侧的 3 个图标还可以实现 UG NX 4.0 窗口的【最小化】、【最大化】和【关闭】等操作。这和标准的 Windows 窗口相同，对于习惯使用

Window 界面的用户非常方便。

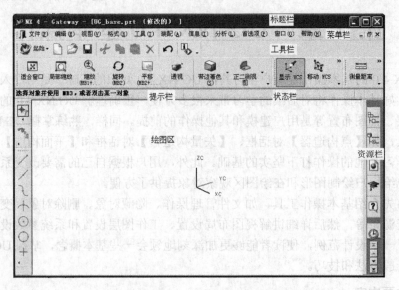

图 2.1 UG NX 4.0 的基本操作界面

图 2.2 进入【运动仿真】功能模块

2. 菜单栏

菜单栏中显示用户经常使用的一些菜单命令，它们包括【文件】、【编辑】、【视图】、【格式】、【装配】、【信息】、【分析】、【首选项】、【窗口】和【帮助】等菜单命令。通过选择这些菜单，用户可以实现 UG NX 4.0 的一些基本操作，如选择【文件】菜单，可以在打开的下拉菜单中实现文件管理操作。

> 提示：菜单栏中的命令并不是一成不变的，随着用户进入的功能模块不同，菜单栏中显示的菜单命令也各不相同。例如当用户进入【建模】功能模块后，系统除了显示以上菜单外，还将增加【插入】菜单命令。

3. 工具栏

工具栏中的图标是各种常用操作的快捷方式，用户只要在工具栏中单击相应的图标即可方便地进行相应的操作。如单击【新建文件】图标，即可打开【新建文件】对话框，用户可以在该对话框中创建一个新的文件。

由于 UG NX 4.0 的功能十分强大，提供的工具栏也非常多，为了方便管理和使用各种工具栏，UG NX 4.0 允许用户根据自己的需要，添加当前需要的工具栏，隐藏那些不用的工具栏。而且工具栏可以拖到窗口的任何位置。这样用户就可以在各种工具栏中选用自己需要的图标来实现各种操作。

添加或者隐藏工具栏的方法如下：

用鼠标右键单击非绘图区，从弹出的快捷菜单中选择相应的命令，就可以添加相应的工具栏到用户界面了。如图 2.3 所示，在弹出的快捷菜单中选择【曲线】命令后，【曲线】工具栏就添加到用户界面了。如果不想在用户界面中显示工具栏，再次选择该命令，取消该命令前的对勾即可隐藏工具栏。

图 2.3　添加【曲线】工具栏到用户界面

> **注意：** 用户不仅可以添加或者隐藏某个工具栏到用户界面，而且还可以添加或者隐藏某个工具栏中的某些图标。单击如图 2.3 所示的【曲线】工具栏中的下三角形图标，在打开的菜单中选择【添加或移除按钮】|【曲线】命令，显示如图 2.4 所示。在打开的菜单中选择相应的命令，该图标就可以添加到【曲线】工具栏中了。如果不想显示该图标，再次选择该命令，取消该命令前的对勾即可移除图标。

4. 提示栏和状态栏

提示栏用来提示用户当前可以进行的操作或者告诉用户下一步怎么做。如图 2.1 所示，提示栏显示"选择对象并使用 MB3，或者双击某一对象"。提示栏在用户进行各种操作时特别有用，特别是对初学者或者对某一不熟悉的操作来说，根据系统的提示，往往可以很顺利地完成一些操作。

状态栏用来显示用户当前的一些状况或者某些操作，如用户保存某一文件后，系统将在状态栏中显示"部件已保存"。如果用户使用放大工具放大模型后，系统将在状态栏中显示"放大/缩小被取消"。

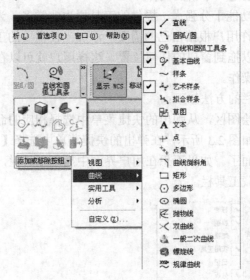

图 2.4 添加或移除按钮

5. 绘图区

绘图区以图形的形式显示模型的相关信息,它是用户进行建模、编辑、装配、分析和渲染等操作的区域。绘图区不仅显示模型的形状,还显示模型的位置。模型的位置是通过各种坐标系来确定的。坐标系可以是绝对坐标系,也可以是相对坐标系。这些信息也显示在绘图区。如图 2.1 所示,显示的是工作坐标系。

6. 资源栏

资源栏可以显示装配、部件、创建模型的历史、培训、帮助和系统默认选项等信息。通过资源栏,用户可以很方便地获取相关信息。如用户想知道自己在创建过程中用了哪些操作,哪些部件被隐藏了,一些命令的操作过程等信息,都可以在资源栏获得。

2.1.2 文件管理操作

文件管理包括新建文件、打开文件、保存文件、关闭文件、查看文件属性、打印文件、导入文件、导出文件和退出系统等操作。

在菜单栏中选择【文件】菜单,打开如图 2.5(a)所示的【文件】下拉菜单。【文件】菜单包括【新建】、【打开】、【关闭】、【保存】和【打印】等命令。如果用户需要显示更多的命令,可以单击图 2.5(a)所示的【更多】按钮,展开整个【文件】菜单,如图 2.5(b)所示。下面将介绍一些常用的文件操作命令。

1. 新建

【新建】命令用来重新创建一个文件。在菜单栏中选择【文件】|【新建】命令或者在工具栏中直接单击【新建】图标，都可以执行该命令,打开如图 2.6 所示的【新建部件文件】对话框,系统提示用户输入新建部件的名称。

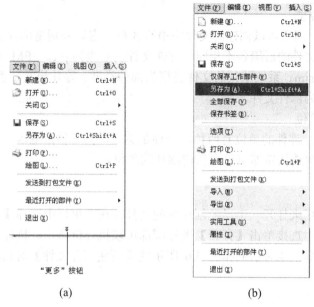

(a)　　　　　　　　　　　　(b)

图 2.5　【文件】菜单

图 2.6　【新建部件文件】对话框

新建文件的步骤如下。

(1) 指定文件的存放目录

在【查找范围】下拉列表框中选择存放新建部件的目录，用户可以利用【后退】⇐ 按钮或者【向上】按钮 来快速指定文件的存放目录。

💡 **注意**：　用户单击【新建】图标 后，打开的文件存放目录并不一定和图 2.5 所示的存放目录相同，系统会根据用户最近打开文件的存放目录而打开不同的存放目录。

(2) 输入文件名

用户在【文件名】下拉列表框中直接输入新建部件的名称即可。

(3) 指定文件类型

如图2.6所示，用户可以创建的文件类型有3种，它们分别是部件文件、FEM文件和仿真文件。这3个文件的后缀各不相同，部件文件的后缀为.prt、FEM文件的后缀为.fem、仿真文件的后缀为.sim。系统默认的文件类型为部件类型。除建模文件类型为部件类型外，装配文件的类型也为部件文件。

(4) 设置部件单位

如图2.6所示，部件的单位有两种，一种是英寸，另一种是毫米。用户在【单位】选项组中选择相应的单选按钮即可设置新建部件的单位。

2. 打开

【打开】命令用来打开一个已经创建好的文件。在菜单栏中选择【文件】|【打开】命令或者在工具栏中直接单击【打开】图标 都可以执行该命令。执行该命令后打开【打开部件文件】对话框，该对话框和图2.6所示的【新建部件文件】对话框基本类似，这里不再详细介绍了。

3. 保存

保存文件的方式有两种，一种是直接保存，另一种是另存为其他文件。

直接保存是在菜单栏中选择【文件】|【保存】命令或者在工具栏中直接单击【保存】图标 都可以执行该命令。执行该命令后，系统不打开任何对话框，文件将自动保存在创建该文件的保存目录下，文件名称和创建时的名称相同。

另存为其他文件是在菜单栏中选择【文件】|【另存为】命令。执行该命令后，将打开【保存部件文件】对话框，用户指定存放文件的目录后，再输入文件名称即可。此时的存放目录可以和创建文件时的目录相同，但是如果存放目录和创建文件时的目录相同，则文件名不能相同，否则不能保存文件。

4. 属性

【属性】命令用来查看当前文件的属性。在菜单栏中选择【文件】|【属性】命令，打开如图2.7所示的【显示部件的属性】对话框。

图2.7 【显示部件的属性】对话框

在【显示部件的属性】对话框中,用户通过单击不同的标签,就可以切换到不同的选项卡中。如图 2.7 所示为单击【显示部件】标签后的情况。【显示部件】选项卡显示了文件的一些属性信息,如文件名、文件存放路径、视图布局、工作视图和图层等。

2.1.3 编辑对象

编辑对象包括撤消、修剪对象、复制对象、粘贴对象、删除对象、选择对象、隐藏对象、变换对象和对象显示等操作。

在菜单栏中选择【编辑】命令,打开如图 2.8 所示的【编辑】菜单。【编辑】菜单包括【撤消列表】、【复制】、【选择】、【隐藏】、【变换】和【对象显示】等命令。如果某个命令后带有小三角形,表明该命令还有子命令。如图 2.8 所示,在【编辑】菜单中选择【选择】命令后,子命令显示在【选择】命令后面。

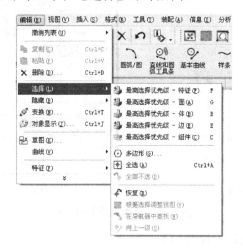

图 2.8 【编辑】菜单

1. 撤消

【撤消】命令用来撤消用户上一步或者上几步的操作。这个命令在修改文件时特别有用。当用户对修改的效果不满意时,可以通过【撤消】命令来撤消对文件的一些修改,使文件恢复到最初的状态。

在菜单栏中选择【编辑】|【撤消列表】命令或者在工具栏中直接单击【撤消】图标都可以执行该命令。

【撤消列表】中将显示用户最近的的操作,供用户选择撤消哪些操作。如图 2.9 所示,撤消列表中列出了【进入"草图生成器"】、【隐藏】、【圆柱】和【进入建模】等最近的几个操作。用户只要在相应的选项前选择即可撤消相应的操作。

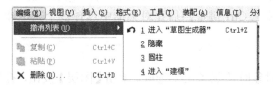

图 2.9 撤消列表

2. 删除

【删除】命令用来删除一些对象。这些对象既可以是某一类对象，也可以是不同类型的对象。用户可以手动选择一些对象然后删除它们，也可以利用类选择器来指定某一类或者某几类对象，然后删除它们。

在菜单栏中选择【编辑】|【删除】命令或者在工具栏中直接单击【删除】图标×都可以打开如图 2.10(a)所示的【类选择】工具栏。在工具栏上单击【类选择】图标，打开如图 2.10(b)所示的【类选择】对话框。

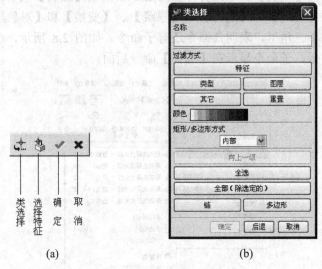

图 2.10 【类选择】对话框

【类选择】对话框的选项说明如下。

(1) 名称

该文本框用来输入对象的名称。如果用户知道需要删除对象的名称，可以在该文本框内直接输入对象的名称，这样就可以不用在绘图区选择对象了。

(2) 过滤方式

该选项用来指定选取对象的方式。过滤方式有 3 种方式，它们分别是【类型】、【图层】和【其他】。这 3 种过滤方式的说明如下。

① 类型

该按钮设置选择对象时按照类型来选取。单击【类型】按钮，打开如图 2.11 所示的【根据类型选择】对话框，系统提示用户设置可选对象或者选择对象。

【根据类型选择】对话框列出了用户可以选择的类型，如曲线、草图、实体、片体、点、尺寸和符号等类型。用户可以在该对话框中选择一个类型，也可以选择几个类型。如果要选择多个对象，按下 Ctrl 键，然后在对话框中选择多个类型即可。系统默认的选择类型为所有的类型。

② 图层

该按钮设置选择对象时按照图层来选取。单击【图层】按钮，打开如图 2.12 所示的【根据图层选择】对话框。系统提示设置可选图层。

图 2.11 【根据类型选择】对话框

图 2.12 【根据图层选择】对话框

【根据图层选择】对话框中提供给用户的选项有【范围或类别】、【过滤器】和【图层】等。用户根据这些选项就可以指定删除哪些图层中的对象。

③ 其他

该按钮设置选择对象时按照其他方式来选取。单击【其他】按钮，打开如图 2.12 所示的【按属性选择】对话框，系统提示用户设置可选的属性。

如图 2.13 所示，用户可以根据对象的一些属性来选择对象。这些属性可以是曲线的一些类型，如实线、虚线、双点划线、中心线、点线、长划线和点划线等。用户还可以按照曲线的宽度来选择对象，如正常宽度、细线宽度和粗线宽度等。

(3) 颜色

该选项指定系统按照颜色来选取对象。单击【颜色】选项下方的颜色，打开如图 2.14 所示的【颜色】对话框。

图 2.13 【按属性选择】对话框

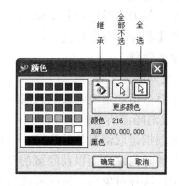

图 2.14 【颜色】对话框

用户在颜色列表框中选择一种颜色后，单击右侧的图标，指定全选或者全部不选某种颜色的对象。当用户选择一种颜色后，该颜色将显示在【更多颜色】按钮的下方。如图 2.14 所示，当选择黑色后，【更多颜色】按钮的下方显示了黑色的一些信息。

(4) 矩形/多边形方式

该下拉列表框设置用户的选择范围。当用户使用矩形或者多边形选择对象时，该选项设置用户选取矩形/多边形的内部对象，还是外部对象，或者交叉处的对象。系统默认的是选择矩形/多边形的内部对象。

(5) 选取方式

如图 2.10 所示，选取方式有 5 种，它们分别是【向上一级】、【全选】、【全部(除选定的)】、【链】和【多边形】等。

用户根据【过滤方式】或者【颜色】等选项设置要删除对象的类型后，在绘图区选择需要删除的对象，单击【确定】即可删除对象。

3. 隐藏

【隐藏】命令用来隐藏一些用户暂时不想显示的对象。如果绘图区有很多对象，某些对象在用户操作过程中带来不便，用户可以暂时隐藏这些对象，完成操作后再恢复这些对象的显示。和【删除】命令类似，用户可以选择某一类对象，也可以选择某几类对象。这些都可以通过类选择器来指定对象的类型。

在菜单栏中选择【编辑】|【隐藏】命令，【隐藏】命令显示如图 2.15 所示。【隐藏】命令有 6 个子命令，这些子命令的说明如下。

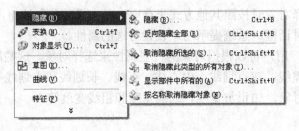

图 2.15　【隐藏】命令

(1) 隐藏

选择【隐藏】子命令，打开如图 2.16 所示的对象选择工具栏。系统提示用户选择要隐藏的对象。单击【类选择】图标，打开如图 2.10(b)所示的【类选择】对话框。选择对象的方法和【删除】命令相同，这里不再介绍了。用户选择对象后，单击【确定】即可完成选取对象的隐藏。

(2) 反向隐藏全部

该子命令指定系统隐藏除选取对象以外的全部对象。

(3) 取消隐藏所选的

该选项指定取消对象的隐藏，即恢复显示这些对象。当用户选择该子命令后，所有显示的对象暂时隐藏，而以前隐藏的对象将全部显示在绘图区，供用户选择需要恢复显示的对象。用户选择对象后，这些被选对象和暂时隐藏的对象将一起显示在绘图区。

(4) 取消隐藏此类型的所有对象

该子命令指定系统恢复某些类型对象的显示。用户指定对象的类型后，系统将重新把这些类型的所有对象显示在绘图区内。

(5) 显示部件中所有的

该子命令指定系统恢复显示所有隐藏的对象。

(6) 按名称取消隐藏对象

该子命令指定系统按照对象的名称取消隐藏对象。选择该命令后，打开如图 2.17 所示的 Unblanking Mode 对话框，即不显示模式。系统要求用户输入需要取消隐藏对象的名称。

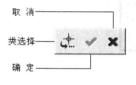

图 2.16 对象选择工具栏

图 2.17 Unblanking Mode 对话框

4. 变换

【变换】命令可以实施移动对象、按比例变化对象、旋转对象、镜像对象和阵列对象等操作。该命令包含很多工具，恰当地使用【变换】命令将给用户带来很多方便，尤其是对一些有规律的形状特别有用，如轴对称图形、中心对称图形等。

在菜单栏中选择【编辑】|【变换】命令，打开如图 2.16 所示的对象选择工具栏。系统提示用户选择要变换的对象。用户在绘图区选择要变换的对象后，单击【确定】图标 ，打开如图 2.18 所示的【变换】对话框，系统提示用户选择选项。

如图 2.18 所示，【变换】对话框的选项共有 12 项，这里仅介绍一些常用的选项，如果有的操作类型有几种，如旋转，就只以其中的一种类型为例介绍，其他的和该类型相似，用户可以自己模仿该方法操作，这里就不再介绍了。

(1) 平移

该选项用来平移对象。单击【平移】按钮，打开如图 2.19 所示的平移变换对话框。系统提示用户选择平移方式。

如图 2.19 所示，平移方式有两种，一种是【至一点】，另一种是【增量】。

【至一点】方式指定对象从一点移动到另一点。单击【至一点】按钮，将打开【点构造器】对话框，用户指定两点后，即可把对象从第一点移动到第二点。

图 2.18 【变换】对话框

图 2.19 平移变换对话框

【增量】方式分别指定对象在 3 个坐标轴方向的移动增量。单击【增量】按钮，打开如图 2.20 所示的增量平移对话框。用户在 DXC、DYC 和 DZC 3 个文本框中输入对象在 3 个坐标轴方向的移动增量即可。

图 2.20　增量平移对话框

(2) 比例

该选项可以按照一定的比例缩小或者放大对象。单击【比例】按钮，打开【点构造器】对话框，系统提示用户选择不变的比例点，系统将以该点为基点比例变换对象。选择不变的比例点，打开如图 2.21(a)所示的比例变换对话框。如果用户在 3 个坐标轴方向的变换比例相同，则可以直接在【比例】文本框中输入比例系数。如果用户在 3 个坐标轴方向的变换比例不相同，可以单击【非均匀比例】按钮，打开如图 2.21(b)所示的比例变换对话框。用户可以在【XC-比例】、【YC-比例】和【ZC-比例】文本框中分别输入各个方向的变换比例系数。

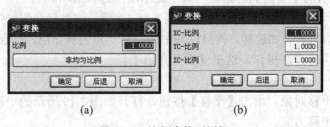

(a)　　　　　　　　　　　　(b)

图 2.21　比例变换对话框

(3) 旋转

旋转变换包含【绕点旋转】、【绕直线旋转】和【在两轴间旋转】3 种方式，这里仅以【绕直线旋转】为例介绍旋转变换。

单击【绕直线旋转】，打开如图 2.22 所示的绕直线旋转变换对话框，系统提示用户选择旋转轴线。

如图 2.22 所示，选择旋转轴线的方式有 3 种，它们分别是【两个点】、【现有的直线】和【点和矢量】。这 3 种方式的说明如下。

① 两个点

【两个点】方式要求用户指定两个点，系统将以两个点连成的直线为旋转轴线。单击【两个点】按钮，打开【点构造器】对话框。用户指定两个点后，打开如图 2.23 所示的旋转角度对话框。用户在【角度】文本框中输入旋转的角度值后，系统将绕两个点连成的直线旋转选取的对象。

② 现有的直线

【现有的直线】方式要求用户指定一条已经存在的直线，系统将以指定直线为旋转轴线。单击【现有的直线】按钮，打开如图 2.24 所示的选取直线对话框。用户在绘图区选择一条直线后，打开如图 2.23 所示的旋转角度对话框。用户在旋转角度对话框中输入旋转的角度值后，系统将绕选择的直线旋转选取的对象。

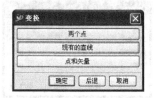

图 2.22　绕直线旋转变换对话框

图 2.23　旋转角度对话框

如图 2.25 所示为旋转一个圆柱体的例子。圆柱体原来竖直放置，绕一条直线旋转 90 度后，圆柱体变为水平放置。

图 2.24　选取直线对话框

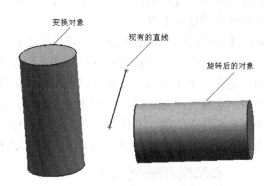

图 2.25　绕直线旋转圆柱体

③ 点和矢量

【点和矢量】方式要求用户指定一个点和一个矢量方向，系统将以指定点和矢量方向来确定旋转轴线。单击【点和矢量】按钮，将打开【点构造器】对话框，用户指定一个点后，打开【矢量构造器】对话框，用户指定矢量方向后，打开如图 2.23 所示的旋转角度对话框。其余的操作方法和【现有的直线】方式相同，这里不再赘述。

④ 阵列

阵列变换包含【矩形阵列】和【环形阵列】两种方式，如图 2.26 所示为【矩形阵列】和【环形阵列】的例子，其中图(a)为矩形阵列，图(b)为环形阵列。这里仅以【环形阵列】为例介绍阵列变换。

单击【环形阵列】按钮，打开【点构造器】对话框，系统提示用户选择圆周阵列参考点。用户选择一个参考点后，系统再次打开【点构造器】对话框，系统提示用户选择阵列原点。选择阵列原点后，打开如图 2.27 所示的环形阵列参数对话框。

环形阵列参数包括【半径】、【起始角】、【角度增量】和【数字】4 个参数。

【半径】文本框原来指定阵列环形的半径，【起始角】文本框用来指定第一个阵列对象与工作坐标系的 XC 轴之间的角度。【角度增量】文本框用来指定阵列对象之间的夹角，【数字】文本框用来指定阵列对象的数量。如图 2.26 所示的环形阵列的参数为：半径为 20，起始角为 0，角度增量为 45，数字为 8。

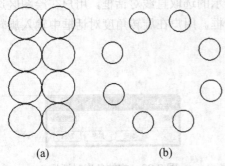
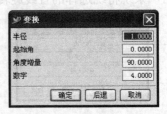

图 2.26 矩形阵列和环形阵列　　　　图 2.27 环形阵列参数对话框

⑤ 镜像

镜像变换包含【用直线做镜像】和【用平面做镜像】两种方式，这里仅以【用平面做镜像】为例介绍镜像变换。

单击【用平面做镜像】按钮，打开如图 2.28 所示的平面构造对话框，系统提示用户选择对象以定义平面。平面构造对话框将在后面做详细介绍，这里暂不说明。

用户定义一个平面后，系统将以该平面为镜像平面镜像对象。

当用户选择变换方式后，完成相关变换方式的参数设置后，系统最后将打开如图 2.29 所示的变换操作对话框，系统提示用户选择操作。

用户在图 2.29 所示的变换操作对话框中单击相应的按钮，即可实现变换操作。

图 2.28 平面构造对话框　　　　　　图 2.29 变换操作对话框

例如单击【移动】按钮，系统将按照用户选择的变换方式将选取对象移动到相应的位置。如果用户想保留原来的对象，可以先单击【复制】按钮，然后再单击【移动】按钮，这样原来的对象就被复制了，变换后生成一个新的对象。

如果用户对选取的对象不满意，可以单击【重新选择对象】按钮，用户可以重新选择对象，如果用户对选取的镜像线不满意，可以单击【变换类型-镜像线】按钮，重新选择对象的镜像线。

2.1.4 通用工具

在介绍编辑对象操作时，多次碰到【点构造器】对话框、【矢量构造器】对话框和平面构造对话框等通用工具,这些对话框不仅在编辑对象操作中出现,而且还会经常出现在其他的一些操作中,因此在这一小节集中讲解这些通用工具。

通用工具除了刚才提到的【点构造器】对话框、【矢量构造器】对话框和平面构造对话框外,还有【CSYS 构造器】对话框,下面分别介绍这些通用工具。

1. 【点构造器】对话框

【点构造器】对话框如图 2.30 所示。它的说明如下。

(1) 构造点的方式

如图 2.30 所示,构造点的方式有 11 种,它们都以形象的图标显示在对话框中。各个图标的含义已经标注在图标的旁边了。这 11 种构造点的方式说明如下。

① 自动判断的点

自动判断的点是指系统将根据用户的光标位置,自动判断选择一些点供用户使用,系统可以自动判断的点包括光标位置点、终点、控制点和圆弧/椭圆/球的中心等。当光标在这些类型的点处时,系统将高亮度显示这些点,用户可以根据自己的需要选择相应类型的点即可构造一个点。该类型的点是系统默认的。

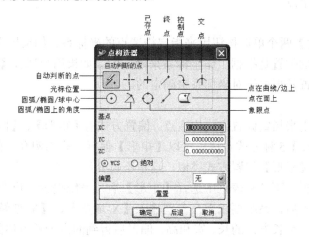

图 2.30 【点构造器】对话框

② 光标位置

该方式的点是根据光标位置来构造点。用户在绘图区单击鼠标左键即可在光标位置处构造一个点。

③ 已存点

单击【已存点】图标,用户可以选择一个已经存在的点。

④ 终点

单击【终点】图标,用户可以选择直线、圆弧或者其他曲线上的终点。

⑤ 控制点

单击【控制点】图标,用户可以选择一个几何对象的控制点。

⑥ 交点

单击【交点】图标,用户可以选择两条曲线之间的交点,或者曲线和某个平面,或者曲面之间的交点。

⑦ 圆弧/椭圆/球中心

单击【圆弧/椭圆/球中心】图标,用户可以选择圆弧、椭圆和球的中心。

⑧ 圆弧/椭圆上的角度

单击【圆弧/椭圆上的角度】图标,用户可以选择圆弧或者椭圆上某个指定角度上的点。

⑨ 象限点

单击【象限点】图标,用户可以选择圆弧或者椭圆上某个象限内的点。

⑩ 点在曲线/边上

单击【点在曲线/边上】图标,用户可以选择直线、曲线或者椭圆上的点。

⑪ 点在面上

单击【点在面上】图标,用户可以选择平面或者曲面上的点。

(2) 基点

该选项显示点的 3 个坐标值。当用户在绘图区选择一个点后,XC、YC 和 ZC 文本框中就显示该点相应坐标轴上的值。

用户也可以在 XC、YC 和 ZC 3 个文本框中直接输入相应坐标轴上的值,然后单击【确定】按钮,构造一个点。

(3) 坐标系

WCS 和【绝对】两个单选按钮用来指定构造点的坐标系。如果用户选择 WCS 单选按钮,则指定当前点的位置是根据工作坐标系来确定的。如果用户选择【绝对】单选按钮,则指定当前点的位置是根据绝对坐标系来确定的。

(4) 偏置

该下拉列表框用来指定偏置方式构造点。偏置方式有【矩形】、【圆柱形】、【球形】、【矢量】和【沿曲线】5 种方式。这里仅以【矩形】偏置方式为例介绍偏置构造点的方法,其他的偏置方式和【矩形】偏置方式类似,这里不再介绍。

当用户在【偏置】下拉列表框中选择【矩形】后,系统提示用户选择一个关联点,即参考点,指定参考点后,系统要求用户分别输入【X-增量】、【Y-增量】和【Z-增量】,这 3 个增量相当于一个长方体的长、宽和高,偏置后得到的点为长方体的另一个对角顶点。如图 2.31 所示为矩形偏置构造点的例子。

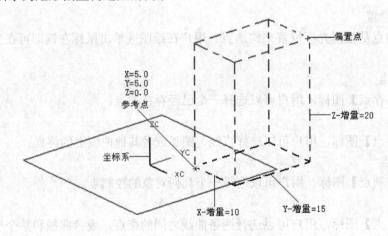

图 2.31 【矩形】偏置方式

(5) 重置

单击该按钮,【基点】选项中的 XC、YC 和 ZC 3 个文本框中数值均为 0,即用户设置的点取消,用户可以重新开始设置点。

2.【矢量构造器】对话框

【矢量构造器】对话框如图 2.32 所示,对其说明如下。

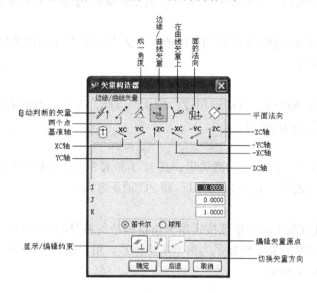

图 2.32 【矢量构造器】对话框

(1) 构造矢量的方式

构造矢量的方式有 14 种,它们都以形象的图标显示在【矢量构造器】对话框中。各个图标的含义已经标注在图标的旁边了。这 14 种构造矢量的方式说明如下。

① 自动判断的矢量

自动判断的矢量是指系统将根据用户选择的几何对象,自动判断选择一些矢量供用户使用,系统可以自动判断的矢量包括边缘/曲线矢量、在曲线矢量上、面的法向、平面法向、基准轴和坐标轴等。当用户选择这些类型的矢量后,系统将高亮度显示这些矢量,用户可以根据自己的需要选择相应类型的矢量。

② 两个点

该方式需要用户指定两个点,系统将根据这两个指定点来构造一个矢量。

③ 成一角度

该方式需要用户指定一个角度,系统将以 XC 轴为基准,按照用户指定的角度在 XC-YC 平面内构造一个矢量。

④ 边缘/曲线矢量

该方式将在边缘或者曲线的起点沿着曲线切线方向构造一个矢量。

⑤ 在曲线矢量上

该方式将在曲线的某点处,沿着该点的曲线切线方向构造一个矢量。这个点可以是曲线上的任意一点。

⑥ 面的法向

该方式要求用户指定一个面，系统将根据用户指定的面，按照面的法线方向构造矢量。

⑦ 平面法向

该方式将根据用户指定的平面，按照平面的法线方向构造矢量。

⑧ 基准轴

该方式要求用户指定一个基准轴，系统将根据基准轴构造一个矢量。

⑨ 正向坐标轴

正向坐标轴包括 XC 轴、YC 轴和 ZC 轴 3 个方向。该方式指定系统沿着 XC 轴、YC 轴或者 ZC 轴构造矢量。

⑩ 负向坐标轴

负向坐标轴包括-XC 轴、-YC 轴和-ZC 轴 3 个方向。该方式指定系统沿着 XC 轴、YC 轴或者 ZC 轴的负方向构造矢量。

(2) I、J、K

I、J 和 K 3 个文本框也可以构造矢量。在 I、J 和 K 3 个文本框中分别输入数值即可构造一个矢量，系统默认的数值为 0，0，1，即 ZC 轴正方向。

(3) 坐标系类型

【笛卡尔】和【球形】两个单选按钮用来指定构造矢量时的参考坐标系。用户选择【笛卡尔】单选按钮，则指定参考坐标系为笛卡尔坐标系，用户选择【球形】单选按钮，则指定参考坐标系为球形坐标系。

(4) 编辑矢量

这 3 个图标用来编辑矢量。各个图标的含义已经标柱在图上了，这里不再赘述。

3.【CSYS 构造器】对话框

【CSYS 构造器】对话框如图 2.33 所示，对其说明如下。

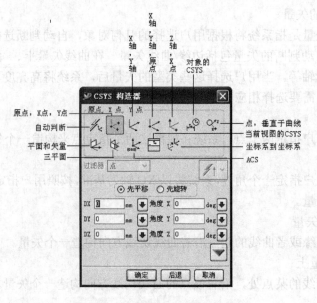

图 2.33 【CSYS 构造器】对话框

(1) 构造坐标系的方式

构造坐标系的方式有 12 种，它们都以形象的图标显示在【CSYS 构造器】对话框中。各个图标的含义已经标注在图标的旁边了。这 12 种构造坐标系的方式说明如下。

① 自动判断

自动判断是指用户指定几何对象后，系统将根据用户选择的几何对象自动判断构造一个坐标系，或者根据 X、Y 和 Z 方向的增量来构造坐标系。

② 原点，X 点，Y 点

该方式根据用户指定的原点，X 点和 Y 点 3 个点来构造坐标系。

③ X 轴，Y 轴

该方式根据用户指定的 X 轴和 Y 轴，自动确定 Z 轴后构造坐标系。

④ X 轴，Y 轴，原点

该方式根据用户指定的 X 轴、Y 轴和原点来构造坐标系。

⑤ Z 轴，X 点

该方式根据用户指定的 Z 轴和 X 点，确定 X 轴和 Y 轴后构造坐标系。

⑥ 对象的 CSYS

该方式根据用户指定几何对象，如曲线和平面等的坐标系来构造一个新的坐标系。

⑦ 点，垂直于曲线

该方式构造的坐标系通过用户指定的点并垂直于指定曲线。

⑧ 平面和矢量

该方式根据用户指定的一个平面和矢量方向构造坐标系。

⑨ 三平面

该方式根据用户指定的 3 个平面来构造坐标系。

⑩ ACS

该方式指定绝对坐标系为模型的参考坐标系。

⑪ 当前视图的 CSYS

该方式指定当前视图的坐标系作为新构造的坐标系。

⑫ 坐标系到坐标系

该方式需要用户指定一个参考坐标系，再指定移动增量，系统将根据指定的参考坐标系和移动增量构造一个新的坐标系。

(2) 构造顺序

【先移动】和【先旋转】单选按钮用来设置系统在构造坐标系的过程中是先移动还是先旋转。选择相应的单选按钮即可设置系统构造坐标系的顺序。

(3) 增量值

增量值包括距离增量值和角度增量值。DX、DY 和 DZ 3 个文本框用来分别输入 X、Y 和 Z 方向的距离增量；【角度 X】、【角度 Y】和【角度 Z】3 个文本框用来分别输入 X、Y 和 Z 方向的角度增量。

4．平面构造器对话框

平面构造器对话框如图 2.34 所示。它的说明如下。

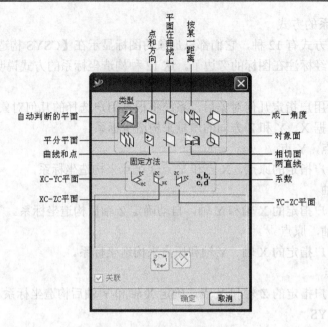

图 2.34　平面构造器对话框

(1) 类型

平面的类型有 10 种，它们都以形象的图标显示在平面构造器对话框中。各个图标的含义已经标注在图标的旁边了。这 10 种类型的平面说明如下。

① 自动判断的平面

自动判断的平面是指系统根据用户指定几何对象自动判断构造一个平面。随着用户选择的几何对象不同，系统构造的平面也不同。

② 点和方向

该类型的平面根据用户指定的一个点和方向来构造平面。

③ 平面在曲线上

该类型的平面需要用户指定一条曲线，系统将根据这条曲线构造平面。

④ 按某一距离

该类型的平面需要用户指定一个参考平面和一个距离值，系统将根据参考平面和距离值构造一个平行于参考平面的平面。

⑤ 成一角度

该类型的平面需要用户指定一个参考平面和一个角度值，系统将根据参考平面和角度值构造一个平面。

⑥ 平分平面

该类型的平面需要用户选择两个相互平行的平面或者基准面，系统将在这两个平面或者基准面之间构造一个平面。

⑦ 曲线和点

该类型的平面需要用户指定一条曲线和一个点。

⑧ 两直线

该类型的平面要求用户选择两条直线，系统将根据这两条直线构造平面。

⑨ 相切面

该类型的面需要用户指定点、曲线或者面，系统将相切指定的点、曲线或者面来构造一个平面。

⑩ 对象面

该类型的平面需要用户指定一个已经存在的圆弧、二次曲线或者平面样条曲线，系统将根据这些指定的对象构造曲面。

(2) 固定方法

该选项指定系统根据坐标平面或者方程式来构造平面。4 个图标的含义已经标注在图 2.34 上了，这里不再赘述。

2.1.5 资源栏

资源栏包括装配导航器、部件导航器、培训、帮助、历史等，如图 2.35。资源栏的导航器以树状结构表示各个部件之间的关系，条理清晰，用户管理起来非常方便。

此外，用户也可以在资源栏方便快捷地隐藏、删除、编辑对象，这些操作都可以通过快捷菜单来实现。用户在资源栏选择一个对象后，然后用鼠标右键单击该对象，在打开的快捷菜单中选择相应的命令即可进行相应的操作。

打开【部件导航器】，选择一个草图对象后并右击，打开的快捷菜单如图 2.36 所示。

图 2.35 资源栏图标

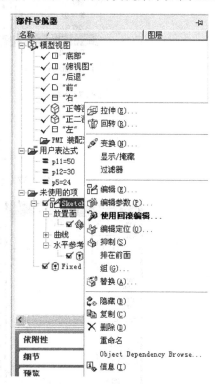

图 2.36 资源栏的快捷菜单

2.2 视图布局设置

用户有时为了多角度观察一个对象，需要同时用到一个对象的多个视图。UG NX 4.0 为用户提供视图布局功能，允许用户最多同时观察对象的 9 个视图。这些视图的集合就叫做视图布局。用户创建视图布局后，可以再次打开视图布局，可以保存视图布局，可以修改视图布局，还可以删除视图布局。下面将介绍视图布局的一些设置方法。

1. 新建视图布局

如图 2.37 所示，在菜单栏中选择【视图】|【布局】|【新建】命令，打开如图 2.38 所示的【新建布局】对话框，系统提示用户选择新布局中的视图。

新建视图布局的方法说明如下。

(1) 指定视图布局名称

【名称】文本框用来指定新建视图布局的名称。每个视图布局都必须命名。如果用户不指定新建视图布局的名称，系统将自动为新建视图命名为 LAY1、LAY2 等，后面的自然数依次递增。

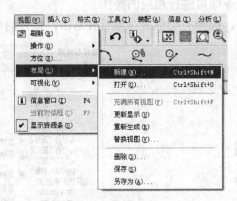

图 2.37 新建视图布局

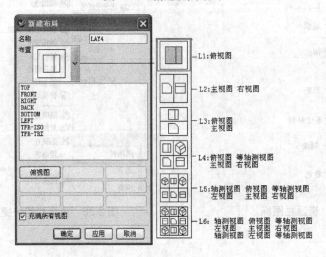

图 2.38 【新建布局】对话框

(2) 选择系统默认的视图布局

基本视图有俯视图、主视图、右视图、等轴测视图、轴测视图和左视图 6 种，这些基本视图组合后生成的视图布置如图 2.38 所示。这些视图布局的各个图标的含义已经标注在图中了。这里不再讲述。

(3) 修改系统默认视图布局

当用户在【布置】下拉列表框中选择一个系统默认的视图布局后，可以根据自己的需要修改系统默认的视图布局。例如选择 L3 默认视图布局后，用户想把俯视图改为右视图，可以在列表框中选择 RIGHT，此时右视图显示在列表框下面的小方格中，表明用户已经将俯视图改为右视图了。

(4) 生成新的视图布局

当用户根据自己的需要修改系统默认视图布局后，单击【确定】按钮，就可以生成新建的视图布局了。

2. 替换视图布局

用户新建视图布局后，还可以替换视图布局。替换视图布局的方法有两种：一种是命令方式，另一种是快捷菜单方式。分别说明如下。

(1) 命令方式

在菜单栏中选择【视图】|【布局】|【替换视图】命令，打开如图 2.39 所示的【替换视图用】对话框。系统提示用户选择放在布局中的视图。用户在视图列表框中选择自己需要的视图，然后单击【确定】按钮即可替换视图布局。

图 2.39　【替换视图用】对话框

(2) 快捷菜单方式

右击绘图区，打开如图 2.40 所示的快捷菜单，在快捷菜单中选择【定向视图】，在打开的子菜单中选择相应的视图即可替换视图布局。

3. 删除视图布局

视图布局创建以后，如果用户不再使用它，还可以删除视图布局。删除视图布局的方法如下。

在菜单栏中选择【视图】|【布局】|【删除】命令，打开如图 2.41 所示的【删除布局】对话框。系统提示用户选择要删除的布局。用户在视图布局列表框中选择需要删除的视图布局，然后单击【确定】按钮即可删除视图布局。

图 2.40 替换视图快捷菜单

图 2.41 【删除布局】对话框

2.3 工作图层设置

为了更好地管理组织部件,UG NX 4.0 为用户提供了图层管理功能。一个图层相当于一张透明的薄纸,用户可以在该薄纸上绘制任意数目的对象。UG NX 4.0 为每个部件提供了 256 个图层,但是只能有一个工作图层。用户可以设置任意一个图层为工作层,也可以设置多个图层为可见层。下面将介绍一些图层设置的操作方法。

1. 图层的设置

如图 2.42 所示,在菜单栏中选择【格式】|【图层的设置】命令,打开如图 2.43 所示的【图层的设置】对话框,系统提示用户选择图层或者类别。

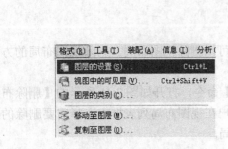

图 2.42 图层的设置

图 2.43 【图层的设置】对话框

图层的设置方法说明如下。

(1) 指定工作图层

【工作层】文本框用来指定工作图层，用户直接在文本框中输入需要成为工作层的图层号即可。例如现在图层 2 为工作层。

(2) 指定图层的范围或者类别

为了便于系统更快地找到用户需要的图层，用户可以在【范围或类别】文本框中输入图层号的范围，如输入 10～20，指定用户需要的图层在 10～20 之间。

(3) 设置过滤器方式

系统默认的过滤器方式为 ALL，如果用户还可以设置图层集的编号来过滤图层。一个图层集可以包含很多图层，用户输入一个图层集的编号后，系统将自动在该图层集内查找用户需要的图层。

(4) 设置图层状态

一个图层的状态有 4 种，它们是【可选】、【作为工作层】、【不可见】和【只可见】。用户在【图层/状态】列表框中选择一个图层后，【可选】、【不可见】和【只可见】3个按钮被激活，用户根据自己的需要，只要单击相应的按钮即可设置选择图层为可选的、不可见的或者只可见的。

(5) 指定显示图层的范围

下拉列表框用来指定【图层/状态】列表框中显示的图层范围。用户可以指定【图层/状态】列表框中只显示包含对象的图层，也可以设置【图层/状态】列表框中只显示可选的对象，还可以设置【图层/状态】列表框中显示所有的图层。如果用户设置显示所有的图层，则【图层/状态】列表框中显示部件的 256 个图层。

2. 移动至图层

有时用户需要把某一图层的对象移动到另一个图层中去，就需要用到【移动至图层】命令。在菜单栏中选择【格式】|【移动至图层】命令，系统打开如图 2.10 所示的类选择器工具栏。用户在绘图区选择需要移动的对象后，单击【确定】图标，打开如图 2.44 所示的【图层移动】对话框，系统提示用户选择要放置已选对象的图层。

图 2.44　【图层移动】对话框

移动对象至图层的方法说明如下。
(1) 指定目标图层或者类别
在【目标图层或类别】文本框中输入目标图层或者目标类别的编号，指定目标图层或者类别。【类别过滤器】选项在前面已经介绍过了，这里不再赘述。
(2) 对象操作
为了确认移动的对象准确无误，用户可以单击【重新高亮显示对象】按钮，此时用户选取的对象将高亮度显示在绘图区。
如果用户需要另外选择移动的对象，可以单击【选择新对象】，系统重新打开如图2.10所示的类选择器工具栏，提示用户选择对象。

2.4 系统参数设置

有时用户可以根据自己的需要，改变系统默认的一些参数设置，如对象的显示颜色、绘图区的背景颜色、对话框中显示的小数点位数等。本节将介绍一些改变系统参数设置的方法，它们包括对象参数设置、用户界面参数设置、选择参数设置和可视化参数设置。

1. 对象参数设置

对象参数设置是设置曲线或者曲面的类型、颜色、线型、透明度、偏差矢量等默认值。
在菜单栏中选择【首选项】|【对象】命令，打开如图2.45(a)所示的【对象首选项】对话框，系统提示用户设置对象首选项。单击【分析】标签，切换到【分析】选项卡，如图2.45(b)所示。

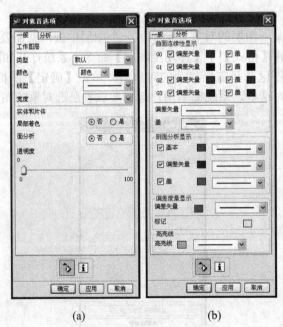

(a)　　　　　　　　(b)

图 2.45 【对象首选项】对话框

如图2.45(a)所示，在【一般】选项卡中，用户可以设置工作图层、线的类型、线在绘图区的显示颜色、线型和线宽。还可以设置实体或者片体的局部着色、面分析和透明度等参数，用户只要在相应的选项中选择参数即可。

如图 2.45(b)所示，在【分析】选项卡中，用户可以设置曲面连续性的显示颜色。用户单击复选框后面的颜色小块，系统打开如图 2.14 所示的【颜色】对话框。用户可以在【颜色】对话框选择一种颜色作为曲面连续性的显示颜色。此外，用户还可以在【分析】选项卡中设置剖面分析显示、偏差度量显示和高亮线的显示颜色。

2. 用户界面参数设置

用户界面参数设置是指设置对话框中的小数点位数、撤消时是否确认、跟踪条、资源栏、日记和用户工具等参数。

在菜单栏中选择【首选项】|【用户界面】命令，打开如图 2.46(a)所示的【用户界面首选项】对话框，系统提示用户设置用户界面首选项。单击【资源条】标签，切换到【资源条】选项卡，显示如图 2.46(b)所示。【日记】选项卡和【用户工具】选项卡用户可以自己切换，这里不再介绍。

如图 2.46(a)所示，在【一般】选项卡中用户可以设置对话框中小数点的位数、列表窗口中小数点的位数、撤消后是打开确认对话框、宏选项、暂停时间、是否显示跟踪条及其小数点的位数等参数。

如图 2.46(b)所示，在【资源条】选项卡中，用户可以设置资源条的主页网址、资源条的显示位置以及是否自动飞出等参数。

图 2.46　【用户界面首选项】对话框

3. 选择参数设置

选择参数设置是指设置用户选择对象时的一些相关参数，如光标半径、选取方法和矩形方式的选取范围等。

在菜单栏中选择【首选项】|【选择】命令，打开如图 2.47 所示的【选择首选项】对话框，系统提示用户设置选择首选项。

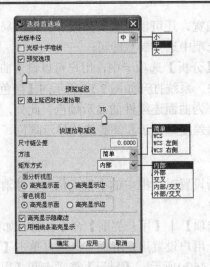

图 2.47 【选择首选项】对话框

如图 2.47 所示,用户可以设置光标半径(大、中、小)、预览延迟和快速拾取延迟、尺寸链公差、选取的方法、矩形方式的选取范围(内部、外部、交叉等)、面分析视图和着色视图高亮度显示的对象(面或者边)等参数。

4. 可视化参数设置

可视化参数设置是指设置渲染样式、光亮度百分比、直线线型、对象名称显示、背景设置、背景编辑等参数。

在菜单栏中选择【首选项】|【可视化】命令,打开如图 2.48 所示的【可视化首选项】对话框,系统提示用户设置可视化首选项。

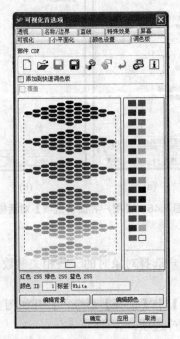

图 2.48 【可视化首选项】对话框

如图 2.48 所示,【可视化首选项】对话框中包含【透视】、【名称/边界】、【直线】、【特殊效果】、【屏幕】、【可视化】、【小平面化】、【颜色设置】和【调色板】9 个标签。用户单击不同的标签就可以切换到不同选项卡中设置相关的参数。如图 2.48 所示为切换到【调色板】选项卡的情况。

2.5 设 计 范 例

本节将介绍一个设计范例,以加强用户对 UG NX 4.0 基本操作概念的理解和掌握一些基本的操作方法。

1. 模型介绍及其设计思路

本范例介绍的模型如图 2.49 所示。从图中可以很明显地看到,这个模型是一个对称图形。本设计范例在一开始给出了模型的一半,要求用户通过【平面镜像】变换方式来得到整个模型。为了便于管理这些模型,我们将把这些模型放在两个不同的图层中,最后,我们将新建视图布局,多对角度观察这个模型。

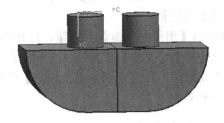

图 2.49 设计范例模型

2. 模型操作过程

(1) 打开 UG_base.prt 文件

由于已经为用户创建了模型的一半,用户可以直接打开 UG_base.prt 文件,而不用重新创建模型。打开 UG_base.prt 文件的方法如下。

① 启动 UG NX 4.0 后,单击【打开】图标,在【打开部件文件】对话框中选择 UG_base.prt,然后单击【确定】按钮,打开 UG_base.prt 文件。此时模型显示在绘图区,如图 2.50 所示。可以看到,圆柱体的最上方有一个蓝色的圆,为了不影响后面的操作,我们将在后面的步骤中隐藏这个圆。

② 如图 2.51 所示,单击【起始】图标,在下拉菜单中选择【建模】命令,进入 UG NX 4.0 的建模环境。

(2) 隐藏圆

在菜单栏中选择【编辑】|【隐藏】|【隐藏】命令,打开类选择器,在绘图区选择如图 2.50 所示的蓝色的圆,然后单击【确定】图标,圆被隐藏了。

(3) 设置图层 2

接下来我们将设置图层 2 为工作图层,并把镜像得到的模型保存在图层 2 中。

① 在菜单栏中选择【格式】|【图层的设置】命令,打开如图 2.43 所示的【图层的设

置】对话框。在【工作层】文本框中输入2，指定图层2为工作层。

② 在【图层/状态】列表框中确认图层1为可见的，否则在【图层/状态】列表框选择1，然后单击【只可见】按钮。然后单击【确定】按钮，结束图层的设置。

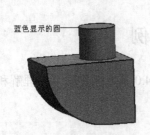

图 2.50　模型的一半

图 2.51　选择【建模】命令

(4) 用平面镜像得到模型

设置好图层后，接下来我们就可以通过【平面镜像】变换方式得到完整的模型了。

① 在菜单栏中选择【编辑】|【变换】命令，打开如图 2.16 所示的对象选择工具栏。在绘图区选择如图 2.50 所示的模型，此时【确定】图标 被激活，单击【确定】图标 ，打开如图 2.18 所示的【变换】对话框。

② 在【变换】对话框单击【用平面做镜像】按钮，打开如图 2.34 所示的平面构造器对话框。在【类型】选项中选择【对象面】图标 ，选择如图 2.52(a)所示的平面，此时显示平面的法向方向，确认法向方向向外，否则单击【反向】图标 。单击【确定】按钮，打开如图 2.29 所示的变换操作对话框。

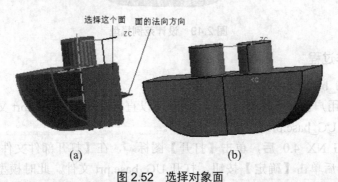

图 2.52　选择对象面

③ 在变换操作对话框单击【复制】按钮，然后再单击【移动】按钮，最后单击【确定】按钮，完成模型的平面镜像变换操作。模型显示如图 2.52(b)所示。

> 注意：为了保留模型的另一半，用户必须在变换操作对话框中先单击【复制】按钮，复制模型的一半，然后再单击【移动】按钮，才能得到整个模型，否则只能得到模型对称的另外一半，而不能得到整个模型。

(5) 创建视图布局

为了多角度观察整个模型，我们最后来创建视图布局。

在菜单栏中选择【视图】|【布局】|【新建】命令，打开如图 2.38 所示的【新建布局】对话框。直接使用系统指定的视图布局名称，不用重新指定视图布局的名称，然后在【布

置】下拉列表框中选择 L4 类型的视图布局，即我们看到的模型视图是 4 个基本视图组合而成的视图布局。其他的都使用默认选项，单击【确定】按钮，完成视图布局的创建。绘图区显示如图 2.53 所示。

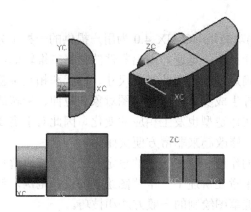

图 2.53　L4 视图布局

2.6　本 章 小 结

本章我们主要讲解了 UG NX 4.0 的一些基本概念和基本操作，这些知识是学习后续 UG NX 4.0 操作的基础。在这些基本概念中，尤其要提出的是视图布局和图层的概念，这是本章的一个难点。对于刚接触这些概念的初级用户来说，可能比较难懂，但是随着后续的不断学习和对这些概念的不断理解，特别是在用户经常操作视图布局的设置和图层的设置后，就更能深刻地理解这些概念了，因此用户如果暂时理解不了这些概念，可暂时放一段时间，等学习了后续内容再回过头来理解这些概念，就会觉得容易多了。

除了介绍一些基本概念外，我们还重点介绍了 UG NX 4.0 的一些通用工具，如【点构造器】对话框、【矢量构造器】对话框和平面构造器等，这些通用工具在后续的操作中经常出现，用户如果能够熟练运用这些通用工具，将给其他的操作带来很多方便，同时也增加了自己的工作效率。

我们最后介绍了系统参数的设置，它包括对象参数设置、用户界面参数设置、选择参数设置和可视化参数设置。系统参数的设置包含很多方面，本章只介绍了用户经常用到的几个参数设置，如果用户需要设置其他方面的参数，可以在菜单栏中选择【首选项】命令，然后选择相应的子命令即可。

第 3 章 草 绘

草图绘制(简称草绘)功能是 UG NX 4.0 为用户提供的一种十分方便的画图工具。用户可以首先按照自己的设计意图,迅速勾画出零件的粗略二维轮廓,然后利用草图的尺寸约束和几何约束功能精确确定二维轮廓曲线的尺寸、形状和相互位置。草图绘制完成以后,可以用拉伸、旋转或扫掠生成实体造型。草图对象和拉伸、旋转或扫掠生成的实体造型相关。当草图修改以后,实体造型也发生相应的变化。因此对于需要反复修改的实体造型,使用草图绘制功能以后,修改起来非常方便快捷。

本章首先介绍草图的作用和草图平面的设定,然后详细讲解草图设计、草图约束和草图定位。在此基础上,本章还讲述了一个草图绘制的设计范例,使读者能够更加深刻的领会草图约束的内涵,掌握草图绘制的一般方法和技巧。

本章主要内容:
- 草图的作用
- 草图平面
- 草绘设计
- 草图约束与定位
- 设计范例

3.1 草图的作用

本节将简单介绍 UG NX 4.0 的草图绘制功能和草图的作用。

3.1.1 草图绘制功能

草图绘制功能为用户提供了一种二维绘图工具,在 UG NX 4.0 中,有两种方式可以绘制二维图,一种是利用基本画图工具,另一种就是利用草图绘制功能。两者都具有十分强大的曲线绘制功能。但与基本画图工具相比,草图绘制功能还具有以下 3 个显著特点。

(1) 草图绘制环境中,修改曲线更加方便快捷。

(2) 草图绘制完成的轮廓曲线与拉伸或旋转等扫描特征生成的实体造型相关联,当草图对象被编辑以后,实体造型也紧接着发生相应的变化,即具有参数设计的特点。

(3) 在草图绘制过程中,可以对曲线进行尺寸约束和几何约束,从而精确确定草图对象的尺寸、形状和相互位置,满足用户的设计要求。

3.1.2 草图的作用

草图的作用主要有以下 4 点。

(1) 利用草图,用户可以快速勾画出零件的二维轮廓曲线,再通过施加尺寸约束和几何约束,就可以精确确定轮廓曲线的尺寸、形状和位置等。

(2) 草图绘制完成后，可以用来拉伸、旋转或扫掠生成实体造型。

(3) 草图绘制具有参数的设计特点，这对于在设计某一需要进行反复修改的部件时非常有用。因为只需要在草图绘制环境中修改二维轮廓曲线即可，而不用去修改实体造型，这样就可节省很多修改时间，提高了工作效率。

(4) 草图可以最大限度地满足用户的设计要求，这是因为所有的草图对象都必须在某一指定的平面上进行绘制，而该指定平面可以是任一平面，既可以是坐标平面和基准平面，也可以是某一实体的表面，还可以是某一片体或碎片。

3.2 草图平面

在绘制草图对象时，首先要指定草图平面，这是因为所有的草图对象都必须附着在某一指定平面上。因此在讲解草图设计前，我们先来学习指定草图平面的方法。指定草图平面的方法有两种，一种是在创建草图对象之前就指定草图平面，另一种是在创建草图对象时使用默认的草图平面，然后重新附着草图平面。后一种方法也适用于需要重新指定草图平面的情况。下面将分别介绍这两种指定草图平面的方法。

3.2.1 草图平面概述

草图平面是指用来附着草图对象的平面，它可以是坐标平面，如 XC-YC 平面，也可以是实体上的某一平面，如长方体的某一个面，还可以是基准平面。因此草图平面可以是任一平面，即草图可以附着在任一平面上，这也就给设计者带来极大的设计空间和创造自由。

3.2.2 指定草图平面

下面将详细介绍在创建草图对象之前，指定草图平面的方法。

在【成形特征】工具栏中单击【草图】图标，弹出如图 3.1 所示的指定草图平面工具栏。此时系统提示用户"选择草图平面的对象或选择要定向的草图轴"，同时在绘图区高亮度显示 XC-YC 平面和 X、Y 和 Z 3 个坐标轴，如图 3.1 所示。

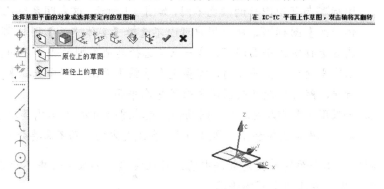

图 3.1 指定草图平面工具栏

提示：系统默认的草图平面为 XC-YC 平面，所以此时 XC-YC 平面在绘图区高亮度显示。

下面将分类介绍指定草图平面工具栏上的图标含义。

1. 草图类型

当单击图标 或其右侧的下三角形时，系统弹出【原位上的草图】图标 和【路径上的草图】图标 ，要求用户选择其中的一种作为新建草图的类型，如图 3.1 所示。系统默认的草图类型为原位上的草图。

2. 实体平面

图标用来指定实体平面为草图平面。当部件中已经存在实体时，用户可以直接选择某一实体平面作为草图的附着平面。当指定实体平面后，该实体平面在绘图区高亮度显示，同时在该平面上高亮度显示水平草图轴和竖直草图轴。如果用户需要改变水平草图轴和竖直草图轴的方向，直接双击水平草图轴或竖直草图轴即可。例如，当指定五面体的斜面为草图平面时，显示如图 3.2 所示。

图 3.2 指定实体平面为草图平面

> **提示**：① 单击【草图】图标 后，在弹出的指定草图平面工具栏中，【实体平面】图标 与其他图标的颜色不同，如图 3.1 所示。这表明系统已经选择了【实体平面】图标 ，所以用户可以不选择【实体平面】图标 而直接在绘图区选择实体平面即可。这一点与选择其他类型的平面不同。例如要选择基准平面为草图平面时，需要先在草图平面工具栏中选择【基准平面】图标 ，然后才能在绘图区中选择基准平面。
> ② 如果用户需要改变水平草图轴和竖直草图轴的方向，只需要单击其中的一个轴，水平草图轴和竖直草图轴就会改变方向，而不需要分别双击两个轴。

> **注意**：指定实体平面的前提是部件中已经存在实体。如果部件中不存在实体，则不能使用该方法指定草图平面。

3. 坐标平面

当部件中既没有实体平面，也没有基准平面时，用户可以指定坐标平面为草图平面。

图标用来指定 XC-YC 为草图平面，图标用来指定 YC-ZC 平面为草图平面，图标用来指定 ZC-XC 平面为草图平面。

当指定某一坐标平面为草图平面后，该坐标在绘图区高亮度显示，同时高亮度显示 3 个坐标轴的方向。如果用户需要修改坐标轴的方向，只要双击 3 个坐标轴中的一个即可。例如指定 XC-YC 平面为草图平面后，显示如图 3.3 所示。

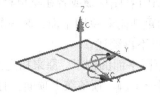

图 3.3　指定 XC-YC 平面为草图平面

注意： 当第一次指定坐标平面为草图平面后，如果用户第二次又指定该坐标平面为草图平面时，系统将打开如图 3.4 所示的【创建草图】对话框。系统提示用户是否使用自动判断和预览的基本特征固定基准平面。如果单击【是】按钮，则新创建的草图对象将附着在第一次指定的草图平面上；如果单击【否】按钮，系统会在工作坐标系中重新创建一个新基准。如果用户不希望下次看到这个提示信息，可以选中【不要再显示此消息】复选框。

图 3.4　【创建草图】对话框

4. 基准平面

当部件中存在基准平面时，用户可以指定某一基准平面为草图平面。如果部件中不存在基准平面时，单击【基准平面】图标，打开【基准平面】对话框，要求用户创建一个基准平面。

5. 基准 CSYS

当部件中存在基准坐标系时，用户可以指定某一坐标系，系统将根据指定的坐标系创建草图平面。如果部件中不存在基准坐标系时，单击【基准 CSYS】图标，打开【基准 CSYS】对话框要求用户创建一个基准 CSYS。

6. 确认和取消

当用户指定某一平面为草图平面后，单击 图标，就可以进入草图绘制环境，创建草图对象，施加尺寸约束和几何约束了。

如果用户对指定的草图平面不满意或想放弃草图绘制，单击✖图标，即可结束草图绘制。

3.2.3 重新附着草图平面

如果用户需要修改草图的附着平面，就需要重新指定草图平面。UG NX 4.0 为用户提供了重新附着工具，可以很方便地修改草图平面。下面将详细介绍在创建草图对象之后，重新附着草图平面的方法。

在草图绘制环境中，单击重新附着图标 或者在菜单栏中选择【插入】|【重新附着】命令，均可打开如图 3.5(b)所示的重新附着草图平面。这些图标与图 3.1 所示的指定草图平面工具栏中的图标含义相同，这里不再赘述。

图 3.5 所示为一个重新附着草图平面的例子。原来指定的草图平面为六面体的上顶面，如图 3.5(a)所示，在该平面上绘制一个圆，预备在上顶面上打一个通孔。后来设计方案改为在右侧面上打通孔，孔的圆心和半径不变，这时只需要重新附着圆的草图平面，就能满足设计要求，而不用删除原来的草图再重新绘制一个圆。

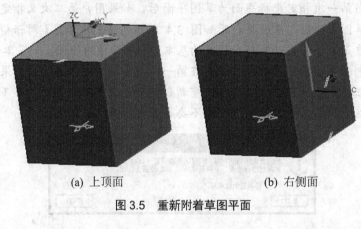

(a) 上顶面　　　　　　　　　　(b) 右侧面

图 3.5　重新附着草图平面

3.3　草　绘　设　计

指定草图平面后，就可以进入草图环境设计草图对象。UG NX 4.0 为用户提供了两个设计草图的工具栏，一个是草图曲线工具栏，另一个是草图操作工具栏。草图曲线工具栏可以直接绘制出各种草图对象，如点、直线、圆、圆弧、矩形、椭圆和样条曲线等。草图操作工具栏可以对各种草图对象进行操作，如镜像、偏置、编辑、添加、求交和投影等。下面将详细介绍这两个设计草图的工具栏。

3.3.1 草图曲线工具栏

草图曲线工具栏用来直接绘制各种草图对象，包括点和曲线等。在工具栏中将草图曲线工具栏拖出来，添加所有的图标后，显示如图 3.6 所示的【草图曲线】工具栏。

【草图曲线】工具栏中的大部分图标和第 2 章中介绍的【曲线】工具栏中的图标相同，其操作方法也基本相同，这里不再赘述。下面仅对不相同的几个图标进行分类介绍。

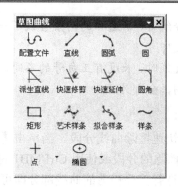

图 3.6 【草图曲线】工具栏

1. 配置文件

配置文件包括【直线】、【圆弧】、【坐标模式】和【长度模式】等。用户单击【配置文件】图标后，可以方便地绘制直线和圆弧，并可以在【坐标模式】和【长度模式】之间自由地转换。系统默认地激活该图标。

2. 修改曲线

修改曲线包括【派生直线】图标、【快速修剪】图标、【快速延伸】图标和【圆角】图标 4 个图标。下面将分别介绍这几个图标的功能。

(1) 派生直线

【派生直线】图标用来偏置某一直线或者在两相交直线的交点处派生出一条角平分线。当单击【派生直线】图标时，系统在提示栏中显示"选择参考直线"字样，提示用户选择需要派生的直线。用户选择一条直线后，系统自动派生出一条平行于选择直线的直线，并在派生直线的附近显示偏置距离。在长度文框中输入适当的数据或者移动鼠标到适当的位置，单击鼠标左键，即可生成一条偏置直线。

如果用户选择一条直线后，再选择另外一条与第一条直线相交的直线，系统将在两条直线的交点处派生出一条角平分线。

如图 3.7 所示，曲线 1、2、3 是原直线，直线 4、5、6、7 是派生直线，其中直线 4、7 分别是直线 1、3 的偏置直线，直线 5 是直线 1、2 的角平分线，直线 6 是直线 2、3 的角平分线。

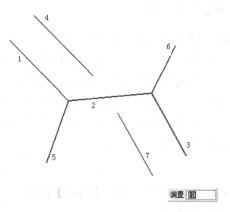

图 3.7 派生直线

💡 **注意：** ① 在生成角平分线时，所选择的两条直线不一定要有交点，只要两条直线延伸后能够相交即可。
② 在生成偏置直线时，长度有正负号的不同，而在生成角平分线时长度没有正负号的区别，全部为正。

(2) 快速修剪

【快速修剪】图标 用来快速擦除曲线分段。当单击【快速修剪】图标 时，系统在提示栏中显示"选择或拖动要擦除的分段或使用 Ctrl-MB1 将其添加为边界"字样，提示用户选择需要擦除的曲线分段。选择需要修剪的曲线部分即可擦除多余的曲线分段。用户也可以按住鼠标左键不放拖动来擦除曲线分段。

如图 3.8 所示，当按住鼠标左键不放拖动，光标经过右侧的小直角三角形时，留下了拖动痕迹，与拖动痕迹相交的曲线此时高亮度显示，表明这两条曲线被选中了，如图 3.8(a)所示。放开鼠标左键后，被选中的两条边就被擦除了，原来的大直角三角形变成了一个梯形，如图 3.8(b)所示。

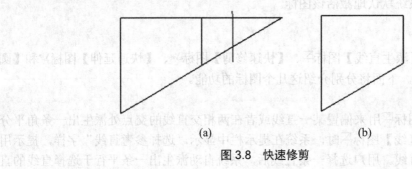

图 3.8 快速修剪

(3) 快速延伸

【快速延伸】图标 用来快速延伸一条曲线，使之与另外一条曲线相交。它的操作方法与【快速修剪】图标 类似，这里不再赘述。

💡 **技巧：** 当选择的曲线延伸后与多条曲线都有交点时，所选择的曲线只延伸到离它最近的一个交点处，而不再继续延伸。如果用户需要延伸的交点不是这个最近的交点时，可以先将较近的这些曲线隐藏，然后再使用【快速延伸】图标 来延伸到自己满意的交点处。

💡 **注意：** 所选择的曲线必须和另一条直线延伸后有交点，而且只能延伸选择的曲线，其他的曲线不延伸。例如，在如图 3.8(b)所示的曲线中，如果想把这个梯形延伸后得到一个大的直角三角形，选择其中的一条非平行边后，系统在提示栏中显示"无法从指定的端点延伸曲线"字样，这表明系统没有找到非平行边与另一条非平行边的交点。因为只能延伸所选择的那条非平行边，而不能同时延伸两条非平行边。

(4) 圆角

【圆角】图标 用来对曲线倒圆角。单击【圆角】图标 ，选择两条曲线后，输入圆角半径即可在两条曲线之间生成圆角。

> **提示：** 圆角可以在两条直线之间生成，可以在直线和曲线之间生成，也可以在两条曲线之间生成。但是一般不在两条曲线之间生成圆角，这是因为，曲线之间生成的圆角可能不能满足用户的要求，出现无法预料的结果。

如图 3.9 所示，图(a)是没有倒圆角的曲线，图(b)是倒圆角后的曲线。这些圆角有些是在相互垂直的直线，相互平行的直线和相交直线之间生成的，还有的是在曲线和曲线之间生成的。

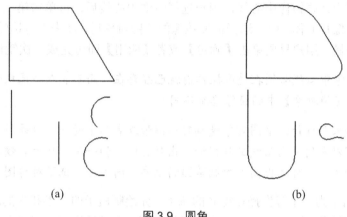

图 3.9　圆角

3.3.2　草图操作工具栏

草图操作工具栏可以对各种草图对象进行操作，包括镜像、偏置曲线、编辑曲线、编辑定义线串、添加现有的曲线、求交和投影等。

在工具栏中将草图操作工具栏拖出来，添加所有的图标后，显示如图 3.10 所示的【草图操作】工具栏。

图 3.10　【草图操作】工具栏

下面将详细介绍这些草图操作的方法。

1. 镜像

镜像是以某一条直线为对称轴，镜像选取的草图对象。镜像操作特别适合于绘制轴对称图形。

在【草图操作】工具栏中单击【镜像】图标，打开如图 3.11 所示的【镜像草图】对话框。

图 3.11 【镜像草图】对话框

在如图 3.11 所示的【镜像草图】对话框中，选择步骤有两个图标，单击第一个图标后，系统提示用户选择镜像中心线，用户选择镜像中心线后，再单击第二个图标，系统提示用户选择镜像几何体。用户选择需要镜像的草图对象后，原来不可选的【确定】和【应用】按钮此时亮显。用户只要单击【确定】或者【应用】即可完成一次镜像操作。

注意： 镜像中心线必须在镜像操作前就已经存在，而不能在镜像操作中绘制，这和【变换对象】中的镜像略有不同。

技巧： 如果要设计的草图对象是轴对称图形或者其中的一部分是轴对称图形，用户可以先用草图曲线工具栏绘制出对称图形的一半，然后再镜像得到图形的另一半，这样既提高了绘制草图的效率，同时也保证了对称图形的约束要求。

如图 3.12 所示为一个镜像操作得到的瓶子。先绘制瓶子的一半和它的对称轴，然后镜像即可得到整个瓶子的图形。从图 3.12 中可以看到，镜像后原来的直线自动转换为参考对象，从实线变为了虚线。

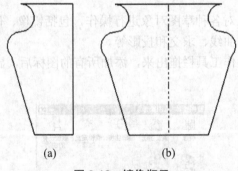

(a)　　　　(b)

图 3.12 镜像瓶子

2. 偏置曲线

偏置曲线是把选取的草图对象按照一定的方式，如按照距离、按照线性规律或者拔模等方式偏置一定距离。

在草图操作工具栏中单击【偏置曲线】图标，打开如图 3.13 所示的【偏置曲线】对话框。

在如图 3.13 所示的【偏置曲线】对话框中，显示了【输入几何体】、【偏置根据】、【修剪】和【近似公差】等选项。

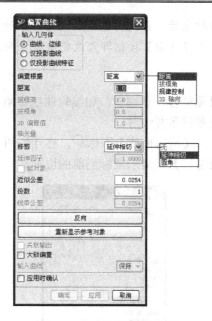

图 3.13 【偏置曲线】对话框

【偏置曲线】对话框的操作过程一般如下。

(1) 在绘图区选择需要偏置的几何体。
(2) 设置偏置方式。

偏置方式有【距离】、【拔模角】、【规律控制】和【3D 轴向】4 种方式,默认的偏置方式为按照距离。

(3) 选择修剪方式。

修剪方式有【延伸相切】和【圆角】两种方式,默认的修剪方式为延伸相切。

(4) 观察偏置方向。

如果需要改变偏置方向,单击【反向】按钮即可。

(5) 单击【确定】或者【应用】按钮。

如图 3.14 所示为按照不同规律偏置曲线和按照不同修剪方式偏置曲线的例子。图中的曲线 1、2 和 3 为原曲线,其他曲线为偏置曲线,其中,曲线 5 是按照【距离】偏置方式生成的,曲线 4 是按照线性规律偏置方式生成的,且曲线 4 的偏置方向进行了反向;曲线 6 是按照【距离】偏置方式偏置圆的例子,可以看到圆偏置后仍然是圆;曲线 7、8 也是按照【距离】偏置方式生成的,但是修剪方式不同,曲线 7 是按照【延伸相切】修剪方式偏置生成的,曲线 8 是按照【圆角】修剪方式偏置生成的。

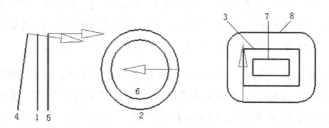

图 3.14 偏置曲线的例子

💡 **注意:** 选择一个几何对象后,系统将显示该几何对象的偏置方向,如果要改变偏置方向,直接单击【反向】按钮即可改变偏置方向。

3. 编辑曲线

编辑曲线是指对草图对象进行一些编辑,如编辑曲线参数、修剪曲线、分割曲线、编辑圆角、改变圆弧曲率和光顺样条曲线等。

在草图操作工具栏中单击【编辑曲线】图标，打开如图 3.15 所示的【编辑曲线】对话框,同时也打开一个【跟踪栏】,显示鼠标当前的位置。

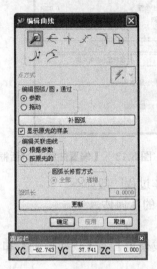

图 3.15 【编辑曲线】对话框

在图 3.15 所示的【编辑曲线】对话框的顶部有 8 个图标,它们分别是【编辑曲线参数】图标、【修剪曲线】图标、【修剪角】图标、【分割曲线】图标、【编辑圆角】图标、【拉伸曲线】图标、【圆弧长】图标和【光顺样条曲线】图标。当单击这些图标后,系统将打开相应的对话框,用户可以在打开的对话框中相应地编辑草图对象。由于这些图标的操作方法和第 2 章中介绍的【编辑曲线】对话框中的操作方法基本相同,这里不再赘述。

4. 编辑定义线串

编辑定义线串是指将某些草图对象添加到拉伸、旋转和扫掠等具有扫描特征的截面线串中或者从截面线串中删除一些草图对象。当用户需要修改截面线串时,可以通过【编辑定义线串】图标来完成。

在草图操作工具栏中单击【编辑定义线串】图标,打开如图 3.16 所示的【编辑线串】对话框,同时打开一个【选择意图】对话框。用户在绘图区选择需要添加草图对象或者直接删除草图对象,完成草图绘制后,新的扫描特征就显示在绘图区内。

💡 **注意:** 在编辑定义线串前,草图中必须有曲线已经完成扫描特征的操作,如拉伸、旋转或者扫掠等。否则单击【编辑定义线串】图标后,系统将打开如图 3.17 所示的【编辑草图定义线串】对话框,提示用户"无拉伸、旋转、扫掠或线缆特征与当前草图关联"。

图 3.16 【编辑线串】对话框

图 3.17 【编辑草图定义线串】对话框

5. 添加现有的曲线

添加现有的曲线是把已经存在的点或者曲线添加到草图中来。已经存在的点或者曲线是指在绘图区中已经创建好的点或者曲线。

在草图操作工具栏中单击添加现有的曲线图标 ，打开如图 3.18(a)所示的类选择工具栏，此时确定图标 不可选，呈灰色。当用户在绘图区中选择添加点或者添加曲线后，灰色的【确定】图标 亮显。

如果用户需要选择某一类点或者曲线，可以单击【类选择】图标 ，打开如图 3.18(b)所示的【添加曲线】对话框。用户可以通过此对话框将某一类型的点或者曲线，如在同一图层或者在鼠标选定的矩形中的曲线添加到草图中。【添加曲线】对话框的具体操作方法和【类选择】对话框基本相同，这里不再赘述。

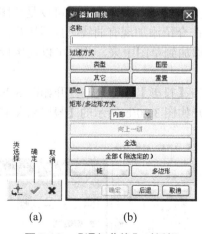

图 3.18 【添加曲线】对话框

当用户把选择的点或者曲线添加到草图中后，点或者曲线从蓝色变为绿色。

提示： 在草图绘制环境中，为了区分草图对象和其他几何对象，系统用绿色来显示草图对象，用蓝色显示其他几何对象。

注意： 并不是所有的曲线都可以添加到草图中来，如抛物线、双曲线、螺旋线和样条曲线都不能添加到草图中来。

6. 求交

求交是用户指定一条轨迹线后，系统自动判断出该轨迹线和草图平面的交点，并在交点处创建一个基准轴。

在草图操作工具栏中单击【投影】图标，打开如图 3.19(a)所示的求交工具栏，同时打开一个【选择意图】对话框，系统提示用户选择轨迹线。选择轨迹线后，【确定】图标被激活。如果选择的轨迹线和草图平面有多个交点，那么【循环】图标也被激活。单击【循环】图标，系统将在多个交点之间转换，当转换到用户满意的交点处，用户单击【确定】图标即可找到轨迹线和草图平面的交点。

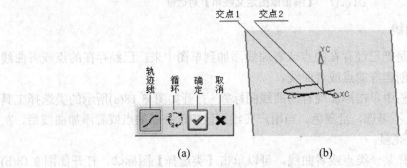

图 3.19　求交

7. 投影

投影是把选取的几何对象沿着垂直于草图平面的方向投影到草图中来。这些几何对象可以是在建模环境中创建的点、曲线或者边缘，也可以是草图中的几何对象，还可以是由一些曲线组成的线串。上文在介绍添加现有曲线时提示用户注意，螺旋线和样条曲线不能通过添加现有的曲线图标添加到草图中来，此时可以使用投影方式把它们选取几何，然后投影到草图平面中。

在草图操作工具栏中单击【投影】图标，打开如图 3.20(a)所示的投影工具栏，在投影工具栏中单击图标，打开如图 3.20(b)所示的【投影对象到草图】对话框。

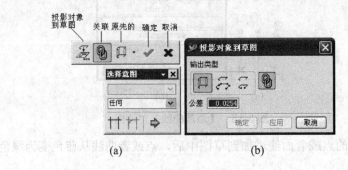

图 3.20　【投影对象到草图】对话框

【投影对象到草图】对话框操作步骤有如下两步。

(1) 选择曲线输出类型

输出类型有 3 个图标,它们分别代表 3 种曲线输出类型,第一个图标是【原先的】,即输出的曲线类型和选取的投影曲线类型相同,这是系统默认的输出类型;第二个图标是【样条段】,即输出的曲线是由一些样条段组成的;第三个图标是【单个样条】,即输出的曲线是一条样条曲线。

(2) 设置公差

在【公差】文本框中输入适当的公差,系统将根据用户设置的公差来决定是否将投影后的一些曲线段连接起来。

图 3.21 所示为投影螺旋线的例子。

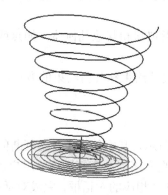

图 3.21 投影螺旋线

技巧：有时在选择投影曲线时,用户即使用鼠标选择了绘图区中的曲线,但系统仍然提示用户"未选择对象",这可能是因为所选择的曲线是在草图建立以后创建的。此时用户可以在部件导航器中调整投影曲线和草图的先后顺序,如图 3.22 所示。在部件导航器中选择草图,然后单击鼠标右键,在打开的快捷菜单中选择【排在后面】,指定草图和其他部件的先后顺序,保证要投影的曲线在草图以前创建即可。

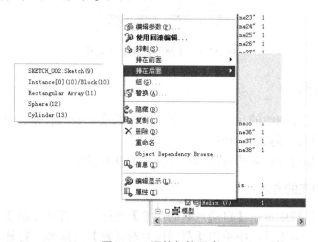

图 3.22 调整部件顺序

> **注意：** 如果选取的投影曲线具有相关性，则投影生成的曲线仍具有相关性。当投影曲线发生变化后，投影生成的曲线也相应地发生变化。

3.4 草图约束与定位

完成草图设计后，轮廓曲线就基本上勾画出来了，但这样绘制出来的轮廓曲线还不够精确，不能准确表达设计者的设计意图，因此还需要对草图对象施加约束和定位草图。

草图绘制功能提供了两种约束：一种是尺寸约束，它可以精确地确定曲线的长度、角度、半径或直径等尺寸参数；一种是几何约束，它可以精确确定曲线之间的相互位置，如同心、相切、垂直或平行等几何参数，对草图对象施加尺寸约束和几何约束后，草图对象就可以精确确定下来了。

草图绘制完成后，还需要指定它和其他几何体，如点或者曲线的相对位置，这就需要定位草图，确定它的位置。

本节将先介绍对草图施加尺寸约束和几何约束的方法，然后再介绍定位草图的方法。

3.4.1 草图约束工具栏

草图约束工具栏如图 3.23 所示，其中包括【自动判断的尺寸】、【水平】、【垂直】、【显示/移除约束】、【转换至/自参考对象】等图标。用户需要对草图对象添加约束时，只要单击约束工具栏中的图标，打开相应的对话框，完成对话框中的操作即可完成草图约束。

图 3.23 【草图约束】工具栏

3.4.2 尺寸约束

尺寸约束用来确定曲线的尺寸大小，包括水平长度、竖直长度、平行长度、两直线之间的角度、圆的直径、圆弧的半径等。

本节将介绍施加尺寸约束的方法和尺寸约束的 9 种类型。

1. 施加尺寸约束的方法

在草图约束工具栏中单击【自动判断的尺寸】图标，打开如图 3.24(a)所示的尺寸约束工具栏，在尺寸约束工具栏中单击【草图尺寸对话框】图标，打开如图 3.24(b)所示的

【尺寸】对话框。

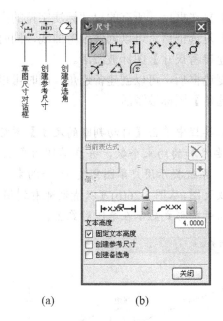

图 3.24 【尺寸】对话框

(1) 选择尺寸类型

在图 3.24(b)所示的【尺寸】对话框中，共有 9 种尺寸约束类型，它们分别是自动判断的尺寸、水平、竖直、平行、垂直、直径、半径、角度和周长。这些尺寸类型将在下一小节进行单独介绍。

(2) 表达式列表框

表达式列表框用来显示尺寸约束的表达式。当对选取草图对象施加尺寸约束后，约束表达式将显示在表达式列表框。

(3) 修改表达式

在表达式列表框中选择尺寸约束后，【当前表达式】和【值】选项被激活，此时有两种方法可以修改表达式，一种是在【当前表达式】的文本框中输入合适的数值；另一种是拖动【值】选项下的滑块来改变表达式的值。

(4) 设置尺寸标注式样

【值】选项下面的两个下拉列表框用来指定尺寸的标注位置，【文本高度】文本框用来指定尺寸标注中字符的高度。

尺寸标注的位置类型如图 3.25 所示。

图 3.25 尺寸标注的位置类型

指定尺寸的标注位置后，在【文本高度】文本框中输入合适的数值即可完成尺寸标注式样的设置。

(5) 其他复选框

选中【固定文本高度】复选框后，所有的尺寸标注字符的高度都固定为一个高度。

选中【创建参考尺寸】复选框后，可以创建参考曲线，同时可以看到图 3.24(a)所示的尺寸约束工具栏中的【创建参考尺寸】图标被激活。

选中【创建备选角】复选框后，可以创建备选角，同时可以看到图 3.24(a)所示的尺寸约束工具栏中的【创建备选角】图标被激活。

> **提示：** 在草图约束工具栏中单击【自动判断的尺寸】图标后，系统将在提示栏中显示草图需要添加的约束个数，并在草图对象上以箭头形式显示出来。如图 3.26 所示，系统提示用户草图需要 18 个约束，其中图 3.26(b)是图 3.26(a)中拐角处的放大图，从图 3.26(b)可以清晰地看到拐角处需要水平和竖直约束，这两个约束以箭头形式显示在草图对象上。

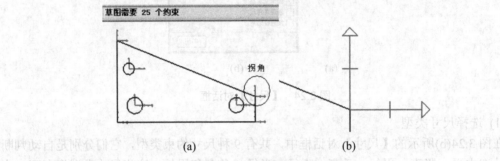

图 3.26　草图需要的约束个数

2. 尺寸约束的类型

UG NX 4.0 为用户提供了 9 种尺寸约束类型，下面将分类介绍这 9 种尺寸约束类型。

(1) 自动判断的尺寸

自动判断的尺寸是系统默认的尺寸类型，当用户选择草图对象后，系统会根据不同的草图对象，自动判断可能要施加的尺寸约束。例如，当用户选择的草图对象是斜线时，系统显示平行尺寸。单击鼠标左键，在弹出的【表达式】文本框中输入合适的数字，按 Enter 键，即可完成斜线的尺寸约束。

> **技巧：** 当用户觉得尺寸约束的标注位置不合适时，可以选择尺寸约束，然后按住鼠标左键不放拖动到合适的位置，然后松开鼠标左键即可。

(2) 水平和竖直

对草图对象施加水平尺寸约束和竖直尺寸约束。用户选择一条直线或者某个几何对象的两点，修改尺寸约束的数字即可完成水平尺寸约束和竖直尺寸约束。这两个约束一般用于标注水平直线或者竖直直线的尺寸约束。

(3) 平行和垂直

对草图对象施加平行或者垂直于草图对象本身的尺寸约束。操作方法和水平尺寸约束的方法相同，这里不再赘述。这两个约束一般用于标注斜直线或者某些几何体的高。

(4) 直径和半径

直径和半径尺寸约束用来标注圆或者圆弧的尺寸大小，一般来说，圆标注直径尺寸约束，圆弧标注半径尺寸约束。

(5) 角度

角度约束用来创建两直线之间的角度约束。选择两条直线后，修改尺寸数据即可创建角度尺寸约束。

> **提示：** 选择的两条直线可以相交也可以不相交，还可以是两条平行线。

(6) 周长

周长尺寸约束用来创建直线或者圆弧的周长约束。

3.4.3 几何约束

几何约束用来确定草图对象之间的相互关系，如平行、垂直、同心、固定、重合、共线、中心、水平、相切、等长度、等半径、固定长度、固定角度、曲线斜率、均匀比例等。由于一些几何约束的操作方法基本相同，下面将分成几类来介绍各种几何约束的操作方法。

1. 施加几何约束的方法

施加几何约束的方法有两种，一种是手动施加几何约束，另一种是自动施加几何约束。下面将详细介绍施加这两种几何约束的方法。

(1) 手动施加几何约束

在草图约束工具栏中单击【约束】图标，系统提示用户选择需要创建约束的曲线。当选择一条或者多条曲线后，系统将在绘图区的左上角显示曲线可以创建的【几何约束】图标，而且选择的曲线高亮度显示在绘图区。如图 3.27 所示为选择一条竖直直线和一条水平直线后，系统显示的【几何约束】图标。

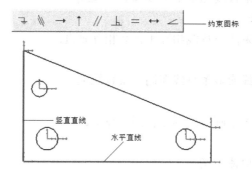

图 3.27 可以创建的几何约束

用户在左上角显示的【几何约束】图标中选择相应的【几何约束】图标，即可对选择的曲线创建几何约束。这些【几何约束】图标的含义将在下一小节详细介绍。

> **注意：** 选择的草图对象不相同，系统在绘图区的左上角显示可以创建的【几何约束】图标也不相同。

(2) 自动施加几何约束

自动施加几何约束是指用户选择一些几何约束后,系统根据草图对象自动施加合适的几何约束。在草图约束工具栏中单击【自动约束】图标，打开如图 3.28 所示的【自动创建约束】对话框。

图 3.28　【自动创建约束】对话框

用户在图 3.28 所示的【自动创建约束】对话框中选择可能用到的几何约束,如选中【水平】、【垂直】、【相切】复选框等,再设置公差和角度,单击【应用】或者【确定】按钮,系统将根据草图对象和用户选择的尺寸约束,自动在草图对象上施加尺寸约束。

2. 几何约束的类型

UG NX 4.0 为用户提供了多种可以选用的几何约束,当用户选择需要创建几何约束的曲线后,系统自动根据用户选择的曲线显示几个可以创建的几何图标。下面将分类介绍这些几何约束及其图标符号。

(1) 水平、竖直

这两个类型分别约束直线为水平直线和竖直直线。

(2) 平行、垂直

这两个类型分别约束两条直线相互平行和相互垂直。

(3) 共线

该类型约束两条直线或多条直线在同一条直线上。

(4) 同心

该类型约束两个或多个圆弧的圆心在同一点上。

(5) 相切

该类型约束两个几何体相切。

(6) 等长、等半径

等长几何约束约束两条直线或多条直线等长。

等半径几何约束约束两个圆弧或多个圆弧等半径。

(7) 固定

固定几何约束可以用来固定点、直线、圆弧和椭圆等。当选择的几何对象不同,固定的方法也不相同。例如,当选择的几何对象是点时,固定点的坐标位置;而当选择的是圆弧时,固定圆弧的圆心和半径。

(8) 重合

该类型约束两个点或多个点重合。

(9) 点在线上

该类型约束一个或者多个点在某条线上。

(10) 中点

该类型约束点在某条直线或者圆弧的中点上。

> **注意**：在对草图对象进行几何约束时，选取草图对象的顺序不同得到的结果也不相同，以选取的第一个草图对象为基准，以后选取的草图对象都以第一个草图为参照物。

3.4.4 编辑草图约束

尺寸约束和几何约束创建后，用户有时可能还需要修改或者查看草图约束。下面将介绍显示草图约束、删除草图约束、动画尺寸、自动判断约束设置、参考约束和备选解等编辑草图约束的操作方法。

1. 显示所有约束

在【草图约束】工具栏中单击【显示所有约束的】图标，选择一条曲线后，系统将显示所有和该曲线相关的草图约束。单击鼠标左键选择一个草图约束后，系统在提示栏中会显示约束类型和全部选中的约束个数。

如图 3.29 所示，图中一个小圆的半径尺寸约束被选中，全部显示了 4 个草图约束。

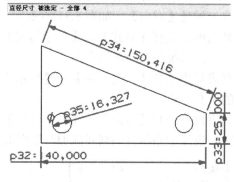

图 3.29　显示所有约束

2. 显示/移除约束

在草图约束工具栏中单击【显示/移除约束】图标，打开如图 3.30 所示的【显示/移除约束】对话框。

(1) 约束列表

该选项用来指定【显示约束】列表框显示的草图约束的范围。

选中【选定的对象】单选按钮，【显示约束】列表框中只显示选定的约束；

选中【活动草图中的所有对象】单选按钮，【显示约束】列表框中显示活动草图中的所有约束。

图 3.30 【显示/移除约束】对话框

(2) 约束类型

【约束类型】选项用来指定【显示约束】列表框显示的约束类型。约束类型在上一节已经介绍了，这里不再赘述。如图 3.31 所示，当【约束类型】下拉列表框中选择【竖直】，【显示约束】列表框中显示了两个竖直的约束。

选中【包含】单选按钮，则显示包含约束类型的约束；

选中【排除】单选按钮，则显示除指定约束类型以外的其他约束。

(3) 显示约束

【显示约束】列表框用来显示选取的约束。显示约束的类型有 3 种，一种是【显式】，一种是【自动判断】，还有一种是【双向】，如图 3.31 所示。

在【显示约束】下拉列表框中选择【显式】，【显示约束】列表框中显示用户手动施加给草图对象的所有约束，这是系统默认的显示类型。

在【显示约束】下拉列表框中选择【自动判断】，【显示约束】列表框中只显示系统自动判断施加给草图对象的所有约束。

在【显示约束】下拉列表框中选择【双向】，【显示约束】列表框中既显示用户手动施加给草图对象的所有约束，也显示系统自动判断施加给草图对象的所有约束。

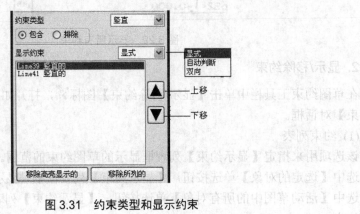

图 3.31 约束类型和显示约束

第 3 章 草绘

> **提示：** 【显示约束】列表框中显示的约束和绘图区中的约束相互联系。当用户在【显示约束】列表框中选择一个约束后，被选择的约束相应地高亮度显示在绘图区中。

(4) 移除

【移除高亮显示的】按钮用来移除在绘图区高亮度显示的约束；

【移除所列的】按钮用来移除【显示约束】列表框中列出来的约束。

> **注意：** 【移除高亮显示的】按钮只有在【显示约束】列表框中选择一个约束后才被激活，否则不可选。如图 3.31 所示，在【显示约束】列表框中选择【Line39 竖直的】时，【移除高亮显示的】按钮被激活。

(5) 信息

该按钮用来以文本形式显示用户选择的约束。单击【信息】按钮，打开一个信息窗口，显示约束信息。

如图 3.32 所示，信息窗口中显示了所有约束的信息，如草图的名称、约束的类型和所有约束个数等。

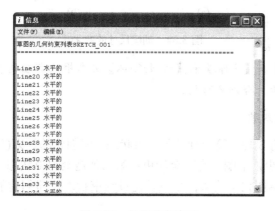

图 3.32 约束信息窗口

3. 动画尺寸

动画尺寸是指用户设定尺寸约束的变化范围和动画的循环次数后，系统以动画的形式显示尺寸变化。

在草图约束工具栏中单击【动画尺寸】图标，打开如图 3.33 所示的【动画】对话框。

图 3.33 【动画】对话框

在如图 3.33 所示的【动画】对话框的列表框中选择一个约束后，在【下限】和【上限】文本框中输入动画尺寸的下限和上限，在【步数/循环】文本框中输入动画的循环次数后，单击【确定】或者【应用】按钮，选择的尺寸约束在绘图区以动画的形式循环显示该尺寸约束的变化。

如果选中【显示尺寸】复选框，则在动画显示尺寸约束变化的同时，尺寸的数据也相应地发生变化。如图 3.34 所示，图 3.34(a)所示为原始的尺寸，图 3.34(b)显示的是动画尺寸在动画显示过程中的一个时刻。从图中可以看出，在曲线的形状发生变化的过程中，尺寸的数据也相应地发生了变化。

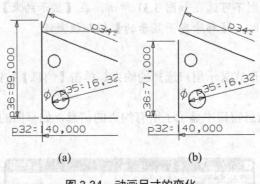

图 3.34 动画尺寸的变化

> **注意：**【下限】、【上限】和【步数/循环】文本框只有在列表框中选择一个约束后才被激活，否则不可用。

4. 转换至/自参考对象

草图的约束状态有 3 种，第一种是欠约束状态，即创建的约束(包括尺寸约束和几何约束)比草图需要的约束少，草图没有完全约束；第二种是全约束状态，即创建的约束刚好等于草图需要的约束，草图完全约束；第三种是过约束状态，即创建的约束比草图需要的约束多。

对于欠约束状态的草图，需要继续创建约束或者使用自动创建约束以完全约束草图；对于过约束状态的草图，可以采取两种方法解决。第一种是删除多余的约束。第二种方法是将草图约束转换为参考对象。两种方法的区别是，第一种方法删除约束后，约束不可以恢复也不再起作用。第二种方法可以把参考对象再次转换为草图约束，因此转换后的草图约束可以恢复，也可以转换后继续起作用。

本小节将介绍转换草图约束为参考对象的方法。

在草图约束工具栏中单击【转换至/自参考对象】图标，打开如图 3.35 所示的【转换至/自参考对象】对话框。

图 3.35 【转换至/自参考对象】对话框

(1) 转换类型

如果选中【参考】单选按钮,则系统把用户选择的约束转换为参考对象,转换后该约束不再起作用。

如果选中【当前的】单选按钮,则系统把用户选择的参考对象转换为当前的约束,转换后该约束再次起作用。

(2) 过滤器

【过滤器】下拉列表框用来指定选择约束或者参考对象的类型,如图 3.35 所示,【过滤器】下拉列表框中包含 3 个选项,它们分别是【全部】、【曲线】和【尺寸】。

当在【过滤器】下拉列表框中选择【全部】时,用户可以选择尺寸约束,也可以选择曲线。

当在【过滤器】下拉列表框中选择【曲线】时,用户只能选择曲线。

当在【过滤器】下拉列表框中选择【尺寸】时,用户只能选择尺寸约束。

> **提示:** 当曲线被转换为参考对象后,从原来的实线变为虚线。

5. 备选解

当用户指定一个约束类型后,可能有多种解都满足约束的条件。例如要求一个圆和一条直线相切,圆既可以在直线的左边与直线相切,也可以在直线的右边与直线相切。系统会自动选择其中的一种解,把约束显示在绘图区中。有时系统选择的解可能与设计者的意图不相同,这时就需要转换成另外的解。利用 UG NX 4.0 提供的备选解功能可以把当前显示的约束解转换成其他的约束解。

在【草图约束】工具栏中单击【备选解】图标,打开如图 3.36 所示的【备选解】对话框。

图 3.36 【备选解】对话框

在绘图区选择一个尺寸或者一个圆(圆弧),然后再选择一个尺寸或者几何体后,如果约束存在多种解,则系统自动转换为另外的约束解。

如图 3.37 所示为两个圆相切的例子,其中图 3.37(a)所示为系统选择的约束解,即两个圆外切,图 3.37(b)所示为转换后的约束解,即两个圆内切。

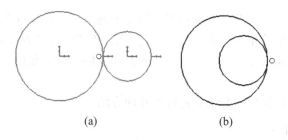

(a)   (b)

图 3.37 两个圆相切的备选解

💡 **注意:** 备选解不一定只有两个解,可以有多个约束解。

6. 自动判断约束设置

自动判断约束设置是指设置自动判断约束的一些默认选项,这些默认选项在使用自动判断的尺寸约束类型时起作用。

在草图约束工具栏中单击【自动判断约束设置】图标,打开如图 3.38 所示的【自动推断约束设置】对话框。

在图 3.38 所示的【自动推断约束设置】对话框中选中一些复选框,即可设置自动判断约束。

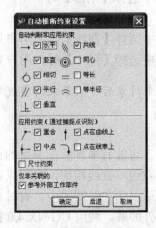

图 3.38　【自动推断约束设置】对话框

7. 延迟草图评估

草图评估用来评估草图约束状态。延迟草图评估是指当用户修改约束后,并不马上显示修改后的效果,只有单击【草图评估】图标后才显示修改的效果。

当用户需要延迟草图评估时,只需在草图绘制环境中选择【工具】|【延迟草图评估】命令或者直接单击【延迟评估】图标即可。

如果要取消延迟草图评估功能,用户再次选择【工具】|【延迟草图评估】命令或者再次直接单击【延迟评估】图标,修改尺寸后的效果会马上显示在绘图区。

3.4.5　草图定位

1. 草图定位概述

当指定草图平面,绘制草图对象和对草图对象施加尺寸约束和几何约束后,就可以指定草图与其他几何对象的相对位置,我们称之为草图定位。UG NX 4.0 为用户提供了 9 种定位方式,它们分别是水平、竖直、平行、垂直、远距平行、角度、点到点、点到线上和直线到直线。

下面将介绍创建定位尺寸和编辑定位尺寸的方法。

2. 创建定位尺寸

在草图生成器工具栏中,单击【创建定位尺寸】图标,打开如图 3.39 所示的【定位】

对话框。

图 3.39 【定位】对话框

在如图 3.39 所示的【定位】对话框中有 9 个图标，它们分别代表 9 种定位方式。各图标的含义如图 3.40 所示。

图 3.40 9 种定位图标

在特征的操作一章中将详细介绍这些定位方式的操作方法，这里不再赘述。

💡 **注意：** 如果选择的目标对象是实体面或者实体边时，这些实体特征必须在草图定位以前就创建好，否则将打开如图 3.41 所示的【定位尺寸】对话框。

图 3.41 【定位尺寸】对话框

在如图 3.41 所示的【定位尺寸】对话框中，系统提示用户"不能从较后的特征中定位对象"，必须调整草图和实体特征的创建顺序。

3. 编辑定位尺寸

草图定位尺寸创建好以后，如果想编辑草图定位尺寸，可以在草图绘制环境中选择【工具】|【定位尺寸】|【编辑】命令，打开如图 3.42 所示的【创建表达式】对话框。系统提示用户输入新的定位值。

图 3.42 【创建表达式】对话框

在图 3.42 所示的【创建表达式】对话框的文本框中输入合适的数值，单击【确定】按钮即可完成草图定位尺寸的编辑。

3.5 设计范例

本小节讲述一个零件的草图设计过程。通过这个设计范例的讲解，读者将更加深刻地理解【草图曲线】、【草图约束】和【草图操作】工具栏中各个图标的含义及其操作方法，掌握设计一个零件的草图绘制过程。

3.5.1 设计分析

1. 零件草图

本小节设计的零件草图如图 3.43 所示。零件草图由 14 个部分组成，其中 1、4、8 和 11 这 4 个小圆半径相同，3、7、10 和 14 这 4 个圆弧半径相同，这 4 个圆和圆弧的圆心均布在直径为 100mm 的大圆上，其中圆 4 的圆心与原点的连线与水平线成 45°，其他几个圆心间隔 90°。圆弧 9 的圆心为圆点，半径为 50mm。直线 5、6 分别与直线 13、12 关于 YC 轴对称。形状 2 的两条竖直线分别与旁边的两个圆弧相切。

2. 零件草图的绘制思路

通过观察以上草图，我们的思路大概如下。

(1) 先绘制出直径为 100mm 的大圆，画与水平线成 45°角的两条直线确定圆 4 和圆弧 3 的圆心，这样其他几个圆和圆弧的圆心也相继可以确定；

(2) 圆心确定后，就可以绘制 4 个小圆和 4 个圆弧；

(3) 4 个圆弧画出来后，就可以画出直线 5 和 6；

(4) 由于直线 13、12 分别与直线 5、6 关于 YC 轴对称，因此可以利用【草图操作】工具栏中的【镜像】命令镜像得到直线 13 和 12；

(5) 给直线 5、6 和直线 12、13 倒圆角，其他的两个也类似地倒圆角；

(6) 最后绘制图形 2；

(7) 施加草图约束，如水平距离、竖直距离、半径、直径、角度、等半径、同心、垂直、相切等。

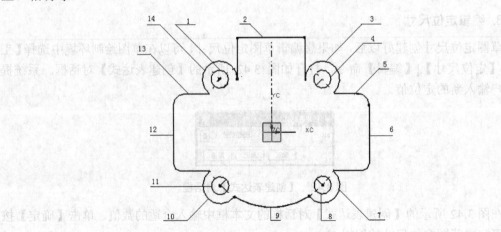

图 3.43 零件草图

3.5.2 绘制草图的步骤

1. 指定草图平面

(1) 单击【新建】图标,输入新建文件的名字 EXAMPLE3.prt,指定单位为【毫米】。

(2) 选择【起始】|【建模】菜单命令,进入建模环境。

(3) 单击【草图】图标,打开如图 3.44(a)所示的指定草图平面工具栏。

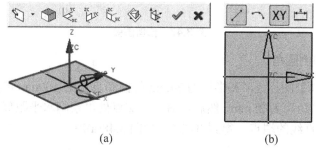

图 3.44 指定草图平面

(4) 在如图 3.44(a)所示的草图平面工具栏中,单击图标,指定 XC-YC 为零件的草图平面。

(5) 单击【确定】图标,进入草图绘制环境,如图 3.44(b)所示。

2. 绘制圆和圆弧

(1) 在【草图曲线】工具栏中单击【圆】图标○,以原点为圆心,绘制直径为 100mm 的圆。

(2) 单击【直线】图标,以原点为起点,绘制角度为 45、长度 50 的直线,再绘制角度为 135、长度 50 的另外一条直线,如图 3.45 所示。

(3) 单击【快速延伸】图标,分别在绘图区单击上一步绘制的两条直线。直线延伸后如图 3.46 所示。

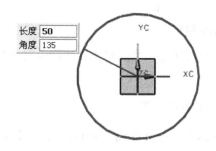

图 3.45 绘制两条直线

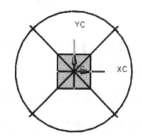

图 3.46 快速延伸直线

(4) 单击【圆】图标○,在直线与大圆的 4 个交点处分别绘制直径为 24mm 的 4 个圆,再在 4 个交点处分别绘制直径为 12mm 的 4 个圆。如图 3.47(a)所示。

(5) 单击【快速修剪】图标,分别单击图 3.47(a)中带有小矩形的圆弧,修剪掉这些圆弧后的草图如图 3.47(b)所示。

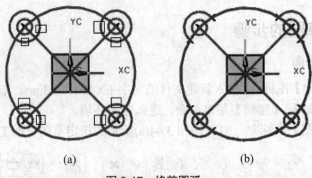

(a)　　　　　　　　　　(b)

图 3.47　修剪圆弧

3. 镜像直线和倒圆角

(1) 单击【直线】图标，在半径为 24mm 的圆和直径为 100mm 的圆的右侧交点处绘制直线 5，指定水平距离为 25mm，然后在另一个交点处再绘制水平距离为 25mm 的另一条直线，连接这两条直线的端点，得到直线 6，如图 3.48(a)所示。

提示：读者也可以不按照步骤(1)中的准确距离绘制另外一条直线，只要水平距离大于 25mm 即可，然后绘制一条竖直直线，长度超过刚才绘制的直线即可，如图 3.48(b)所示。绘制交叉直线后，最后单击【快速修剪】图标，把多余的线段修剪即可。

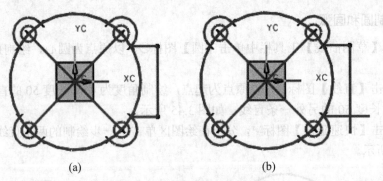

(a)　　　　　　　　　　(b)

图 3.48　绘制直线 5 和 6

(2) 单击【直线】图标，以原点为起点，绘制一条任意长度的竖直直线作为对称直线，为下一步镜像做准备。

注意：对称直线必须在镜像前已经存在，否则不能镜像。

(3) 在【草图操作】工具栏中单击【镜像】图标，打开如图 3.49(a)所示的【镜像草图】对话框。

(4) 在【镜像草图】对话框中单击【镜像中心线】图标，在绘图区选择上步绘制的对称直线。然后单击【镜像几何体】图标，在绘图区选择直线如图 3.49(b)中带小矩形的 3 条直线。

(5) 在【镜像草图】对话框中单击【确定】按钮，得到镜像直线，如图 3.49(b)所示。

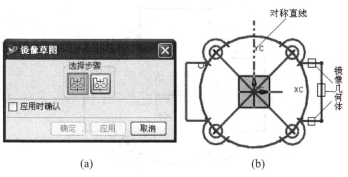

图 3.49 镜像直线

4. 绘制形状 2 的三条直线

(1) 单击【直线】图标，在半径为 24mm 的圆和直径为 100mm 的圆的顶部交点处绘制形状 2 的三条直线，指定竖直距离为 20mm，具体方法和步骤 3 中绘制直线 5 和 6 的方法相同，这里不再赘述。草图显示如图 3.50 所示。

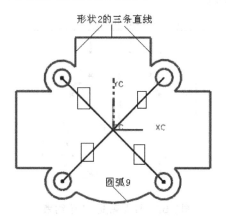

图 3.50 形状 2 的三条直线

(2) 单击【快速修剪】图标，单击直径为 100mm 的各个圆弧段，最后只保留圆弧 9 即可。如图 3.50 所示。

> **提示：** 直径为 100mm 的圆之所以保留到现在才删除，主要有两个原因：第一个原因是在绘制直线 5、6 和形状 2 的三条直线时都要用到半径为 24mm 的圆和直径为 100mm 的圆的交点。第二个原因是下面将对形状 2 的两条直线和直径为 24mm 的圆施加【相切】约束，如果直径为 100mm 的圆不删除，将对【相切】约束造成干扰。用户在对某些辅助线删除之前应该充分考虑以后是否会继续用到或者干扰后续草图的绘制，这需要用户在设计草图前就有绘制草图的整体思路。

(3) 继续单击步骤(2)中绘制的用来确定圆心的 4 条直线如图 3.50 中带小矩形的 4 条直线，修剪这 4 条直线。结果如图 3.51 所示。

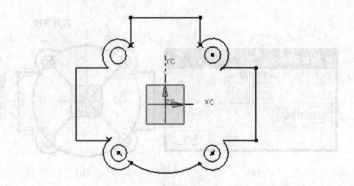

图 3.51 修剪 4 条直线

5. 施加几何约束

上述步骤已完成草图的绘制，下面我们来约束草图对象。

(1) 在【草图约束】工具栏中单击【约束】图标，草图对象显示如图 3.52 所示。系统提示用户草图需要 31 个约束。

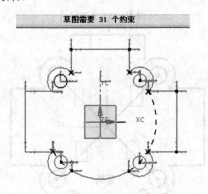

图 3.52 草图需要 31 个约束

(2) 首先我们来对几个圆和圆弧施加【同心】约束。在绘图区选择圆弧 3 和 4，此时系统显示出这两个草图对象可以施加的几个约束，如图 3.53 所示。单击【同心】图标，完成圆弧 3 和 4 的【同心】约束操作。

(3) 重复上一步，分别对圆弧 7 和圆 8、圆弧 10 和 11、圆弧 14 和圆 1 施加【同心】约束。

(4) 分别选择 1、4、8 和 11 这 4 个直径为 12mm 的小圆，此时系统显示出【固定】、【同心】和【等半径】3 个约束图标。如图 3.54 所示。单击【等半径】图标，完成 4 个直径为 12mm 的小圆的等半径约束。

(5) 分别选择 3、7、10 和 14 这 4 个圆弧，对这 4 个圆弧施加【等半径】约束，方法和第(4)步相同，这里不再赘述。

(6) 完成【同心】约束和【等半径】约束后，下面将施加【相切】约束。选择圆弧 3 及其左侧的竖直直线，然后单击系统显示的【相切】图标，草图显示如图 3.55(a)所示。显然这不是我们需要的相切方案。此时我们需要用到【备选解】操作来转换到另外一个相切方案。

第 3 章 草绘

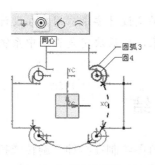

图 3.53 【同心】约束

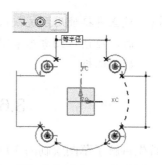

图 3.54 【等半径】约束

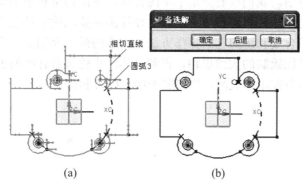

图 3.55 相切方案之间的转换

（7）在【草图约束】工具栏中单击【备选解】图标，打开如图 3.55(b)所示的【备选解】对话框。选择如图 3.55(a)所示的圆弧 3 和相切直线，此时草图显示如图 3.55(b)所示。这是我们需要的相切方案，单击【确定】按钮，完成相切方案之间的转换。

（8）选择圆弧 14 及其右侧的直线，对这两个草图再施加【相切】约束。如果出现的相切方案不是用户需要的，我们仍然可以单击【备选解】图标来完成相切方案之间的转换。具体方法和(6)、(7)步骤相同。

（9）对一些主要的约束施加手工约束后，剩下的几何约束运用草图的【自动约束】功能来完成即可。单击【自动约束】图标，打开如图 3.56 所示的【自动创建约束】对话框。使用系统的默认选项，直接单击【确定】按钮，完成草图的【自动约束】操作。

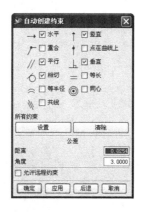

图 3.56 【自动创建约束】对话框

> 提示: 这里直接使用系统默认的选项已经能够满足设计要求,用户在设计其他零件时,应该仔细考虑草图对象需要哪些约束,然后决定是否选中系统没有选中的复选框。

3.6 本章小结

本章首先讲解了草图绘制的作用,特别强调的是草图绘制在拉伸、旋转或扫掠生成实体造型时特别有用,这是因为草图设计具有参数化的特征,修改起来非常方便。在对草图绘制有个大致的了解后,我们接着介绍了草图设计、草图约束和草图定位,其中草图的尺寸约束和几何约束是本章的难点和重点,这对设计满足要求的零件也非常重要,用户应该反复琢磨各个约束的含义和练习它的操作方法。本章的最后介绍了一个零件的设计范例,从零件的分析,到草图绘制的大致思路,再到具体的步骤都有详细的说明。设计范例尽力做到一步一图,这样方便用户理解,更有利于用户练习和操作。

第4章 建立实体特征

UG NX 4.0 具有强大的实体创建功能,可以创建各种实体特征,如长方体、圆柱体、圆锥、球体、管体、孔、圆形凸台、型腔、凸垫和键槽等。通过对点、线、面的拉伸、旋转和扫掠也可以创建用户所需要的实体特征。此外,UG NX 4.0 提供的布尔运算功能,可以将用户已经创建好的各种实体特征进行加、减和合并等运算,使用户具有更大、更自由的创造空间。

UG NX 4.0 在 UG NX 3.0 的基础上进行了改进,使操作界面更加方便快捷,操作功能更加强大。用户可以更加高效快捷、轻松自如地按照自己的设计意图来完成实体特征的建立。

本章首先概述了 UG NX 4.0 创建实体特征的特点和工具栏,然后详细介绍成形特征和布尔运算,最后介绍了创建实体特征的一个范例,使读者掌握创建实体特征的过程和方法。

本章主要内容:
- 实体建模概述
- 成形特征
- 布尔运算
- 设计范例

4.1 实体建模概述

实体建模是一种复合建模技术,它基于特征和约束建模技术,具有参数化设计和编辑复杂实体模型的能力,是 UG CAD 模块的基础和核心建模工具。

4.1.1 实体建模的特点

实体建模有如下特点。

(1) UG NX 4.0 可以利用草图工具建立二维截面的轮廓曲线,然后通过拉伸、旋转或者扫掠等得到实体。这样得到的实体具有参数化设计的特点,当草图中的二维轮廓曲线改变以后,实体特征自动进行更新。

(2) 特征建模提供了各种标准设计特征的数据库,如长方体、圆柱体、圆锥、球体、管体、孔、圆形凸台、型腔、凸垫和键槽等,用户在建立这些标准设计特征时,只需要输入标准设计特征的参数即可得到模型,方便快捷,从而提高了建模速度。

(3) 在 UG NX 4.0 中建立的模型可以直接被引用到 UG NX 4.0 的二维工程样图、装配、加工、机构分析和有限元分析中,并保持关联性。如在工程图上,利用 Drafting 中的相应选项,可从实体模型提取尺寸、公差等信息标注在工程图上,实体模型编辑后,工程图尺寸自动更新。

(4) UG NX 4.0 提供的特征操作和特征修改功能,可以对实体模型进行各种操作和编辑，如倒角、抽壳、螺纹、比例、裁剪和分割等，从而简化了复杂实体特征的建模过程。

(5) UG NX 4.0 可以对创建的实体模型进行渲染和修饰，如着色和消隐，方便用户观察模型。此外，还可以从实体特征中提取几何特性和物理特性，进行几何计算和物理特性分析。

4.1.2　建模的工具栏

UG NX 4.0 的操作界面非常方便快捷，各种建模功能都可以直接使用工具栏上的图标来实现。UG NX 4.0 提供的建模工具栏主要有 3 种：【成形特征】、【特征操作】和【编辑特征】。下面将分别简要介绍这 3 种工具栏。

需要注意的是，系统默认地只显示【成形特征】的工具栏，用户如果需要显示【特征操作】和【编辑特征】的工具栏，还需要进行相应的设置。设置方法如下。

新建文件后，单击【起始】图标 ，在打开的子菜单中选择【建模】，UG NX 4.0 进入建模环境。在非图形区单击右键，打开如图 4.1 所示的快捷菜单。

图 4.1　快捷菜单

从图 4.1 中可以看到，【成形特征】已经选中，这表明成形特征的工具栏已经显示在 UG NX 4.0 界面的工具栏中了。如果用户需要显示【特征操作】和【编辑特征】的工具栏，只要选中如图 4.1 所示的【特征操作】和【编辑特征】选项即可。

1. 【成形特征】工具栏

【成形特征】工具栏用来创建成形特征，它在 UG NX 4.0 界面中显示如图 4.2 所示。

图 4.2　成形特征图标

图 4.2 中只显示了一部分成形特征的图标，如果用户需要添加其他的成形特征图标，单击如图 4.2 所示的下三角形 ，在下三角形下面显示【添加或移除按钮】菜单。单击【添加或移除按钮】菜单，再选择【成形特征】选项，系统打开成形特征的所有图标，如图 4.3 所示。

在图 4.3 中只有【草图】、【拉伸】、【回转】、【沿导引线扫掠】和【管道】5 个图标在默认时会被选中，如果用户需要显示其他的成形特征，只需要选中相应的图标即可。

第 4 章 建立实体特征

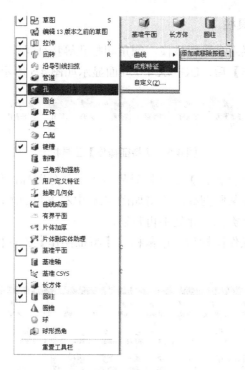

图 4.3 添加或删除按钮

成形特征的工具栏也可以用鼠标拖动到窗口的其他位置。当添加所有的成形特征图标后,用鼠标将成形特征工具栏拖到图形区后,工具栏如图 4.4 所示。

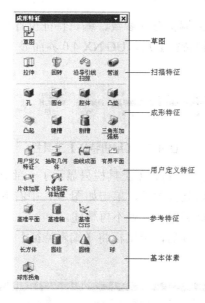

图 4.4 成形特征分类显示

如图 4.4 所示,成形特征的图标按照【草图】、【扫描特征】、【成形特征】、【用户定义特征】、【参考特征】和【基本体素】等分类排列在一起,这样既简单明了,又方便用户选取某一类成形特征的图标。

2.【特征操作】工具栏

【特征操作】工具栏用来进行拔模、倒角和打孔等特征操作。当在如图 4.1 所示的快捷菜单中选中【特征操作】后，UG NX 4.0 界面显示如图 4.5 所示的【特征操作】工具栏。

图 4.5　【特征操作】工具栏

如图 4.5 所示的【特征操作】工具栏只显示了一部分图标，如果用户需要在【特征操作】工具栏中添加或删除某些图标，单击如图 4.5 中右下角的▼，方法和添加或删除【成形特征】工具栏中的图标类似，此处不再赘述。

当添加所有的特征操作图标后，用鼠标将【特征操作】工具栏拖到图形区后，工具栏如图 4.6 所示。

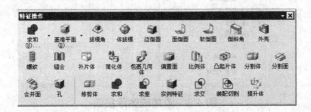

图 4.6　所有的特征操作图标

3.【编辑特征】工具栏

【编辑特征】工具栏用来编辑特征参数、编辑特征位置和替换特征等。当在如图 4.1 所示的快捷菜单中选中【编辑特征】后，UG NX 4.0 界面显示如图 4.7 所示的【编辑特征】工具栏。

图 4.7　【编辑特征】工具栏

同样，如图 4.7 所示的【编辑特征】工具栏只显示了一部分图标，如果用户需要在【编辑特征】工具栏中添加或删除某些图标，单击如图 4.7 中右下角的▼，方法和添加或删除【成形特征】工具栏中的图标类似，此处不再赘述。

当添加所有的编辑特征图标后，用鼠标将【编辑特征】工具栏拖到图形区后，工具栏如图 4.8 所示。

图 4.8　所有的编辑特征图标

4.1.3 模型导航器

模型导航器以树状结构表示各模型特征之间的关系,各个模型特征以节点的形式存在于模型导航器中。模型导航器中的节点和图形界面中的模型特征相对应。在模型导航器中选中一个节点,该节点对应的模型特征在图形区高亮度显示。反之,在图形区选择一个模型特征,模型导航器中对应的节点也相应地被选中。这样就可以在模型导航器中方便快捷地对特征进行编辑,如编辑参数、抑制、隐藏、复制、粘贴、删除和重命名等。编辑后的特征立即更新,用户可以很直观地看到编辑后的效果,更有利于用户编辑特征。

1. 导航器的打开

模型导航器的打开方法如下。

在 UG NX 4.0 界面的右侧单击模型导航器图标,系统自动打开如图 4.9 所示的模型导航器。

图 4.9 模型导航器

从图 4.9 可以看到,各个特征以树状结构相互连接。图 4.9 中的【+】表明该结构中还有子结构,单击【+】可以展开其中的子结构,同时【+】变为【-】。

2. 导航器的快捷菜单

在模型导航器中选中一个节点后,单击鼠标右键,系统打开如图 4.10 所示的快捷菜单。

图 4.10 模型导航器的快捷菜单

在如图 4.10 所示的快捷菜单中选择相应的选项，就可以对选中的特征进行抑制、隐藏、编辑参数、复制、粘贴、删除和重命名等操作。特征编辑后立即更新，显示在图形区。

💡 **注意**：当选择不同的节点，单击右键后系统打开的快捷菜单也不相同。

4.2 成形特征

4.2.1 体素特征

基本体素是一个基本解析形状的实体对象，是本质上可分析的。它可以用来作为实体建模初期形状，即可看作一块"毛坯"，再通过其他的特征操作或布尔运算得到最后的"加工"形状。当然，基本体素特征也可用于建立简单的实体模型。因此，在零件建模时，我们通常在初期建立一个体素作为基本形状，这样可以减少实体建模中曲线创建的数量。在创建体素时，必须先确定它的类型、尺寸、空间方向与位置。

UG NX4.0 版本提供的基本体素有：
- 长方体
- 圆柱体
- 圆锥
- 球体

💡 **注意**：① 在实体建模中，虽然可以建立多个基本体素，但最好只建立一个。
② 基本体素建立时按照参数化进行设计，可以设置其原点来规定模型位置。

1. 长方体

长方体特征是基本体素中一员，在【成形特征】工具栏中单击长方体图标 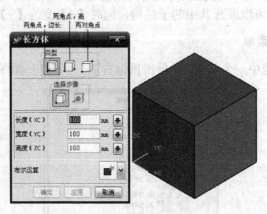，打开【长方体】对话框，如图 4.11 所示。

图 4.11 【长方体】对话框及实例

(1) 【长方体】对话框介绍

【长方体】对话框包括类型、选择步骤、参数文本框等。

① 类型：指长方体特征的创建类型，有【两角点，边长】方式、【两角点，高】方式

和【两对角点】方式 3 类,它们的选择步骤不同,图 4.12、图 4.13 分别表示【两角点,高】方式、【两对角点】方式。

② 选择步骤:根据类型的不同而不同。

③ 参数文本框:长方体体素的参数包括长度、宽度和高度。

(2) 长方体特征操作方法

在图 4.11 所示的对话框,选择 3 种类型中的一种,默认选择为【两角点,边长】方式,若选择默认方式,则在选择步骤中选择长方体位置,输入长度、宽度、高度参数值,单击【应用】按钮完成。图 4.11~4.13 这 3 个图分别表示 3 种确定长方体在模型中方位、位置和尺寸的方式。

图 4.12　【两角点,高】方式长方体对话框　　图 4.13　【两对角点】方式长方体对话框

2. 圆柱体

在【成形特征】工具栏中单击【圆柱体】图标 ,打开【圆柱】对话框,如图 4.14 所示。

图 4.14　创建圆柱体

【圆柱】对话框显示了创建圆柱体有两种方式:直径、高度(Diameter,Height)和高度、圆弧(Height,Arc)。

(1) 直径、高度

该方法是按指定高和直径的方式创建圆柱体。该操作方法是:打开【矢量构造器】对话框,如图 4.15 所示,以此确定圆柱的轴线方向,单击【确定】按钮,打开如图 4.16 所示的【圆柱】对话框,输入完毕后打开如图 4.17 所示的【点构造器】对话框,确定圆柱体的原点位置。如果 UG NX 4.0 环境里已经有实体,则会询问是否进行布尔操作,即打开如图 14.8 所示的【布尔操作】对话框,选择需要的操作即可完成圆柱体的创建。

(2) 高度、圆弧(Height,Arc)

该方法是按指定高和圆弧的方式创建圆柱体。选择这种方法,首先会打开输入高度的【圆柱】对话框,如图 4.19 所示,输入高度值,打开如图 4.20 所示圆弧选择的【圆柱】对话框,选择圆弧,打开确定圆柱方向的【圆柱】对话框,如图 4.21 所示。单击【是】按钮,表示方向与图所示相同；反之，则相反。

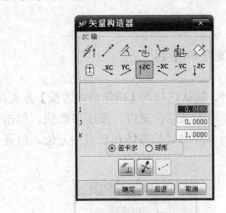

图 4.15　矢量构造器

图 4.16　【圆柱】对话框

图 4.17　点构造器

图 4.18　【布尔操作】对话框

图 4.19　输入高度的【圆柱】对话框

图 4.20　圆弧选择的【圆柱】对话框

图 4.21　确定圆柱方向的【圆柱】对话框

3. 圆锥

　　圆锥的创建稍微复杂些，在【成形特征】工具栏中单击【圆锥】图标，打开【圆锥】对话框，如图 4.22 所示。圆锥特征的操作结果可以是圆锥体或者是圆台体。

图 4.22 【圆锥】对话框

【圆锥】对话框包括 5 个输入按钮选项，分别表示 5 种创建方式。

(1) 直径、高度方式

采用这种方式定义圆锥需指定底部直径、顶部直径、高和圆锥方向 4 个参数。单击它会打开一矢量构造器以确定其方向，然后在图 4.23 中输入参数值。图 4.24 是这种创建方式的示意图。

 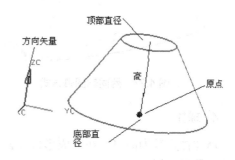

图 4.23 直径、高度方式的【圆锥】对话框　　图 4.24 直径、高度方式示意图

(2) 直径、半角方式

采用这种方式定义圆锥需指定底部直径、顶部直径、半角和圆锥方向 4 个参数。这种方式跟上面类似，只是参数有点不同，如图 4.25 所示。

注意： 半角的值只能取 1°～89°之间，可正可负。如果为正，则底圆大顶圆小，反之则是底圆小顶圆大。

(3) 底面直径、高度、半角方式

这种方法要指定圆锥的底部直径、半角、高度和圆锥方向 4 个参数。同上面一样，半角的值只能取 1°～89°之间，可正可负。

注意： 应防止出现顶部直径小于 0 的情况。因为当高度增加时，顶部直径减小。当顶部直径小于 0 时系统出现错误信息，如图 4.26 所示。

(4) 顶部直径、高度、半角方式

这种方法要指定圆锥的顶部直径、半角、高度和圆锥方向 4 个参数。这种方式同第三种方式及其相似，只是应注意：当使用负半角时，底部直径不能小于 0，究其原因同方式三。

(5) 两同轴圆弧方式

这种方法要指定圆锥的顶部、底部两圆弧。这种方式较简单，只需确定两圆弧就可创建圆锥，如图 4.27 所示。

💡 **注意：** 这种方法不需要两圆弧同轴。当它们不同轴时，系统会把第二次选定的圆弧移到与最初选择的圆弧同轴，然后画出圆锥，如图4.28所示。

图4.25 直径、半角方式的【圆锥】对话框　　　图4.26 错误信息

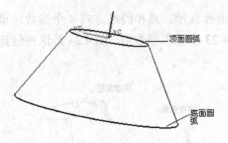

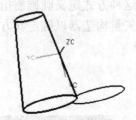

图4.27 两同轴圆弧方式　　　图4.28 两不同轴圆弧方式

4. 球体

球体体素较为简单，在【成形特征】工具条中找到图标 ⬤，单击它打开如图4.29所示的【球】对话框。

【球】对话框包括两种创建方式的按钮，【直径，圆心】方式和【选择圆弧】方式。【直径，圆心】方式要求输入直径值、选择圆心点，【选择圆弧】方式要求选择已有圆弧曲线。

(1)【直径，圆心】方式

① 在【球】对话框中，选择【直径，圆心】按钮，打开如图4.30所示的直径参数输入【球】对话框。

图4.29 【球】对话框　　　图4.30 直径输入的球对话框

② 输入球直径，单击【确定】按钮，打开【点构造器】对话框，选择圆心点。

③ 确定球心，单击【确定】按钮完成。

(2)【选择圆弧】方式

① 在【球】对话框中，选择【选择圆弧】按钮，打开选择圆弧的【球】对话框，如图4.31所示。

② 在绘图工作区选择圆弧，单击【确定】按钮完成。

图 4.31　选择圆弧的【球】对话框

4.2.2　成形特征

在实体建模过程中,成形特征是用于模型的细节添加。成形特征的添加过程可以看成是模拟零件的加工过程,它包括孔、圆台、腔体、凸垫、键槽、割槽等。应该注意的是:只能在实体上创建成形特征。成形特征与构建它时所使用的几何图形和参数值完全相关。

1. 概述

(1) 特征的安装表面

所有成形特征都需要一个安放平面,对于沟键槽来说,其安放平面必须为圆柱或圆锥面,而对于其他形式的大多数成形特征(除凸垫和通用腔外),其安放面必须是平面。特征是在安放平面的法线方向上被创建的,与安放表面相关联。当然,安放平面通常选择已有实体的表面,如果没有平面作为安放面,可以画基准面作为安放面。

(2) 水平参考

UG NX 4.0 规定特征坐标系的 X 轴为水平参考,可以选择可投影到安放表面的线性边、平表面、基准轴和基准平面定义为水平参考。

(3) 成形特征的定位

定位是指相对于安放平面的位置,用定位尺寸来控制。定位尺寸是沿着安放面测量的距离尺寸。这些尺寸可以看作是约束或是特征体必须遵守的规则。对圆形或锥形特征体在【定位】对话框上有 6 种方式定位,如图 4.32 所示;对方形特征,在【定位】对话框上有 9 种方式定位,如图 4.33 所示。下面将对它们一一介绍。

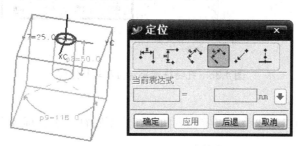

图 4.32　孔特征及其【定位】对话框

① 水平方式

运用水平定位首先要确定水平参考。水平参考用于确定 X 方向,而水平定位是确定与水平参考平行方向的定位尺寸,如图 4.34 所示。

② 垂直方式

运用垂直定位也要先确定水平参考。垂直定位方式指确定垂直于水平参考方向上的尺寸,它一般与水平定位方式一起使用来确定特征位置,如图 4.34 所示。

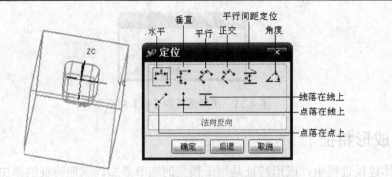

图 4.33 腔特征及其【定位】对话框

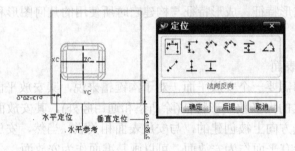

图 4.34 水平定位与垂直定位

注意：对于某些圆弧形特征成形特征无法选择刀具边，当采用水平或垂直定位方式时直接选择特征体，则自动以其中心点来定位，如图 4.35 所示。

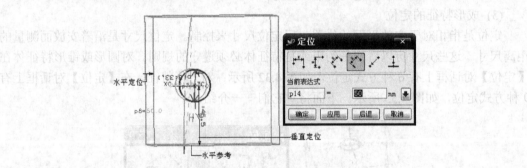

图 4.35 孔特征水平定位和垂直定位

③ 平行方式

平行定位是用两点连线距离来定位。两点在成形特征体和目标体上，如图 4.36 所示。

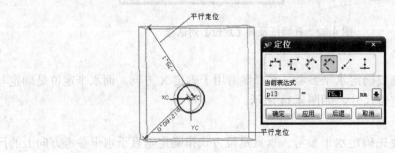

图 4.36 孔特征的平行定位

④ 正交方式

正交方式是用成形特征体上某点到目标边的垂直距离定位，如图 4.37 所示。

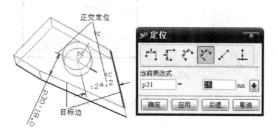

图 4.37　圆台特征的正交定位

⑤ 平行间距定位

平行间距定位是指成形特征体一边与目标体的边平行且间隔一定距离的方式定位，图 4.38 所示为平行间距定位腔体特征。

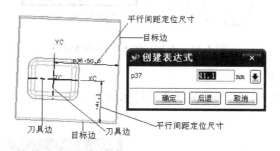

图 4.38　平行间距定位腔体特征

⑥ 角度定位

角度定位是指成形特征体一边与目标体的边成一定夹角的方式定位，图 4.39 所示为角度定位腔体特征。

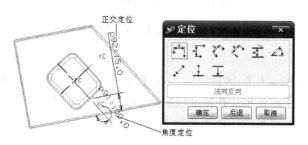

图 4.39　角度定位腔体特征

⑦ 点落在点上定位

点落在点上定位是分别指定成形特征体一点和目标体的上一点，使它们重合的定位方式，图 4.40 所示为点落在点上定位腔体特征。

⑧ 点落在线上定位

点落在线上定位是让成形特征体一点落在一目标体边上的定位方式，图 4.41 所示为点落在线上定位。

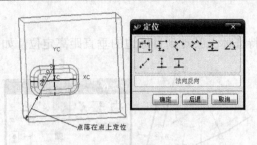

图 4.40　点落在点上定位

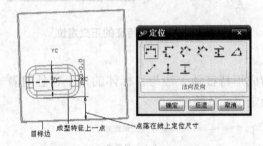

图 4.41　点落在线上定位腔体特征

⑨ 线落在线上定位

线落在线上是让成形特征体一边落在一目标体边上的定位方式，图 4.42 所示是线落在线上定位腔体特征。

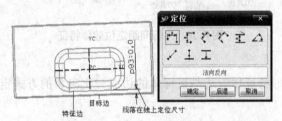

图 4.42　线落在线上定位腔体特征

2. 孔特征

孔是成形特征里较常用的特征之一，在【成形特征】工具条中单击孔图标，打开如图 4.43 所示的【孔】对话框。孔特征包括简单孔、沉头孔和埋头孔 3 类。如果需要通孔，则在选定目标实体和安放表面后还需选择通过表面。

(1) 操作方法

① 确定孔的类型。
② 选择安放表面。
③ 输入孔的参数。
④ 在目标体上给孔定位。

(2) 简单孔

简单孔对话框跟图 4.43 一样，如果是通孔，则指定通孔面。如果不是通孔，则需要输入孔深和顶端角两参数。

图 4.43　孔特征对话框

(3) 沉头孔

沉头孔对话框类似于简单孔，只是参数不同，如图 4.44 所示。

(4) 埋头孔

埋头孔的对话框同简单孔的类似，但参数不相同，如图 4.45 所示。图 4.46 所示为 3 种类型孔的示意图。

图 4.44　沉头孔特征参数　　　　　　　图 4.45　埋头孔特征参数

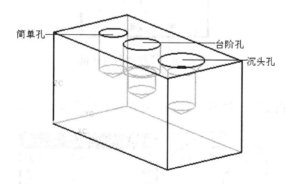

图 4.46　孔的 3 种类型

3. 圆台特征

圆台是指增加一个按指定高度、直径或有拔模锥度的侧面的圆柱形物体。其参数有高度、直径和拔模锥度。在【成形特征】工具条中单击【圆台】图标，打开【圆台】对话框，如图 4.47 所示。

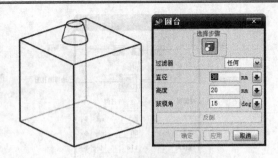

图 4.47 【圆台】对话框及其创建

(1) 【圆台】对话框

【圆台】对话框包括选择步骤、圆台参数输入文本框等。

① 选择步骤：只有 1 步，即选择安放平面。

② 圆台参数：包括直径、高度和拔模角 3 个参数。

(2) 圆台成形特征的操作过程

圆台成形特征操作过程简单，操作方法如下。

① 选择圆台特征的安放平面。

② 输入圆台的直径、高度和角度参数。

③ 用定位尺寸对圆台进行定位。

4. 腔体特征

在【成形特征】工具条中单击【腔体】图标 ，打开【腔体】对话框，如图 4.48 所示。腔体特征包括 3 种类型，圆柱形的腔体、矩形的腔体和一般腔体。

图 4.48 【腔体】对话框

(1) 圆柱形的腔体

圆柱形的腔体是指定义一圆柱形腔到一定深度。它有 4 个参数，如图 4.49 所示。

图 4.49 【圆柱形的腔体】对话框及其实例

(2) 矩形的腔体

矩形的腔体是指定义一矩形腔，它具有一定长、宽、高等参数。如图 4.50 所示。

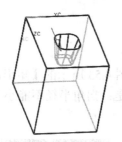

图 4.50 【矩形的腔体】对话框及其实例

(3) 一般腔体

一般腔体具有比圆柱形和矩形腔更大的灵活性，它的安放表面可以是任意的自由形状，如图 4.51 所示的【一般腔体】对话框。

图 4.51 【一般腔体】对话框

5. 凸垫特征

在【成形特征】工具条中单击【凸垫】图标 ▇，打开【凸垫】对话框，如图 4.52 所示。凸垫分为两类，矩形凸垫和一般凸垫，前者比较简单，有规则，后者复杂，但灵活。

图 4.52 【凸垫】对话框

凸垫特征操作方法如下。
① 选择凸垫的类型：矩形或一般。
② 选择放置平面或基准面。

③ 输入凸垫参数。

④ 选择定位方式以此定位凸垫。

(1) 矩形凸垫

选择矩形凸垫后,需要输入 5 个参数,如图 4.53 所示的【矩形凸垫】对话框。输入参数后就确定了凸垫的形状、大小。需要注意的是:拐角半径不能小于 0,并且必须小于凸垫高的一半。

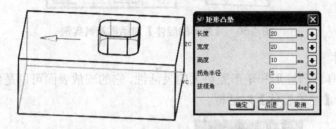

图 4.53　【矩形凸垫】对话框及其实例

(2) 一般凸垫

一般凸垫比起矩形凸垫来具有更大的灵活性,比较复杂,主要表现在形状控制和安放表面。一般凸垫特征比较复杂的,顶面曲线可自己定义,安放表面可以是曲面。一般凸垫的创建过程如下。

① 在【一般凸垫】对话框中单击凸垫的放置面图标 ,以选择安放表面,可以是多个,如图 4.54 所示。

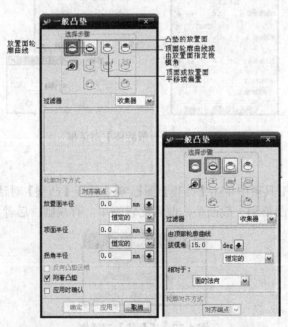

图 4.54　【一般凸垫】对话框及前两步选择步骤

② 单击放置面轮廓曲线图标 ,以选择安放表面的外轮廓,可以由多条曲线组成,如图 4.54 所示。

③ 单击顶面或放置面平移或偏置图标，以选择顶部表面，如图 4.55 所示。
④ 单击顶面轮廓曲线或由放置面指定拔模角图标，以选择顶部表面的外形轮廓，如图 4.55 所示。

图 4.55　一般凸垫后两步选择步骤

⑤ 这时图标由灰色变成亮色，单击它，选择安放表面投影矢量。
⑥ 选定各部分处的圆角半径，单击【应用】按钮创建凸垫。

6. 键槽特征

在【成形特征】工具条单击【键槽】图标，打开如图 4.56 所示的【键槽】对话框。由于键槽只能建立在实体平面上，因此，当在非平面的实体上建立键槽特征时，必须先建立基准面。

(1) 操作方法
① 在【键槽】对话框中，选择键槽类型。
② 选择键槽的安放平面，可在实体表面或基准平面中选择。

图 4.56　键槽类型选择对话框

③ 选择键槽的水平参考。
④ 选择键槽的通槽面，可以是两个(对通键槽而言)。
⑤ 输入键槽的参数，通过定位对话框选择定位方式进行定位。
(2) 键槽的类型
① 矩形键槽，基本参数及含义如图 4.57 所示。

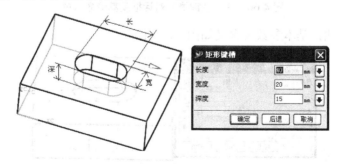

图 4.57　【矩形键槽】对话框及其参数示意

② 球形端键槽，基本参数及含义如图 4.58 所示。

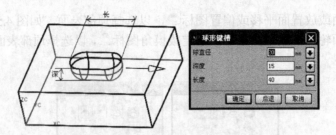

图 4.58　【球形键槽】对话框及其参数示意

③ U 型键槽，基本参数及含义如图 4.59 所示。

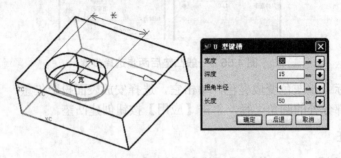

图 4.59　【U 型键槽】对话框及其参数示意

④ T 型键槽，基本参数及含义如图 4.60 所示。

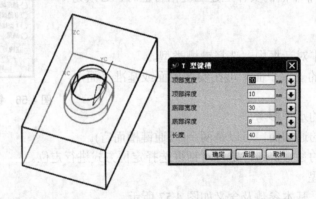

图 4.60　【T 型键槽】对话框及其参数示意

⑤ 燕尾形键槽，基本参数及含义如图 4.61 所示。

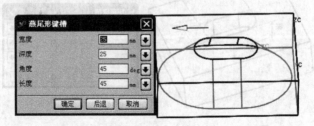

图 4.61　【燕尾形键槽】对话框及其参数示意

7. 沟(割)槽特征

在【成形特征】工具条单击沟槽图标，打开如图 4.62 所示的【沟槽】对话框。

💡 **注意：** 沟槽特征只适用于在圆柱或圆锥表面。

图 4.62　创建沟槽

(1) 操作方法

① 选择沟槽的类型，矩形、球形端或 U 型沟槽。
② 选择要进行沟槽特征操作的圆柱或圆锥表面。
③ 输入沟槽的特征参数。
④ 选择沟槽特征的定位方式并进行定位。

(2) 沟槽类型

① 矩形沟槽

矩形沟槽只有两个参数，较为简单，其含义如图 4.63 所示。

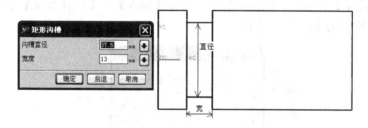

图 4.63　【矩形沟槽】对话框及其参数示意

② 球形端沟槽

球形端沟槽有两个参数：沟槽直径和球直径，其含义如图 4.64 所示。

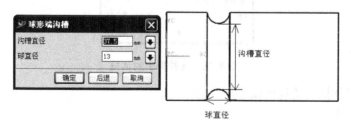

图 4.64　【球形端沟槽】对话框及其参数示意

③ U 型沟槽

U 型沟槽有 3 个参数：沟槽直径、宽度和拐角半径，其含义如图 4.65 所示。

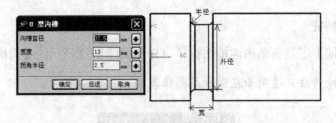

图 4.65 【U 型沟槽】对话框及其参数示意

4.2.3 扫描特征

扫描特征主要针对非解析结构建模,是截面线圈沿导引线或指定方向扫掠所形成的几何体。它包括拉伸扫描、回转扫描、沿导引线扫掠和管道扫描 4 种操作方式。

截面线圈有多种形式,如草图、一般绘制的曲线、成链曲线、边缘线等,导引线也是一样。指定方向有很多,对于拉伸操作而言,它是指拉伸方向。对于回转操作而言,它是指回转方向。

> **注意:** 扫描特征操作是参数化的,完成操作后可以对其编辑参数,并且它是相关性的建模方式,它与截面线圈、导引线、指定方向等具有相关性。

1. 拉伸

拉伸扫描特征是截面线圈沿指定方向拉伸一段距离所创建的实体。在【成形特征】工具条中单击【拉伸】图标,或在菜单栏中选择【插入】|【设计特征】|【拉伸】命令,打开如图 4.66 所示的【拉伸】对话框。

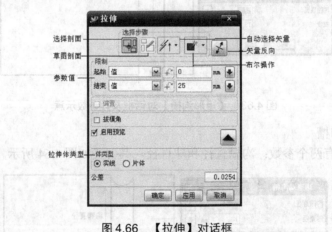

图 4.66 【拉伸】对话框

【拉伸】对话框主要包括以下几个部分。

(1) 选择步骤

① 选择剖面:选择要拉伸的截面线圈。

② 草图剖面:单击此图标可以进入草图环境绘制草图剖面来作为截面线圈。

③ 自动选择矢量:确定拉伸方向。

④ 布尔操作:实现拉伸扫描所创建的实体与原有实体的布尔运算。

⑤ 矢量反向：能够对选择好的矢量方向进行反向操作。

(2) 参数值

确定拉伸的起始值和结束值。

(3) 【拔模角】复选框

选中【拔模角】复选框可以在拉伸扫描时拔模，如图 4.67 所示，角度参数可正可负，正的拔模角表示拉伸时向中心拔模，负的拔模角表示拉伸时向四周拔模，拔模角选择列表包含 4 种拔模角起始位置类型。

① 从起始限值；
② 从剖面；
③ 从剖面-对称角度；
④ 从剖面匹配的端部。

图 4.67 【拔模角】复选框

(4) 【启用预览】复选框

选中【启用预览】复选框可以在拉伸扫描过程中预览，如图 4.68 所示。

注意： ① 在选择拉伸方向时，如果自动选择矢量，则按垂直于截面线圈的方向拉伸，也可以按用户要求自行定义拉伸方向，如图 4.69 所示。
② 如果截面线圈是一系列断开的线段，则拉伸体将是片体，而不是实体。只有当截面线圈首尾相连时才会拉伸成实体。

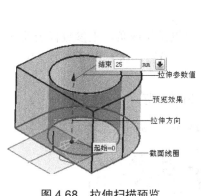

图 4.68 拉伸扫描预览

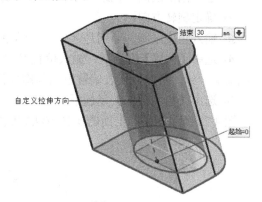

图 4.69 自定义拉伸方向

2. 回转

旋转扫描是指截面线圈绕一轴线旋转一定角度所形成的特征体。在【成形特征】工具条中单击【回转】图标，或在菜单栏中选择【插入】|【设计特征】|【回转】命令，打开如图 4.70 所示的【回转】对话框。此对话框与【拉伸】对话框非常类似，功能也一样，唯一不同的是它没有【拔模角】复选框，而是【偏置】复选框。

图 4.70 【回转】对话框

(1) 【偏置】复选框

选中【偏置】复选框，表示旋转体为为壳体，具有一定的厚度。厚度由两参数确定：起始值和结束值，如图 4.71 所示的【偏置】复选框。

图 4.71 【偏置】复选框

> **注意**：偏置复选宽只能用于封闭的截面线圈，旋转后形成实体，而非封闭的截面线圈旋转后只能形成片体，不能选中【偏置】复选框。

(2) 操作方法

① 选择剖面线圈。在绘图工作区选择要回转扫描的线圈，即截面线圈。
② 确定旋转方向。
③ 输入角度限制。分别是起始值、结束值。
④ 选中【偏置】复选框，输入偏置参数，它们可以是正或负，正参数代表偏置方向与虚线箭头一致，负参数代表偏置方向与虚线箭头相反。当然，这一步可以不操作。
⑤ 选中【启用预览】复选框。

图 4.72 所示为按照上面的操作方法完成的回转扫描预览。

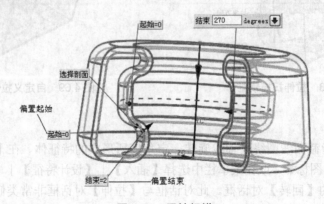

图 4.72 回转扫描

3. 沿导引线扫掠

沿导引线扫掠是指截面线圈沿导引线扫描而生成实体或片体。导引线也叫路径，可以是多段光滑连接也可以有尖角。截面线圈可以是草图、曲线、成链曲线、实体外表面等，如图 4.73 所示。

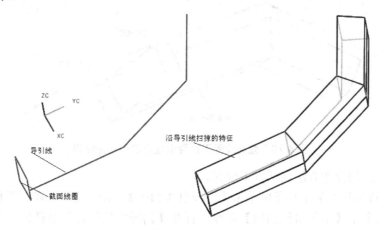

图 4.73　沿导引线扫掠实例

注意：① 导引线多段连接时不能出现锐角，否则，扫掠时有可能会出现错误，如图 4.74 所示。

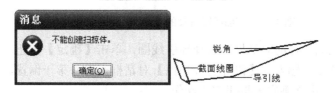

图 4.74　导引线锐角时扫掠错误

② 导引线一般要求与截面线圈相交，如果不相交，则有扫掠结果与相交时可能不同，如图 4.75 所示。

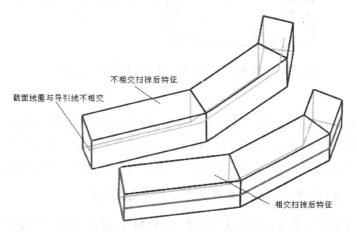

图 4.75　导引线与截面线圈相交与不相交结果比较

③ 如果截面线圈封闭，则操作结果为实体特征，如果它不封闭，则操作结果为片体。

④ 如果导引线为开口，截面线圈最好位于开口端，否则可能出现预料不到的扫掠结果。如图 4.76 所示。

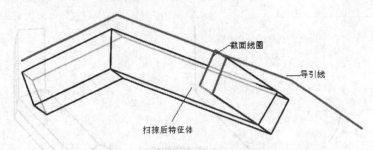

图 4.76　截面线圈不在导引线开口端扫掠结果

沿导引线扫掠操作方法包括以下步骤。

(1) 在【成形特征】工具条中单击【沿导引线扫掠】图标，或在菜单栏中选择【插入】|【扫掠】|【沿导引线扫掠】命令，打开【沿导引线扫掠】对话框，在绘图工作区选择剖面线圈，单击【确定】按钮，如图 4.77 所示。

图 4.77　剖面线圈选择的【沿导引线扫掠】对话框

(2) 打开同上面一样的对话框，选择导引线圈，单击【确定】按钮。

(3) 打开偏置参数输入的【沿导引线扫掠】对话框，输入第一偏置、第二偏置参数值，如图 4.78 所示，单击【确定】按钮完成操作。

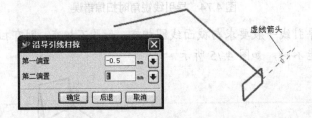

图 4.78　偏置参数输入的【沿导引线扫掠】对话框及实例

4. 管道

管道扫描操作是圆形截面线圈(含内外两个圆)沿导引线扫描所形成的实体特征。圆形截面线圈不是预先绘制好的，而是通过【管道】对话框中选项输入内外直径参数确定。截面线圈是以导引线为圆心的同心圆。因此，管道扫描类似于沿导引线扫掠操作。

> 注意：　管道扫描中导引线不能有尖角，必须光滑过渡。

在【成形特征】工具条中单击【管道】图标，或在菜单栏中选择【插入】|【扫掠】|【管道】命令，打开【管道】对话框，如图 4.79 所示。

管道扫描操作方法包括以下步骤。

① 输入管道内外直径参数和选择输出类型：在图 4.79 中输入外直径、内直径，选择输出类型【多段】单选按钮，单击【确定】按钮，打开选择导引线的【管道】对话框，如图 4.80 所示。

② 在绘图区选择导引线，单击【确定】按钮，完成操作。

图 4.79　输入参数的【管道】对话框

图 4.80　选择导引线的【管道】对话框

(1) 管道内外直径参数
① 外直径：管道外表面直径。
② 内直径：管道内表面直径。

注意：　管道外直径必须大于 0，内直径可以为 0。

(2) 管道操作的输出类型
① 多段：生成的管道由多段面构成，有圆柱面、环形面等，如图 4.81 所示。

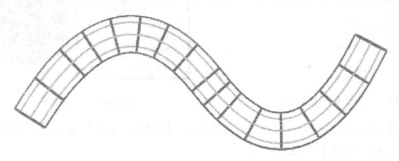

图 4.81　多段类型管道

② 单段：生成的管道由一段或两段 B 样条曲面构成，如图 4.82 所示。

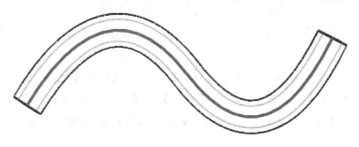

图 4.82　单段类型管道

4.3 布尔运算

布尔运算是对两个或多个实体(片体)组合成一个实体(片体)，它包括相加运算、相减运算和相交运算。执行布尔操作时，必须选择一个目标体，工具体可以是多个。其中目标体是指需要与其他体组合的实体或片体，工具体则是用来改变目标体的实体或片体。

注意： ① 进行布尔操作的目标体和工具体之间必须要有接触或相交。
② 布尔操作通常隐含在其他特征操作中。当建立的新特征与原有体发生接触或相交关系时，通常操作的最后一步是完成布尔操作。

4.3.1 相加运算

相加运算是指实体的合并，要求目标体和工具体接触或相交。在【特征操作】工具条中单击求和图标，在其下拉菜单中选择图标，如图 4.83 所示，或在菜单栏中选择【插入】|【联合体】|【求和】命令，打开【求和】对话框，按顺序选择目标体和工具体，单击【确定】按钮，如图 4.84 所示。

图 4.83 布尔运算下拉菜单

图 4.84 相加运算

【求和】对话框包括几个部分：选择步骤、【保留工具体】复选框、【保留目标体】复选框和【应用时确认】复选框。

(1) 选择步骤：
① 选择目标体。在对话框中单击图标，选择目标体。
② 选择工具体。在对话框中单击图标，选择工具体。

(2) 【保留工具体】复选框。选中此复选框，完成相加运算后工具体还保留。【保留目标体】复选框也一样。

(3) 【应用时确认】复选框。选中此复选框，单击【应用】按钮后打开【应用时确认】对话框，如图 4.85 所示，此对话框包括【干涉】、【检查几何体】、【曲线分析】、【剖面分析】和【偏差】5 个选项，它们都是用来检验和分析相加运算结果的。

注意： 相加操作只针对实体而言，不能对片体进行操作，而片体合并操作只能运用布尔运算列表中的【缝合】命令。

图 4.85 【应用时确认】对话框

4.3.2 相减运算

相减运算是用工具体去减目标体,它要求目标体和工具体之间包含相交部分。在【特征操作】工具条中单击求和图标,在其下拉图标列表中选择图标,或在菜单栏中选择【插入】|【联合体】|【求差】命令,打开【求差】对话框,按相加运算同样的步骤,完成相减操作,如图 4.86 所示。【求差】对话框与【求和】对话框一样。

注意:① 如果目标体通过相减操作分成单独的几部分,则导致非参数化。
② 如果用实体减去片体,结果形成非参数化的实体。如果用片体减去实体,结果是一片体,求出并且减去片体与实体的重合部分。如果用片体减去片体,结果形成非参数化的片体。

图 4.86 相减运算

4.3.3 相交运算

相交运算是求两相交体公共部分。在【特征操作】工具条中单击求交图标,,或在菜单栏中选择【插入】|【联合体】|【求交】命令,打开【求交】对话框,按相加运算同样的步骤,完成相交操作,如图 4.87 所示。

图 4.87 相交运算

> **注意：** 进行相交运算时所选的工具体必须与目标体相交。如果目标体是实体，则不能与片体求交，片体与片体进行相交操作时，必须保证两片体有重合的片体区域，如果片体相交则只形成交线。

4.4 设 计 范 例

本节我们将利用本章所学到的实体建模知识来创建一个底座模型。下面将详细介绍其建模过程。

4.4.1 底座模型介绍

本节所要建立的底座模型如图 4.88 所示。

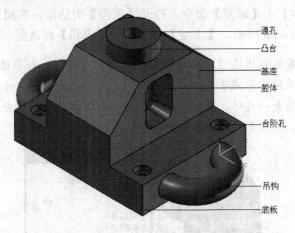

图 4.88 底座模型

底座模型由 1 个底板、2 个吊钩、4 个台阶孔、2 个腔体、1 个基座、1 个凸台和 1 个通孔组成。在本例建模中，底板由基本体素长方体操作得到，吊钩和基座分别由扫描特征扫掠和拉伸操作得到，台阶孔、腔体和凸台分别由成形特征孔操作、腔体操作和凸台操作得到，通孔由布尔运算相减操作得到。下面将详细介绍这些特征的操作过程。

4.4.2 建模步骤

(1) 创建模型文件。在菜单栏中选择【文件】|【新建】命令，在打开的对话框中输入文件名 jizuo.prt，单位设为毫米。

(2) 进入建模环境。单击【起始】图标 _{起始}，在打开的子菜单中选择【建模】，进入建模环境。

(3) 创建长方体。在【成形特征】工具条中选择图标 ，在打开的对话框中设定长方体长度、宽度、高度分别为 100mm、80mm、20mm，单击【应用】按钮，如图 4.89 所示。

(4) 进入草图绘制环境。单击草图图标 ，在长方体上选择与 YZ 平面平行的实体面，单击图标 进入草图绘制环境。

(5) 绘制草图。绘制如图 4.90 所示的草图，单击图标 ，完成草图绘制。

第 4 章 建立实体特征　　119

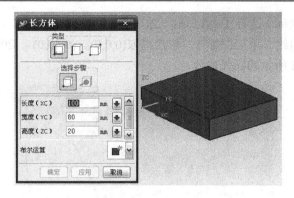

图 4.89　创建长方体

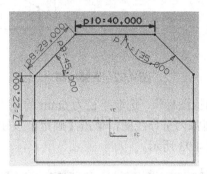

图 4.90　绘制草图

💡 **注意：** 草图绘制的曲线必须封闭，否则在拉伸操作中不能形成实体。

(6) 拉伸操作。单击【拉伸】图标▥，打开如图 4.91 所示的【拉伸】对话框，选择上步绘制的草图曲线，设定起始值-25，结束值-75，单击【应用】按钮，建立如图 4.91 所示的实体。

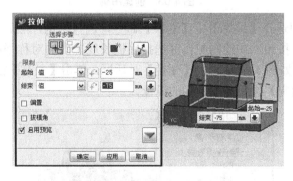

图 4.91　拉伸操作

(7) 移动工作坐标。单击图标，在打开的【点构造器】对话框中输入坐标(100，20，10)，单击【确定】按钮。

(8) 旋转工作坐标。单击图标，在打开的【旋转坐标系】对话框中，选择【-YC 轴：XC→ZC】，角度为 90°，单击【确定】按钮。

(9) 绘制圆曲线。单击【圆】图标⊙，以原点为圆心画半径为 6mm 的圆。

(10) 再次旋转坐标。选择【+YC 轴： ZC→XC】,角度为 90°,单击【确定】按钮。

(11) 绘制圆弧曲线。单击图标⏜,依次选取(0,0,0)、(0,40,0)、(20,20,0),单击【确定】按钮,得到如图 4.92 所示的圆弧曲线。

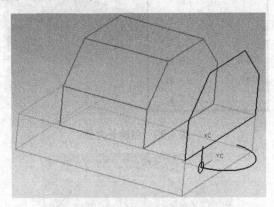

图 4.92　圆弧绘制

(12) 扫掠操作。单击扫掠图标,选取半径为 6mm 的圆为剖面线圈,单击【确定】按钮,选取半径为 20mm 的圆弧为引导线圈,单击【确定】按钮,设定偏置为 0,单击【确定】按钮,创建吊钩,如图 4.93 所示。

图 4.93　创建吊钩

(13) 在菜单栏中选择【编辑】|【变换】命令,选择吊钩,然后在打开的对话框中单击【用平面做镜像】按钮,在绘图工作区选择底板长度方向的对称平面为镜像平面,单击【确定】按钮,打开如图 4.94 所示的【变换】对话框,单击【复制】按钮,再单击【移动】按钮,最后单击【确定】按钮完成吊钩的镜像。

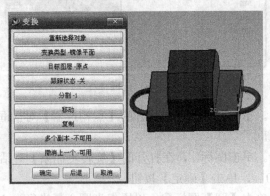

图 4.94　吊钩镜像

(14) 基座上创建腔体。把曲线、草图隐藏，在【成形特征】工具条中单击【腔体】图标，打开腔体类型对话框，选择矩形腔体类型，选择基座一侧平面为基准面，按图 4.95、图 4.96 所示要求依次选择水平参考、输入腔体参数值：长度为 30mm、宽度为 20mm、深度为 15mm、拐角半径为 5mm、底面半径为 2mm、拔模角为 5mm，选择水平定位和垂直定位方式，其中水平定位尺寸为 24mm，垂直定位尺寸为 40mm，最后单击【确定】按钮得到图 4.95 中左侧显示的结果。

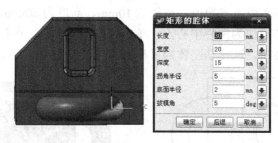

图 4.95 基座上创建腔体及参数输入

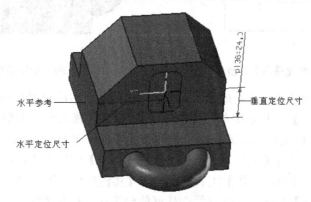

图 4.96 腔体特征定位

(15) 基座上腔体的镜像复制。在【特征操作】工具条中单击【实例特征】图标，打开【实例】对话框，单击【镜像特征】按钮，依次单击【要镜像的特征】图标，选择腔体特征、单击【镜像平面】图标，选择镜像平面，单击【应用】按钮，如图 4.97 所示，完成腔体特征的镜像复制。

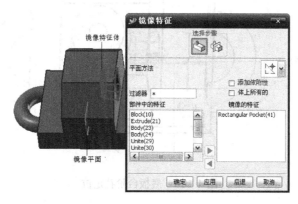

图 4.97 基座上腔体的镜像复制

(16) 创建基座上圆台。在【成形特征】工具条中单击【圆台】图标，打开【圆台】对话框，输入圆台参数：直径为30mm、高度为20mm、拔模角0，按图4.98所示对其进行水平、垂直定位，定位尺寸分别为25mm、20mm。

(17) 创建基座圆台孔。创建一基本体素：圆台，采用布尔操作中相减操作的方法创建圆台孔。在【成形特征】工具条中单击【圆柱体】图标，打开【圆柱体】对话框，选择【直径，高度】创建方式，选择矢量构造器中图标，确定圆柱体方向，单击【确定】按钮，在参数对话框中输入以下参数值：直径为10mm、高度为60mm，单击【确定】按钮，再选择圆台上表面圆心点作为圆柱中心点，单击【确定】按钮，在打开的【布尔操作】对话框中选择【求差】按钮，选择基座体为目标实体，单击【确定】按钮，如图4.99所示。

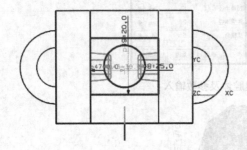 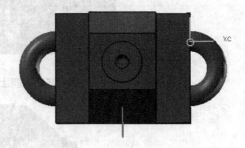

图4.98　创建基座上圆台　　　　　图4.99　创建基座圆台孔

(18) 创建底板台阶孔：先在底板角上创建一台阶孔，然后利用实例特征进行矩形阵列复制。在【成形特征】工具条中单击【孔】图标，选择沉头孔类型，输入孔参数：C-沉头直径为10mm、C-沉头深度为4mm、孔直径为6mm、孔深为10mm、顶锥角为118°，单击【确定】按钮，打开【定位】对话框，选择【正交】定位方式，定位尺寸为10mm，如图4.100所示。在【特征操作】工具条中单击【实例特征】图标，打开【实例】对话框，单击【矩形阵列】按钮，选择已经创建好的台阶孔，打开【输入参数】对话框，选择【一般】创建方式，输入参数值：XC向的数量为2、XC偏置为80mm、YC向的数量为2mm、YC偏置为60mm，单击【确定】按钮，打开【创建引用】对话框，选择【是】按钮，创建一个2×2台阶孔阵列，如图4.101所示。

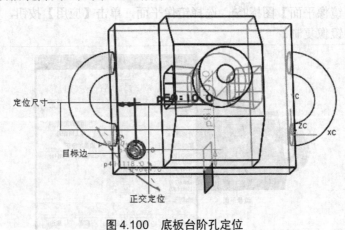

图4.100　底板台阶孔定位

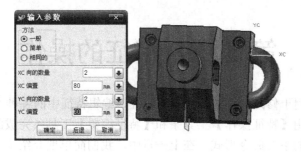

图 4.101　创建底板台阶孔

4.5　本章小结

　　本章首先概述实体建模技术，包括实体建模技术的基本特点、实体建模工具栏命令、模型导航器，接着重点介绍了成形特征建模命令，包括基本体素、成形特征和扫描特征，再后对布尔运算进行说明，包括相加运算、相减运算和相交运算。最后，本章详细介绍了如何创建底座模型的过程。底座模型的设计实例包含了许多实体建模的技术方法，如基本体素特征、成形特征、扫描特征、布尔运算操作等。

第 5 章 特征的操作

特征的操作是用于修改各种实体模型或特征，编辑特征中的各种参数。在 UG NX 4.0 中，特征的操作是由【特征操作】工具条和【特征编辑】工具条完成的。这两个工具条是完成特征高级操作的主要命令形式。在上一章中，我们简单地介绍了这两类命令在实体特征建模的作用及组成，本章将对其进行详细说明。

本章主要内容：
- 特征操作
- 特征编辑
- 设计范例

5.1 特征操作

特征操作是用【特征操作】工具条中各类命令把简单的实体特征修改成复杂模型。它一般是在成形特征命令之后，模拟零件的【精确加工】过程，包括以下几类操作。
- 边特征操作，包括倒斜角、边倒圆。
- 面特征操作，包括面倒圆、软倒圆、外壳等。
- 复制特征操作，包括实例特征。
- 修改操作，包括修剪体、分割体等。
- 其他操作，包括拔锥、螺纹、缝合、比例体等。

5.1.1 边特征操作

边特征操作是指对实体模型的边缘进行倒角操作，包括倒斜角和边圆角。

1. 倒斜角

边倒斜角是对实体的边或表面建立斜角，通过定义斜角的尺寸来确定其大小，包括 3 种创建方式。在【特征操作】工具条中单击【倒斜角】图标，打开如图 5.1 所示的【倒斜角】对话框。

(1)【倒斜角】对话框介绍
① 输入选项：指创建倒斜角方式，包括 3 种方式。
②【偏置】文本框：指倒斜角大小。
③ 偏置方式：包括【沿面偏置边缘】和【偏置面并修剪】两类。
④【对所有阵列实例进行倒斜角】复选框：选中它可以对阵列实例倒斜角。
⑤【启用预览】复选框：选中它可以预览倒斜角的操作。

(2) 操作方法
在图 5.1 中选择默认的输入选项，输入参数偏置值，在偏置方式中选择【沿面偏置边缘】单选按钮，并选中【启用预览】复选框，把鼠标移到要倒斜角的实体表面边上，此时预选择的边变亮，单击它后出现倒斜角的预览模式，如图 5.2 所示。

> **技巧：** 如果实体有许多复制特征都要求倒斜角，可以在倒斜角对话框中选中【对所有阵列实例进行倒斜角】复选框，以提高建模速度，增加实体模型的结构性。

图 5.1 【倒斜角】对话框

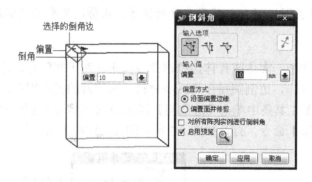

图 5.2 倒斜角操作

(3) 倒斜角创建方式

① 单偏置倒斜角

上面的操作过程实际上是单偏置倒斜角方式。单偏置倒斜角只有一个参数，这就意味着建立的斜角为 45°，两边的偏置值一样。

② 双偏置倒斜角

双偏置倒斜角有两个偏置参数，两边的偏置值可以不一样，如图 5.3 所示。

> **注意：** 在双偏置倒斜角方式下，倒斜角对话框中图标可选，如果发现偏置参数与要求的相反，可单击它来改变。

③ 偏置、角度倒斜角

这种方式使用第一偏置参数和斜角度确定倒斜角。当斜角度为 45°时，变为单偏置倒斜角，如图 5.4 所示。

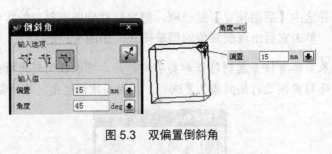

图 5.3 双偏置倒斜角

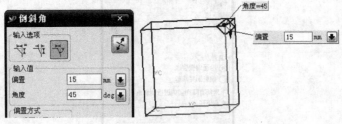

图 5.4 偏置、角度倒斜角

> **注意**：① 在偏置、角度倒斜角方式下，偏置方式不可用。
> ② 单击图标可以偏置角度的位置，获得满足要求的倒角。

2. 边倒圆

边倒圆特征操作把一实体或片体边缘修改成圆角。对于凹陷边，边倒圆操作会添加材料；对凸起边倒圆操作，边倒圆操作将减少材料。边倒圆的类型很多，有恒半径、变半径等。在【特征操作】工具条中单击【边倒圆】图标或者在菜单栏中选择【插入】|【细节特征】|【边倒圆】命令，打开如图 5.5 所示的【边倒圆】对话框。

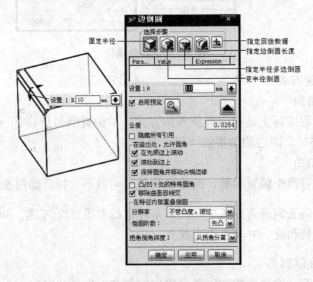

图 5.5 【边倒圆】对话框

> **注意**：对于由几块片体组成的模型进行边倒圆需对其进行缝合。边倒圆操作必须是针对同一实体的操作。

(1)【边倒圆】对话框介绍

【边倒圆】对话框比较复杂,包括选择步骤、参数列表框,以及多个复选框,如图 5.5 所示。

(2) 操作方法

在图 5.5 所示的对话框中,单击【固定半径】图标,在绘图工作区中选择要边倒圆的实体表面边,单击它后,【边倒圆】对话框中其他图标变得可选,选择要创建的倒圆类型,输入各参数并单击【确定】按钮即可。

(3) 边倒圆类型

① 固定半径

这种类型的边倒圆最为简单,只要输入一个半径参数,预览形式如图 5.5 左边模型所示。

② 变半径倒圆

在变半径倒圆中,需要在多个点处指定半径,分别选择边的两个顶点并输入半径参数,得到如图 5.6 所示的预览模型。

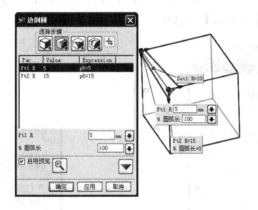

图 5.6 变半径倒圆

③ 指定边倒圆长度

这种倒圆类型是对一边部分长度倒圆,需要指定边倒圆的 stopshort 点及距离终点的长度,预览形式如图 5.7 所示。

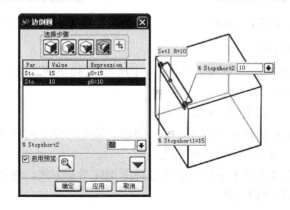

图 5.7 指定边倒圆长度

技巧： ① 当要求倒圆的多条边相交于同一顶点时，如果半径相同则可同时选择倒圆；如果半径不同，单击边倒圆对话框中图标，依次选择各边，输入半径参数，可快速完成多个边倒圆。

② 当指定边倒圆长度时，可以选择两个 stopshort 点及其距离值，也可以按默认的情况只选择一个 stopshort 点及距离值，此时默认边的一个起点为 stopshort 点。

5.1.2 面特征操作

在三维建模的过程中，基准平面可以作为多种图素的基准，具有非常重要的作用。本小节将介绍基准平面的相关内容。

1. 面倒圆

面倒圆特征可以对实体或片体的两组表面倒圆。在【特征操作】工具条中单击【面倒圆】图标，或者在菜单栏中选择【插入】|【细节特征】|【面倒圆】命令，打开如图 5.8、图 5.9 所示的【面倒圆】对话框。

图 5.8 【面倒圆】对话框

图 5.9 【面倒圆】对话框

(1) 【面倒圆】对话框介绍

【面倒圆】对话框包括面倒圆类型选择、面倒圆选择步骤、横截面类型、多个复选框等，如图 5.8、图 5.9 所示。

① 面倒圆类型：包括滚动球和扫掠剖面。

② 选择步骤：依次选择第一组面、第二组面、陡峭边缘、相切控制线。

③ 横截面类型：包括圆形和二次曲线。

④ 半径参数：在【半径】下拉列表中选择面倒圆半径方式，包括可变的、恒定的等。恒定的半径可在文本框中输入值。

(2) 操作方法

在【特征操作】工具条中单击图标或者在菜单栏中选择【插入】|【细节特征】|【面倒圆】命令，打开如图 5.8 所示的【面倒圆】对话框，单击按钮，对话框会弹出一些复选框，此时按钮变成，如图 5.9 所示，这种方式在 UG NX 4.0 中非常常见。单击图标，选择面倒圆滚动球类型，再单击图标，在实体面上选择第一组面，接着单击图标，选择第二组面。陡峭边缘和相切控制线可以不选，对话框中单选框、下拉列表框、复选框等的选中按照默认的方式不变，单击【确定】按钮即完成面倒圆操作。

注意： 在【面倒圆】对话框中单击图标可改变面组的矢量方向，只有当两组面矢量方向一致时才可完成面倒圆操作，否则出现如图 5.10 所示的错误消息。

图 5.10 面倒圆错误消息

2. 软倒圆

软倒圆特征操作能创建比面倒圆更好表面质量的倒圆面，具有更好的灵活性和更严格的形状控制，主要表现在：软倒圆横截面形状并非圆形，由两组相切曲线控制。在【特征操作】工具条中单击【软倒圆】图标，打开如图 5.11 所示的【软倒圆】对话框。

图 5.11 【软倒圆】对话框

(1) 【软倒圆】对话框介绍

【软倒圆】对话框包括选择步骤、【法向反向】、【附着方式】下拉列表、光顺性选择等。

① 选择步骤：包括选择第一组面、第二组面、第一相切曲线、第二相切曲线。

② 【法向反向】按钮：如果发现选择的组面方向不对则可单击此按钮加以改正。
③ 光顺性类型：包括匹配切矢和曲率连续。

(2) 操作方法

在【软倒圆】对话框单击图标，在绘图工作区实体面上选择第一组面，单击图标，这时【法线反向】按钮变得可用，如果发现选择的组面方向不对则可单击此按钮加以改正。选择第二组面，单击图标，在实体面上选择第一相切曲线，单击图标，选择第二相切曲线，在光顺性处选中【匹配切矢】单选按钮，再单击【定义脊线】按钮，在实体上选择脊线。这时，【确定】和【应用】按钮变得可选，单击【确定】按钮即可完成软倒圆操作。

> **注意**：软倒圆的光顺性类型有两种：匹配切矢和曲率连续。一般选择默认的匹配切矢。对于曲率连续，有两个参数控制横截面的形状：Rho(长短轴半径比)和歪斜值。Rho 参数可以在下拉列表中选择输入方式，Rho 值范围为 0~1，小的 Rho 值倒圆平坦，大的 Rho 值倒圆尖锐。歪斜值也可以在下拉列表中选择输入方式，如图 5.12 所示，范围也是 0~1，小的歪斜值倒圆尖锐处靠近第一组面，大的歪斜值倒圆尖锐处则靠近第二组面。

图 5.12　曲率连续控制参数下拉列表

3. 外壳

外壳特征操作是把一实体零件按规定的厚度变成外壳，沿某一表面挖空。外壳特征操作是建立壳体类零件的重要特征操作。外壳特征操作可以建立等厚度壳体，也可以建立不同厚度壳体。外壳特征操作有两种类型：实体外壳和表面移除外壳。在【特征操作】工具条中单击图标或者在菜单栏中选择【插入】|【偏置/比例】|【抽壳】命令，打开如图 5.13 所示的【外壳】对话框。

图 5.13　【外壳】对话框

(1) 【外壳】对话框介绍

【外壳】对话框包括选择步骤、【厚度】文本框、【启用预览】复选框等。

① 选择步骤：包括选择实体抽壳、移除表面抽壳、变厚度列表。
② 【厚度】文本框：输入厚度参数。
③ 【启用预览】复选框：选中它可以对外壳操作预览。
(2) 操作方法

在图 5.13 所示的对话框中，选择抽壳的类型，单击 图标表示目标实体外壳，单击 图标表示移除表面抽壳，选取要抽壳的实体或表面后 图标变得可用，单击它可以设置壳体的不同厚度，输入厚度参数值，单击图标 可改变厚度的方向，最后单击【应用】按钮完成操作。

(3) 外壳特征操作类型
① 实体外壳

图 5.14 为实体外壳特征操作实例。

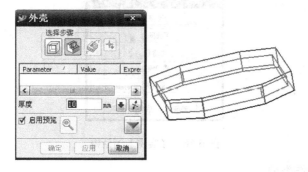

图 5.14　实体外壳特征操作

② 表面移除外壳

图 5.15 为表面移除外壳特征操作实例。

图 5.15　表面移除外壳特征操作

5.1.3　复制特征操作

复制特征操作主要是指实例特征操作，在 UG NX 4.0 以前的版本称它为特征引用。它包括矩形阵列、环形阵列、镜像体、镜像特征和图样面。复制特征操作可以方便快速地完成特征建立。实例特征是从已有的特征出发，建立一个特征引用阵列。实例特征的主要优点是可以快速建立特征群。

不能建立实例特征的有倒圆、基准面、偏置片体、修剪片体和自由形状特征等。

> **注意：** ① 对实例特征进行修改时，只需编辑与引用相关特征的参数，相关的实例特征会自动修改。如果要改变阵列的形式、个数、偏置距离或偏置角度，需编辑实例特征。
> ② 利用实例特征的可重复性，可以对实例特征再引用，形成新的实例特征。

1. 实例特征操作方法

在【特征操作】工具条中单击图标 ，或者在菜单栏中选择【插入】|【关联复制】|【实例】命令，打开如图 5.16 所示的【实例】对话框，选择实例特征操作的类型，再选择要进行实例特征操作的实体或特征，单击【确定】按钮，输入一系列参数，如复制特征数量、偏置距离等，最后单击【应用】按钮即可。

图 5.16 【实例】对话框

2. 实例特征操作类型

(1) 矩形阵列

矩形阵列根据阵列数量、偏置距离对一个或多个特征建立引用阵列，它是线性的，沿着 WCS 坐标系的 XC 和 YC 方向偏置。在实例特征对话框中单击【矩形阵列】按钮，用鼠标选择要进行实例特征操作的特征，单击【确定】按钮后出现如图 5.17 所示的矩形阵列【输入参数】对话框，输入参数后创建引用，得到如图 5.18 所示的实例。

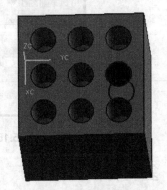

图 5.17 矩形阵列【输入参数】对话框　　　　图 5.18 矩形阵列实例

① 矩形阵列的方式：有一般方式、简单方式和相同的方式。一般方式建立时需要验证所有几何体合法性，生成速度慢；简单方式跟一般方式类似，但不需要验证，速度快；相同的方式速度最快，验证最少。

② 矩形阵列的参数：
- XC 方向的数量。XC 方向阵列数量。
- XC 偏置。XC 方向阵列的偏置距离，有正负之分，正的表示方向与 WCS 坐标方向相同，反之，则相反。
- YC 方向的数量。YC 方向阵列数量。
- YC 偏置。YC 方向阵列的偏置距离，跟 XC 偏置类似。

💡 注意： 引用矩形阵列的一般方式创建时，如果创建引用超出几何体外，则出现错误消息，无法完成操作，如图 5.19 所示，其他的方式不会出现这种情况。

图 5.19　错误消息

(2) 环形阵列

环形阵列是把选择的特征建立环形的引用阵列，它根据指定的数量、角度和旋转轴线来生成引用阵列。建立引用阵列时，必须保证阵列特征能在目标实体上完成布尔运算。在【实例】对话框中单击【环形阵列】按钮，选择特征，单击【确定】按钮，打开如图 5.20 所示的环形阵列【实例】对话框，输入以下参数后创建引用，得到如图 5.21 所示的实例。

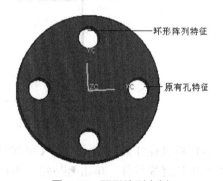

图 5.20　环形阵列输入参数对话框　　　　图 5.21　环形阵列实例

① 环形阵列的方式：跟矩形阵列相同。
② 环形阵列的参数：数量和阵列角度。
③ 确定旋转轴线：通过矢量构造器和点构造器确定。

(3) 镜像体

镜像体操作是指定需要镜像的特征和基准面建立对称体。镜像体实例如图 5.22 所示。

💡 注意：　① 镜像体不具有自己的参数，它随原实体特征参数改变而改变。
　　　　② 对称平面只能是基准平面。
　　　　③ 镜像体与基准平面、原实体相关，对它们任何一方的修改都会影响其他方。

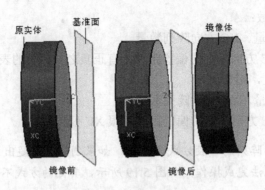

图 5.22　镜像体实例

(4) 镜像特征

镜像特征操作是指定需要镜像的特征和基准面或平面建立对称特征。镜像特征能够建立在一实体内部。【镜像特征】对话框如图 5.23 所示。

图 5.23　【镜像特征】对话框

镜像特征操作过程如下：在【镜像特征】对话框中单击图标，在【部件中的特征】列表框中选择原特征，单击按钮，再单击图标，选择镜像面，也可以在【平面方法】的下拉列表栏构造镜像面，单击【确定】按钮即完成操作。

> **注意：** 在【镜像特征】对话框中，选中【添加依附性】复选框可以同时把选择的特征所含子特征全部加入；选中【体上所有的】复选框可以同时把所选实体的特征加入。

(5) 图样面

图样面是针对一个面组的复制，有点类似于引用阵列，但是条件更加宽松，它不需要所复制的对象是特征模型。【图样面】操作的对话框如图 5.24 所示。单击图标，选择环形图样进行复制，输入参数值：数字为 4，角度为 90°，单击【确定】按钮即可。

图样面实例如图 5.25 所示，要复制的原图样即种子面是由多个连在一起的表面构成的。

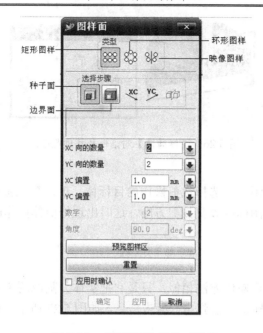

图 5.24 【图样面】操作对话框

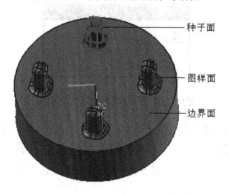

图 5.25 图样面实例

5.1.4 修改特征操作

修改特征操作主要包括修剪体、分割体等特征操作。修改特征操作主要对实体模型进行修改，在特征建模中有很大作用。

1. 修剪体

修剪体操作是用一实体表面或基准面去裁剪一个或多个实体，通过选择要保留目标体的部分，得到修剪体形状。裁剪面可以是平面，也可以是其他形式的曲面。在【特征操作】工具条中单击图标 或者在菜单栏中选择【插入】|【裁剪】|【修剪体】命令，打开如图 5.26 所示的【修剪体】对话框。

(1)【修剪体】对话框介绍

【修剪体】对话框包括选择步骤、【启用预览】复选框等。选择步骤包括选择目标体、选择工具面或基准面等。

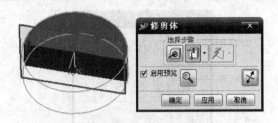

图 5.26　【修剪体】对话框及其预览结果

(2) 操作方法

在对话框中单击图标，选择裁剪操作的目标体，单击，选择裁剪面，选中【启用预览】复选框。单击图标可改变裁剪方向，这时出现修剪体操作的预览情形，最后单击【应用】按钮即可。

2. 分割体

分割体跟修剪体特征操作方法相似，只是它把实体分割成两个或多个部分。在【特征操作】工具条中单击图标，会弹出一警告信息，如图 5.27 所示，这是因为分割体操作会导致特征参数的破坏。

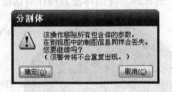

图 5.27　分割体操作警告信息

操作方法：在图 5.27 的警告信息中，单击【确定】按钮，选择要分割的目标体；单击【确定】按钮，再选择分割面，单击【确定】按钮即可，打开一提示信息对话框，表明分割特征体操作使目标体非参数化了。图 5.28 显示提示信息及分割体操作实例结果。

图 5.28　提示信息及分割体操作实例结果

5.1.5　其他特征操作

其他特征操作包括拔锥、螺纹、缝合、比例体等。

1. 拔锥操作

拔锥特征操作是对目标体的表面或边缘按指定的拔锥方向拔一定大小的锥度，拔锥角有正负之分，正的拔锥角使得拔锥体朝拔锥矢量中心靠拢，负的拔锥角使得拔锥体背离拔锥矢量中心。

注意： ① 拔锥特征操作时，拔锥表面和拔锥基准面不能平行。
② 要修改拔锥时可以编辑拔锥特征，包括拔锥方向、拔锥角。

(1) 操作方法

在【特征操作】工具条中单击【拔锥角】图标，或者在菜单栏中选择【插入】|【细节特征】|【拔锥】命令，打开如图 5.29 所示的【拔模角】对话框，选择拔锥的类型。若选择面拔锥类型，则需依次选择拔模方向、基准面、拔锥表面和拔锥角度，选中【启用预览】复选框，单击【确定】按钮即可完成拔锥操作。

图 5.29 【拔模角】对话框

(2) 拔锥类型

① 面拔锥

面拔锥操作类型需要拔模方向、基准面、拔锥表面和拔锥角度 4 个关联参数。其中拔锥角度可以编辑修改。面拔锥类型实例如图 5.30 所示。

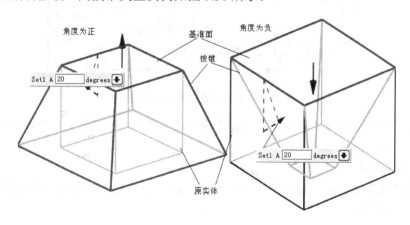

图 5.30 面拔锥实例

② 边缘拔锥

边缘拔锥是指对指定的一边缘组拔锥。边缘拔锥最大的优点是可以进行变角度拔锥。

操作步骤是：在【拔模角】对话框中单击图标，在下拉列表中选择，单击图标，选择目标体边缘，再单击图标，定义所有的变角度点和半径参数值后，单击【确定】或【应用】按钮，得到如图 5.31 所示的操作结果预览。

> 注意： 边缘拔锥也可以采用恒定半径值，这样就不需要选择变角度点及输入其半径参数值。

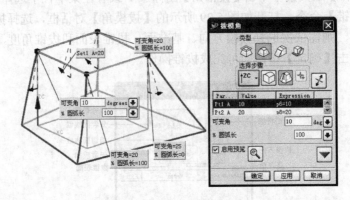

图 5.31　边缘拔锥变半径实例及对话框

③ 相切面拔锥

相切面拔锥一般针对具有相切面的实体表面进行拔锥。能保证拔锥后它们仍然相切。相切面拔锥操作实例预览如图 5.32 所示。

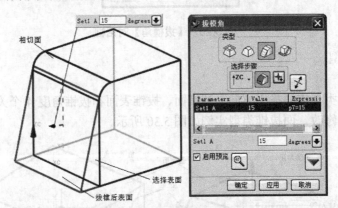

图 5.32　相切面拔锥实例及对话框

> 注意： 相切面拔锥不能适用拔锥角度为负值的情况，也就是它不允许选择面法向方向指向实体的情况。

④ 分裂线拔锥

分裂线拔锥是按一定的拔锥角度和参考点，沿一分裂线组对目标体进行拔锥操作。具体实例如图 5.33 所示。

2. 螺纹

螺纹特征操作是指在圆柱形表面建立螺纹。能够建立螺纹的目标体有孔、圆柱、圆台、圆锥等。创建的螺纹类型有符号螺纹及细节螺纹两种。

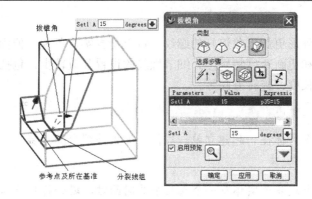

图 5.33 分裂线拔锥实例及对话框

(1) 螺纹特征操作方法

在【特征操作】工具条中单击图标，或者在菜单栏中选择【插入】|【设计特征】|【螺纹】命令，打开如图 5.34 所示的对话框，选择拔锥的类型，包括符号螺纹和细节螺纹。图中所示的为默认的符号螺纹，选择要攻螺纹的目标体，依次输入各个螺纹参数，单击【确定】按钮即可。

图 5.34 两种螺纹操作对话框

(2) 螺纹的类型

① 符号螺纹

用于创建符号螺纹。所谓符号螺纹是在被攻螺纹的表面上显示为一虚线圆，它不显示螺纹实体，因此它比细节螺纹生成速度快，可以用于在工程制图上表示螺纹和标注螺纹。符号螺纹的设置参数包括螺纹大径、螺纹小径、螺距、角度、标注、轴尺寸、方法、成形、螺纹头数、拔锥、长度、旋转方向等。

② 细节螺纹

细节螺纹是指外形更加形象逼真的螺纹。特点是真实、可观，但由于螺纹几何形状复杂，使其生成速度和更新速度特别慢。细节螺纹的设置参数较少，包括螺纹大径、螺纹小径、螺距、角度、长度、旋转方向等。

3. 缝合

连接两个或多个片体在一起建立单一片体，如果被缝合的片体集合封闭一容积，则建立实体。

> 注意：当两个或多个实体有一个或几个共同面时，缝合操作可以把它们缝合成单一实体。

(1) 缝合特征操作方法

在【特征操作】工具条中单击图标，或者在菜单栏中选择【插入】|【联合体】|【缝合】命令，打开如图 5.35 所示的对话框，选择缝合的类型，包括片体缝合和实体缝合，选择要缝合的目标体，单击【确定】按钮即可。

图 5.35　【缝合】对话框

(2) 缝合输入类型

① 片体缝合

片体缝合类型要求缝合对象是两组片体。先单击图标，选择目标片体，再单击图标，选择工具片体，单击【确定】按钮即可。

② 实体缝合

实体缝合类型要求缝合对象为实体，而且拥有共同的表面或相似面。先单击图标，选择目标面，再单击图标，选择工具面，单击【确定】按钮即可。

4. 比例体

比例体特征操作是对实体进行比例缩放。在【特征操作】工具条中单击【比例体】图标，或在菜单栏中选择【插入】|【偏置/比例】|【比例】命令，打开如图 5.36 所示的【比例】对话框。

(1) 【比例】对话框介绍

在图 5.36 中，对话框包括比例体操作类型、选择步骤比例参数输入、【CYSY 方法】

按钮、比例因子参数等。

图 5.36 【比例】对话框

(2) 操作步骤

以均匀比例为例：

① 选择目标体。

② 指定参考点。

③ 设置比例因子，单击【确定】按钮即可。

(3) 操作类型

① 均匀比例缩放：表示缩放时沿各个方向同比例缩放，如图 5.36 所示。

② 轴对称缩放：按指定的缩放比例沿指定的轴线方向缩放，如图 5.37 所示。

③ 通用缩放：可以在不同方向按不同比例缩放，如图 5.37 所示。

图 5.37 两种类型的比例体特征操作对话框

5.2 特征编辑

特征编辑是指为了在特征建立后能快速对其进行修改而采用的操作命令。当然,不同的特征有不同的编辑对话框。

特征编辑的种类有编辑特征参数、编辑位置、移动特征、特征重排序、替换特征、抑制特征、释放特征等。

特征编辑操作的方法有多种,它随特征编辑的种类不同而不同,一般有 3 种方式。
- 单击目标体,并用鼠标右键单击,弹出如图 5.38 所示的特征编辑快捷菜单。
- 在下拉菜单栏中选择【编辑】|【特征】命令,如图 5.39 所示。
- 通过编辑特征工具条,这种方式在第 4 章已经介绍,这里不再赘述。

图 5.38 编辑特征快捷菜单　　　　　　图 5.39 【编辑】|【特征】子菜单

注意: 在部件导航器中用鼠标右键单击目标体也可以打开特征编辑命令。

5.2.1 编辑特征参数

编辑特征参数是修改已存在的特征参数,它的操作方法很多,最简单的是直接双击目标体。当模型中有多个特征时,就需要选择要编辑的特征,如图 5.40 所示的【编辑参数】对话框。编辑特征参数种类很多,一般按特征建模中特征类型来分类,大致有以下几类。

1. 编辑基本体素特征

编辑基本体素对话框最为简单,只有一个【特征对话框】选项,它用于编辑特征的参数,如图 5.41 所示。

2. 编辑一般成形特征

编辑一般的成形特征对话框稍微复杂一些,它包括【特征对话框】、【重新附着】和【更改类型】选项。【特征对话框】选项作用与编辑基本体素一样,【重新附着】表示成形特征安放表面,【更改类型】选项用于修改成形特征的类型,如图 5.42 所示。

图 5.40 【编辑参数】对话框

图 5.41 编辑圆柱体体素的参数对话框

3. 编辑复杂成形特征

编辑复杂成形特征包括编辑扫掠特征、拉伸、回转等特征参数,其中编辑扫掠特征的对话框包括【编辑公差】、【编辑曲线】和【编辑定义线串】选项,如图 5.43 所示。

图 5.42 编辑孔成形特征对话框

图 5.43 编辑扫掠成形特征对话框

4. 编辑实例特征参数

编辑实例特征参数属于特征操作命令范畴,其中旋转阵列特征的对话框包括【特征对话框】、【实例阵列对话框】、【旋转实例】和【更改类型】选项,如图 5.44 所示,其他形式的阵列对话框类似。

图 5.44 编辑实例特征参数对话框

5. 编辑其他形式的特征参数

有许多特征的参数编辑的对话框同特征创建时的对话框一样,这样就可以直接修改参数,同新建特征一样,如边倒圆、面倒圆等。

5.2.2 编辑位置

编辑位置操作是指对成形特征的定位尺寸进行编辑,在【编辑特征】工具条单击【编辑位置】图标或在菜单栏中选择【编辑】|【特征】|【编辑定位】命令,选择要编辑位

置的目标特征体，打开【编辑位置】对话框，如图 5.45 所示。

【编辑位置】对话框包含 3 个选项。

(1) 【添加尺寸】：该选项可以对成形特征增加定位约束，单击它，打开【定位】对话框，添加定位尺寸，如图 5.46 所示。

图 5.45　【编辑位置】对话框　　　　　　图 5.46　【定位】对话框

(2) 【编辑尺寸值】：该选项可以修改成形特征定位尺寸，单击它，打开【编辑表达式】对话框，如图 5.47 所示。

(3) 【删除尺寸】：该选项可以删除定位约束，单击它，打开【移除定位】对话框，如图 5.48 所示。

图 5.47　【编辑表达式】对话框　　　　　图 5.48　【移除定位】对话框

5.2.3　移动特征

移动特征操作是指移动特征到特定的位置。在【编辑特征】工具条单击【移动特征】图标或在菜单栏中选择【编辑】|【特征】|【移动特征】命令，选择移动特征操作的目标特征体，打开【移动特征】对话框，如图 5.49 所示。

图 5.49　【移动特征】对话框

【移动特征】对话框包含 3 个参数、3 个选项。3 个参数是移动距离增量 DXC、DYC、DZC，分别表示 X、Y、Z 方向移动距离。3 个选项分别是：

(1) 至一点。该选项指定特征移动到一点。
(2) 在两轴间旋转。该选项指定特征在两轴间旋转。
(3) CSYS 到 CSYS。该选项把特征从一个坐标系移动到另一个坐标系。

> **注意：** 移动特征操作只能针对无关联性特征，而对其他特征如拉伸、有约束定位等具有相关性的特征只能采用菜单栏中【编辑】|【变换】命令。

5.2.4 特征重排序

在特征建模中，特征添加具有一定的顺序，特征重排序是指改变目标体上特征的顺序。在【编辑特征】工具条中单击【特征重排序】图标或在菜单栏中选择【编辑】|【特征】|【重排序】命令，打开【特征重排序】对话框，如图 5.50 所示。

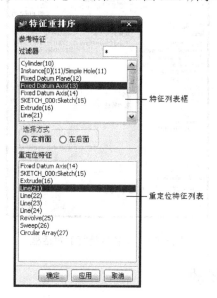

图 5.50 【特征重排序】对话框

特征重排序对话框包括 3 部分：特征列表框、选择方式和重定位特征列表框。特征列表框显示所有的特征，可以选择重排序的特征。选择方式有两种：在前面和在后面。重定位特征列表框显示要重排序的特征。

5.2.5 特征替换

在特征建模过程中，如果需要改变部分特征，而又不想推倒重建，可以采用特征替换操作来替换特征。在菜单栏中选择【编辑】|【特征】|【替换】命令，打开【替换特征】对话框，如图 5.51 所示。

(1) 对话框说明

① 选择步骤：图标表示原始特征，即要替换的特征；图标表示替换特征；图标表示父级关系图。

② 【要替换的合格特征】列表框：待选择的特征列表。

③ 【要替换的特征】列表框：要替换的特征。

④ 【替换特征】列表框：用来替换的特征。

(2) 特征替换的操作步骤

① 选择原始特征：在【要替换的合格特征】列表框中选择，结果显示在【要替换的特

征】列表框中。

② 选择替换特征：在【要替换的合格特征】列表框中选择，结果显示在【替换特征】列表框中。

③ 选择图标，在打开的对话框中单击【确定】按钮即可。

图 5.51 【替换特征】对话框

5.2.6 特征抑制与释放

特征抑制与释放是一对对立的特征编辑操作。在建模中不需要改变的一些特征可以运用特征抑制命令隐去，这样命令操作时更新速度加快，而【释放】操作则是对抑制的特征解除抑制。在菜单栏中选择【编辑】|【特征】|【抑制】/【释放】命令，打开【抑制特征】对话框或【取消抑制特征】对话框，如图 5.52 所示。

图 5.52 【抑制特征】对话框与【取消抑制特征】对话框

> **注意：** 当选择抑制的特征含有子特征时，它们一起选择抑制，释放时也是一样。

5.3 设计范例

特征的操作包括特征操作与特征编辑两类操作命令。本节我们将通过范例详细介绍实体建模中利用特征操作与特征编辑两类操作命令的建模、修改方法。设计范例包括本章讲述的大部分的操作命令。其中，特征操作命令主要用于模型的创建；特征编辑用于模型的修改命令。由于特征编辑命令针对已经创建好的特征，因此，本范例中以上面创建好的箱体模型为操作对象来简单介绍特征编辑的操作命令。

5.3.1 范例介绍

此范例是介绍一箱体模型的建模、修改过程，包括特征操作和特征编辑等诸多操作命令。其中，图 5.53 所示为本范例的箱体模型。

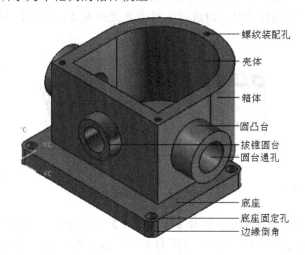

图 5.53 箱体模型

箱体模型由 1 个底座、2 个圆凸台、4 个底座固定孔、1 个壳体、1 个箱体、1 个拔锥圆台和 3 个螺纹装配孔组成。

本范例中建模包含特征操作的许多命令，如外壳操作、螺纹操作、实例特征、边缘倒圆、修剪体等；在模型修改过程中，特征编辑命令对箱体模型进行修改的操作有拔锥圆台的拔锥角参数编辑、底座沉头孔阵列位置编辑、移动底座特征。

下面将详细介绍这些特征操作和特征编辑的操作过程。

5.3.2 操作步骤

1. 特征操作过程

这里介绍箱体模型的创建过程，包括许多特征操作命令。

(1) 建立块体。输入长、宽、高分别为 100、70、10，并在块体上表面绘制如图 5.54

所示的草图。

(2) 在【成形特征】工具条中单击【拉伸】图标，输入起始值、结束值分别为-5、50，单击【确定】按钮，如图 5.55 所示。

(3) 外壳操作。在【特征操作】工具条中单击【外壳】图标，选择拉伸体上表面为目标表面，输入厚度参数为 8，单击【应用】按钮，如图 5.56 所示。

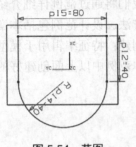
图 5.54 草图

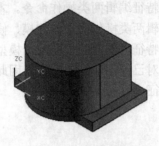
图 5.55 拉伸操作

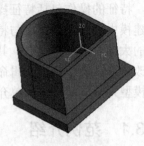
图 5.56 外壳操作

(4) 修剪体操作。把块体在外壳内表面凸出的一块修剪。单击【特征操作】工具条中【修剪体】图标，先选择块体，再选择工具面外壳内表面，单击【应用】按钮，如图 5.57 所示。

图 5.57 修剪体操作

(5) 创建拔锥圆台和圆台孔。单击【成形特征】工具条中的【圆台】图标，在箱体后视图表面中心位置建立直径为 25，厚度为 8 的圆台，在圆台中心创建一直径为 15 的通孔。再对圆台拔锥，单击【特征操作】工具条中的【拔锥】图标，选择圆台轴线方向为拔锥方向，选择圆台基准面为固定平面，选择圆台表面为拔锥面，输入锥角度参数值 5，单击【应用】按钮图标，如图 5.58 所示。

图 5.58 拔锥操作

(6) 创建螺纹孔。单击【成形特征】工具条中的【孔】图标，在箱体上表面转角处创建一孔特征，输入参数：直径为 4，深度 10，顶锥角 118，定位方式为【正交定位】，分别与两边缘距离为 4，单击【确定】按钮。再单击【特征操作】工具条中的【螺纹】图标，选择细节螺纹类型，选择孔作为螺纹表面，螺纹参数按默认值不变，单击【应用】按钮，如图 5.59 所示。

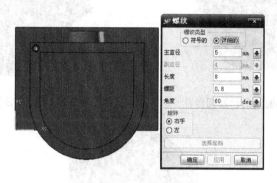

图 5.59　创建螺纹孔

(7) 创建基准平面。单击【特征操作】工具条中的【基准平面】图标，在打开的【基准平面】对话框中单击图标，分别选择箱体的两个侧面为目标平面，单击【应用】按钮，如图 5.60 所示。

图 5.60　创建基准面

(8) 创建侧面圆凸台及圆台孔。在建有螺纹孔一侧的箱体侧表面上，按第(6)步建立圆台方法创建，其中圆凸台直径为 30，高度 15，定位方式采用【正交定位】，孔直径 20，深度 30，定位方式采用【点到点】方式，其余参数为默认值，如图 5.61 所示。

(9) 镜像特征操作。单击【特征操作】工具条中的【实例特征】图标，在打开的对话框中选择【镜像特征】按钮，选择螺纹孔、侧面圆凸台及圆台孔为镜像特征，选择基准平面为对称面，单击【应用】按钮，如图 5.62 所示。

(10) 创建底座沉头孔。按一般方法在底板上表面靠近块体转角创建一沉头孔。输入沉头孔参数：沉头直径为 6，沉头深度为 5，孔直径 3，孔深为 10，定位方式为【正交定位】，定位尺寸均距块体边为 5，单击【确定】按钮，如图 5.63 所示。

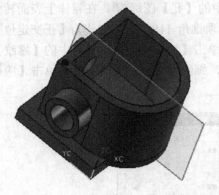
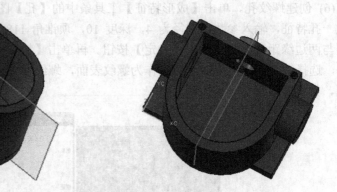

图 5.61 创建侧面圆凸台及圆台孔　　　　图 5.62 镜像特征操作

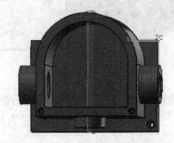

图 5.63 创建底座沉头孔

(11) 矩形阵列操作。单击【特征操作】工具条中的【实例特征】图标,在打开的对话框中选择【矩形阵列】按钮,选择底座沉头孔,打开【矩形阵列】对话框,输入如下参数值:XC 方向数量为 2,XC 偏置 90;YC 方向数量为 2,YC 偏置-60。单击【确定】按钮,如图 5.64 所示。

图 5.64 矩形阵列操作

(12) 按第(6)步的方式再创建一螺纹孔,定位采用垂直、平行两种方式。对参考基准平面采用【正交定位】的方式,定位尺寸为 0,平行定位参考箱体边缘圆心,距离为 36,如图 5.65 所示。

(13) 底座边缘倒角。单击【特征操作】工具条中的【边倒角】图标,输入半径参数 5,选择底座竖向边缘,单击【确定】按钮,并隐藏草图、基准面。这样就完成了模型的创建过程,如图 5.66 所示。

　　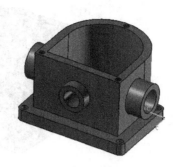

图 5.65　创建另一螺纹孔　　　　　　　图 5.66　边缘倒角

2. 特征编辑操作过程

(1) 拔锥圆台的拔锥角参数编辑。在【编辑特征】工具条中单击【编辑参数】图标，修改拔锥角 Set1 为 15，单击【应用】按钮，如图 5.67 所示。

图 5.67　编辑拔锥圆台参数

(2) 编辑底座沉头孔阵列位置。在【编辑特征】工具条中单击【编辑位置】图标，选择底座沉头孔阵列，在打开的对话框中单击【编辑尺寸值】按钮，编辑 XC 方向的定位距离为 4，如图 5.68 所示。

图 5.68　编辑底座沉头孔阵列位置

(3) 移动底座特征。在【编辑特征】工具条中单击【移动特征】图标，输入移动参数：DXC 为 0，DYC 为 10，DZC 为 0，单击【应用】按钮，如图 5.69 所示。

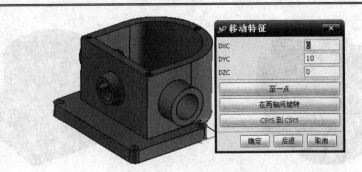

图 5.69 移动底座特征

5.4 本章小结

本章主要介绍了特征的操作命令类型，包括特征操作和特征编辑。首先对特征操作进行了详细介绍，接着介绍特征编辑，最后通过设计范例分别对这两类特征命令深入说明。特征操作是零件的【精确加工】过程，包括边特征操作、面特征操作、复制特征操作、修改操作、其他操作等。在设计范例中，本章详细介绍了箱体模型的创建过程，它包括许多的特征操作命令。特征编辑是在特征建立后能快速对其进行修改而采用的操作命令，它包括编辑特征参数、编辑位置、移动特征、特征重排序、特征替换、特征抑制与释放等。本章的设计范例也包含特征编辑的命令操作。

第 6 章 曲面设计基础

在现代产品的设计中，仅用特征建模方法是远远不能满足设计要求的，曲面设计在现代产品设计中扮演着越来越重要的角色。UG NX 4.0 具有强大的曲面设计功能，为用户提供了 20 多种创建曲面的方法，用户可以通过点创建曲面，也可以通过曲线创建曲面，还可以通过曲面创建曲面，这些创建曲面的方法大多具有参数化设计的特点，修改参数后，曲线自动更新。

此外，UG NX 4.0 还为用户提供了多种编辑曲面的方法，移动定义点，改变阶次和改变刚度等使用户方便快捷地修改已创建的曲面。

本章首先概述了曲线设计基础，随后介绍曲面特征设计的方法，然后讲解曲面特征编辑的方法，最后给出一个设计范例，使用户对 UG NX 4.0 的曲面创建功能和编辑功能有更深刻地了解，熟练掌握创建曲面和编辑曲面的方法。

本章主要内容：

- 概述
- 曲面特征设计
- 曲面特征编辑
- 设计范例

6.1 概　　述

6.1.1 曲面设计功能概述

曲面设计在现代产品设计中显得日益重要，例如汽车的更新换代不断加快，其中一个重要的部分就是汽车覆盖件的设计，而汽车覆盖件的形状非常复杂，用简单的特征建模是根本无法完成的，这就要用到曲面设计。

UG NX 4.0 具有强大的曲面设计功能，它可以用通过点、从点云、通过曲线组、通过曲线网格、N 边曲面、转换、延伸等创建曲面，也可以用偏置曲面、大致偏置、熔合、整体变形、修剪的片体等创建曲面，这些方法都非常快捷方便，操作简单，而且大多具有参数化设计的功能，便于修改曲面。

曲面创建好以后，用户可能还需要编辑曲面，UG NX 4.0 为用户提供的曲面编辑功能有：移动定义点、移动极点、改变阶次和改变刚度等。

6.1.2 创建曲面的工具栏

UG NX 4.0 为用户提供了 20 多种创建曲面的方法，这些方法都可以在【曲面】工具栏中找到相应的图标。用户只要单击一种方法的图标，系统将打开相应的对话框。用户在该对话框中完成参数设置后即可创建曲面。

下面我们将首先介绍添加【曲面】工具栏到用户界面的方法，然后再介绍【曲面】工具栏。

1. 添加【曲面】工具栏到用户界面

如图 6.1 所示，在 UG NX 4.0 建模环境中，右击非绘图区，从弹出的快捷菜单中选择【曲面】命令，就可以添加【曲面】工具栏到用户界面了。

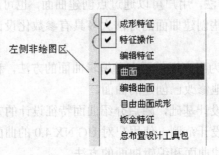

图 6.1 添加【曲面】工具栏

2.【曲面】工具栏

在用户界面的工具栏中，按住鼠标左键不放拖动【曲面】工具栏到绘图区，显示如图 6.2 所示的【曲面】工具栏。

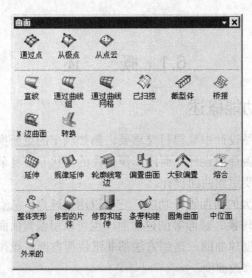

图 6.2 【曲面】工具栏

在图 6.2 所示的【曲面】工具栏中，共有 20 多个图标，这些图标已经按照创建曲面的方法自动分类排列在一起了。例如第一行的 3 个图标都是依据点来创建曲面的，因此它们排列在一起。这样分类排列图标的工具栏给用户带来很多方便，使用户能够更加快捷地选择创建曲面的方法。

6.2 曲面特征设计

本节将讲述曲面特征设计的方法。按照创建曲面依据的几何体不同，可以把这些方法大致分成 3 类：第一类是依据点创建曲面的方法，如通过点、从点云等方法；第二类是依据曲线创建曲面的方法，如直纹、通过曲线组、通过曲线网格和桥接等方法；第三类是依据片体创建曲面的方法，如偏置曲面、大致偏置、整体变形、修剪的片体等方法。

下面将分别介绍依据点、依据曲线和依据片体创建曲面的方法。

6.2.1 依据点创建曲面

依据点创建曲面的方法有 3 种，一种是通过点，一种是从极点，还有一种是从点云。下面将分别介绍这 3 种方法。

6.2.1.1 通过点

通过点创建曲面是指依据已经存在的点或者读取文件中的点来构建曲面。它的操作方法说明如下。

1. 设置曲面参数

在【曲面】工具栏中单击【通过点】图标，打开如图 6.3 所示的【通过点】对话框。

图 6.3 【通过点】对话框

图 6.3 所示的【通过点】对话框中各选项的说明如下。

(1) 补片类型

补片类型有两种，如图 6.3 所示，一种是单个，另一种是多个。

在【补片类型】下拉列表框中选择【单个】，则创建的曲面由单个补片组成；

在【补片类型】下拉列表框中选择【多个】，则创建的曲面由多个补片组成，这是系统默认的补片类型。

(2) 沿…向封闭

【沿…向封闭】下拉列表框用来指定曲面是否封闭以及在哪个方向封闭。曲面是否封闭对形成的几何体影响很大。如果指定两个方向都封闭，则生成的几何体不再是曲面，而是一个实体，因此要慎重选择。

如图 6.3 所示，【沿…向封闭】下拉列表中有 4 个选项，下面将详细说明这 4 个选项的作用。

① 两者都不

该选项是系统默认的选项,它指定曲面在两个方向都不封闭,形成的曲面是片体,而不是实体。

② 行

该选项指定曲面在行方向封闭。行是指曲面的 U 方向,如图 6.4 所示。

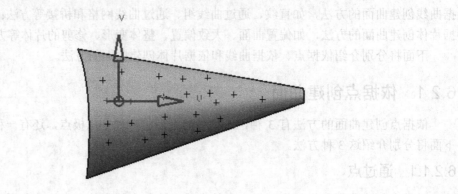

图 6.4 行和列

③ 列

该选项指定曲面在列方向封闭。列是指大致垂直行的方向,即曲面的 V 方向,如图 6.4 所示。

④ 双向

该选项指定曲面在行和列两个方向都封闭。

注意: 如果用户在【建模首选项】中设置【体类型】为【实体】时,在【沿...向封闭】下拉列表框中选择【双向】,则生成的不再是片体而是实体。

(3) 行阶次

阶次是指曲线表达式中幂指数的最高次数。阶次越高,曲线的表达式越复杂,曲线也越复杂,运算速度也越慢。系统默认的阶次是 3 次,推荐用户尽量使用 3 次或者 3 次以下的曲线表达式,这样的表达式简单,运算起来比较快。

行阶次用来指定曲面行方向的阶次。

(4) 列阶次

列阶次用来指定曲面列方向的阶次。

(5) 文件中的点

该按钮用来读取文件中的点创建曲面。单击【文件中的点】按钮,系统将打开一个对话框,要求用户指定后缀为.dat 的文件。

2. 指定选取点的方法

完成如图 6.3 所示的【通过点】对话框中的各选项的参数设置后,单击【确定】按钮,打开如图 6.5 所示的【过点】对话框。

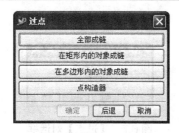

图 6.5 【过点】对话框

【过点】对话框中的按钮用来指定选取点的方法,各个按钮的说明如下。

(1) 全部成链

单击【全部成链】按钮后,打开如图 6.6(a)所示的【指定点】对话框。

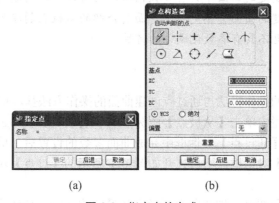

图 6.6 指定点的方式

在绘图区选择一个点作为起始点,然后再选择一个点作为终点,系统将自动把起始点和终点之间的点连接成链。

(2) 在矩形内的对象成链

单击【在矩形内的对象成链】按钮后,同样打开【指定点】对话框。不同的是,此时鼠标变成十字架形状,系统提示用户指定成链矩形。指定成链矩形后,系统将矩形内的点连接成链。

(3) 在多边形内的对象成链

与【在矩形内的对象成链】按钮的功能类似,不同的是,需要用户指定成链多边形。指定成链多边形后,系统将多边形内的点连接成链。

(4) 点构造器

单击【点构造器】按钮,打开如图 6.6(b)所示的【点构造器】对话框,用户可以利用【点构造器】对话框来选取构建曲面的点。

3. 创建曲面

当选择构建曲面的点以后,如果选取的点满足曲面的参数要求,在如图 6.6(a)所示的【指定点】对话框中单击【确定】按钮,打开如图 6.7 所示的【过点】对话框。

(1) 所有指定的点

如果用户已经选取了所有构建曲面的点,单击【所有指定的点】按钮后,系统将依据这些指定的点创建曲面。

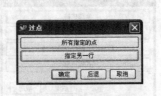

图 6.7 【过点】对话框

(2) 指定另一行

如果用户需要指定另一行点，单击【指定另一行】按钮，系统打开【指定点】对话框，用户可以继续指定构建曲面的点，直到指定所有的点。

💡 注意： 通过点创建的曲面不具有参数化设计的特性，即构建曲面的点修改以后，依据点创建的曲面并不更新。下面要介绍的从极点创建曲面和从点云创建曲面的方法也不具有参数化设计的特性。

6.2.1.2 从极点

从极点创建曲面的操作方法与通过点创建曲面的操作方法基本相同。

在【曲面】工具栏中单击【从极点】图标 ，同样打开如图 6.3 所示的【通过点】对话框。不同的是，在【通过点】对话框中完成曲面参数的设置后，单击【确定】按钮，系统只打开【点构造器】对话框，不再打开如图 6.5 所示的【过点】对话框。其余的操作方法相同。

从极点创建曲面和通过点创建曲面两者之间最大的不同点是计算方法不同。用户指定相同的点后，创建的曲面却不相同。【通过点】方法创建的曲面通过用户指定的点，即用户指定的点在创建的曲面上，而【从极点】方法创建的曲面不通过用户指定的点，即用户指定的点不在创建的曲面上。

如图 6.8 所示，其中图(a)为【通过点】方法创建的曲面，图(b)为【从极点】方法创建的曲面。图中标明了指定的点，可以清晰地看到，【通过点】方法创建的曲面通过这些指定的点，而【从极点】方法创建的曲面不通过用户指定的点。

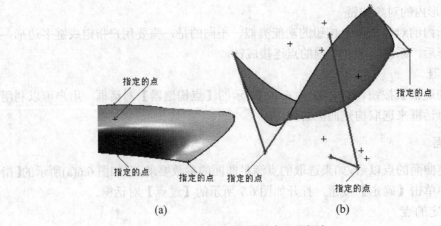

图 6.8 通过点和从极点

6.2.1.3 从点云

从点云创建曲面是指用户指定点群后，系统将依据用户指定的点群来创建曲面。它的操作方法说明如下。

1. 设置曲面参数

在【曲面】工具栏中单击【从点云】图标，打开如图 6.9 所示的【从点云】对话框。

图 6.9　【从点云】对话框

【从点云】对话框中各选项的说明如下。

(1) 选择点

当【选择点】图标被激活时，用户可以在绘图区选择构建曲面的点群。

(2) 文件中的点

【文件中的点】按钮用来读取文件中的点构建曲面。

(3) 阶次

U 向阶次是指曲面行方向的阶次，V 向阶次是指曲面列方向的阶次。在【U 向阶次】和【V 向阶次】文本框中输入曲面的阶次即可。

(4) 补片数

U 向补片数是指曲面行方向的补片数，V 向补片数是指曲面列方向的补片数。

(5) CSYS

该下拉列表框用来指定曲面 U 方向和 V 方向的向量以及曲面的坐标系统。如图 6.9 所示，CSYS 下拉列表框中有 5 个选项。

① 选择视图

在 CSYS 下拉列表框中选择【选择视图】，系统将根据用户第一次选择点时的 U、V 方向作为曲面的 U 方向和 V 方向向量。该选项是系统默认的选项。

② WCS

在 CSYS 下拉列表框中选择 WCS，系统将把工作坐标系作为创建曲面的坐标系。

③ 当前视图

在 CSYS 下拉列表框中选择【当前视图】，系统把当前视图作为曲面的 U 方向和 V 方向向量。

④ 指定的 CSYS

在 CSYS 下拉列表框中选择【指定的 CSYS】,系统将把新建的坐标系作为创建曲面的坐标系。如果用户没有创建新的坐标系,系统将打开如图 6.10 所示的【CSYS 构造器】对话框。用户可以在【CSYS 构造器】对话框中指定创建曲面的坐标系。

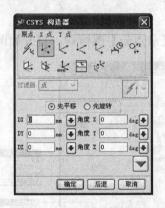

图 6.10 【CSYS 构造器】对话框

⑤ 指定新的 CSYS

在 CSYS 下拉列表框中选择【指定新的 CSYS】,系统直接打开如图 6.10 所示的【CSYS 构造器】对话框,提示用户指定 CSYS 作为创建曲面的坐标系。

(6) 边界

该下拉列表框用来设置选取点的边界。如图 6.9 所示,【边界】下拉列表框中有 3 个选项,各选项的说明如下。

① 最小箱体

在【边界】下拉列表框中选择【最小箱体】,设置选取点的范围在包含点云的最小箱体内。

② 指定的边界

在【边界】下拉列表框中选择【指定的边界】,设置选取点的范围在指定的边界内。如果用户没有指定边界,系统将打开【点构造器】对话框。用户可以利用【点构造器】对话框指定选取点的边界。

③ 指定新的边界

在【边界】下拉列表框中选择【指定的边界】,系统直接打开【点构造器】对话框。用户可以利用【点构造器】对话框指定选取点的新边界。

(7) 重置

单击【重置】按钮,取消所有的曲面参数设置,以便用户重新设置曲面的参数。

2. 创建曲面

当设置好曲面参数后,在绘图区选择一定数量的点,然后单击【确定】按钮即可创建曲面,同时打开如图 6.11 所示的【拟合信息】对话框。

在如图 6.11 所示的【拟合信息】对话框中,系统显示了距离偏差的平均值和最大值。距离偏差的平均值是指根据用户指定的点云创建的曲面和理想曲面之间的平均误差值,距离偏差的最大值是指根据用户指定的点云创建的曲面和理想曲面之间的最大误差值。

> **注意：** 用户必须选择一定数量的点，系统才会根据用户指定的点云创建曲面。否则，将出现如图 6.12 所示的【错误】对话框。

图 6.11 【拟合信息】对话框

图 6.12 【错误】对话框

在如图 6.12 所示的【错误】对话框中，系统提示用户需要至少 16 个点来产生片体，并告诉用户消除错误的方法是"选择更多的点或降阶或减少补片数"。

> **技巧：** 计算需要选择最少点个数的公式如下：
> 最少点个数=(U 的阶次+1)×(V 的阶次+1)

6.2.2 依据曲线创建曲面

依据曲线创建曲面的方法有直纹、通过曲线组、通过曲线网格、已扫掠、截形体、桥接、N 边曲面和转换等。下面将分别介绍这些方法中比较常用的依据曲线创建曲面的方法。

6.2.2.1 直纹

直纹创建曲面的方法是依据用户选择的两条剖面线串来生成片体或者实体。两条剖面串之间线性连接。它的操作方法说明如下。

1. 选择剖面线串

在【曲面】工具栏中单击【直纹面】图标，打开如图 6.13 所示的【直纹面】对话框。

【选择步骤】选项组中的 3 个图标分别用来表示【剖面线串 1】、【剖面线串 2】和【脊线串】。

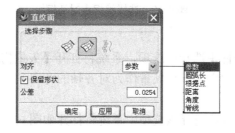

图 6.13 【直纹面】对话框

在绘图区选择剖面线串 1 后，单击【剖面线串 2】图标，选择【剖面线串 2】。如果【脊线串】图标被激活，还要选择脊线串。

> **注意：** ① 用户在绘图区选择剖面线串 1 后，必须单击【剖面线串 2】图标后才可以选择剖面线串 2，不能连续选择剖面线串 1 和剖面线串 2。

② 选择的剖面线串必须连续，否则系统将打开如图 6.14 所示的【直纹面】错误信息提示对话框，提示用户无法创建直纹面。

图 6.14　【直纹面】错误信息提示对话框

2. 设置对齐方式

对齐方式是指剖面线串上连接点的分布规律和两条剖面线串的对齐方式。当用户指定两条剖面线串后，系统将在剖面线串上产生一些连接点，然后把这些连接点按照一定的方式对齐。如图 6.13 所示，对齐方式有 6 种，下面将介绍这些对齐方式的含义。

(1) 参数

系统在用户指定的剖面线串上等参数分布连接点。等参数的原则是：如果剖面线串是直线，则等距离分布连接点，如果剖面线串是曲线，则等弧长在曲线上分布点。参数对齐方式是系统默认的对齐方式。

(2) 圆弧长

该选项指定连接点在用户指定的剖面线串上等弧长分布。

(3) 根据点

在【对齐】下拉列表框中选择该选项，打开如图 6.15 所示的选择根据点对话框。系统提示用户在剖面线串上选择根据点。当用户选择根据点后，系统将根据点来创建曲面。

图 6.15　选择根据点对话框

(4) 距离

在【对齐】下拉列表框中选择该选项，系统将打开【矢量构造器】对话框，用户可以在【矢量构造器】对话框中定义一个矢量作为对齐轴的方向。

(5) 角度

在【对齐】下拉列表框中选择该选项，系统将打开如图 6.16 所示的定义轴线对话框，用户可以通过【两个点】、【现有的直线】和【点和矢量】3 种方法定义一条轴线。定义轴线后，系统将沿着定义的轴线等角度平分剖面线生成连接点。

(6) 脊线

脊线对齐方式是指系统根据用户指定的脊线来生成曲面，此时曲面的大小由脊线的长度来决定，剖面线串 1 和剖面线串 2 即使很长，曲面也只延伸到脊线长度处。如图 6.17 所示，选择剖面线串 1、剖面线串 2 和脊线后，创建的曲面只延伸到脊线长度处。

图 6.16　定义轴线对话框

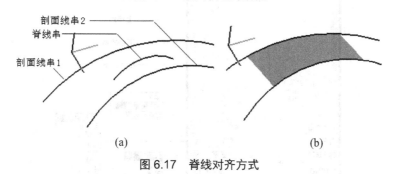

图 6.17　脊线对齐方式

在【对齐】下拉列表框中选择该选项，当用户选择剖面线串 1 和剖面线串 2 后，还需要选择一个脊线，以控制曲线的形状和对齐方式。

> 注意：　只有在选择【脊线】对齐方式且不选中【保留形状】复选框时，【脊线串】图标才被激活。

3. 设置公差

【公差】文本框用来设置指定曲线和生成的曲面之间的误差。在【公差】文本框中输入公差值即可。

> 提示：　该选项一般使用系统默认的公差就可以满足要求，用户可以不用设置。

6.2.2.2　通过曲线组

通过曲线组创建曲面的方法是依据用户选择的多条剖面线串来生成片体或者实体。用户最多可以选择 150 条剖面线串。剖面线之间可以线性连接，也可以非线性连接。它的操作方法说明如下。

1. 选择剖面线串

在【曲面】工具栏中单击【通过曲线组】图标，打开如图 6.18 所示的【通过曲线组】对话框。

在如图 6.18 所示的【通过曲线组】对话框中，【剖面线串】图标已经被激活，要求用户选择剖面线串。当用户选择剖面线串后，被选择的剖面线串的名称显示在【剖面线串】列表框中。

在【剖面线串】列表框中选择一个剖面线串后，该剖面线串高亮度显示在绘图区，同时【之前插入】图标和【移除线串】图标被激活。如果【剖面线串】列表框中的剖面线串有 3 个或者 3 个以上，则【上移线串】和【下移线串】图标也被激活。通过【上移线串】

和【下移线串】图标可以改变线串选择的先后顺序。

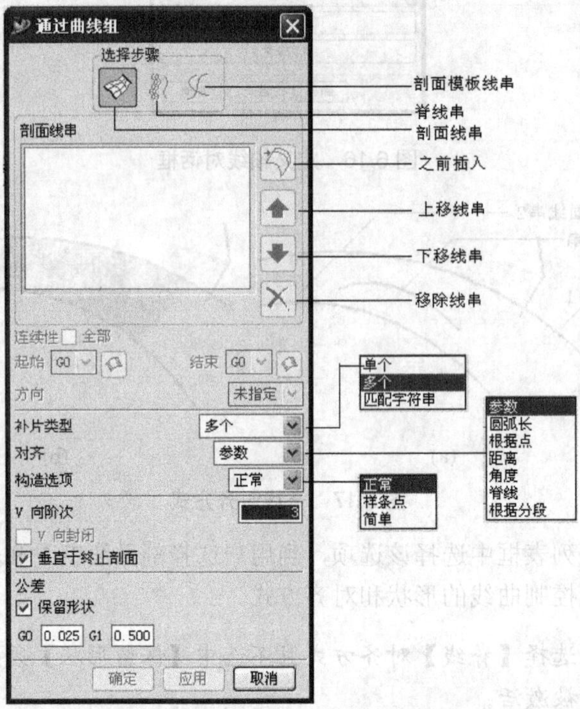

图 6.18 【通过曲线组】对话框

💡 **注意：** ① 【脊线串】图标仅当如果用户在【对齐】下拉列表框中选择【脊线】时才被激活。
② 【剖面模板线串】图标仅当如果用户在【构造选项】下拉列表框中选择【简单】时才被激活。

2. 指定曲面的连续方式

曲面的连续方式是指创建的曲面与用户指定的体边界之间的过渡方式。过渡方式有 3 种，一种是无约束，一种是相切连续过渡，还有一种是等曲率连续过渡。

(1) 无约束

在【起始】下拉列表框中选择 G0，指定创建的曲面在第一条线串处与用户指定的体边界之间无约束过渡，即以何种方式连续过渡没有限制，系统根据创建曲面来决定连续过渡方式。这是系统默认的连续过渡方式。

在【结束】下拉列表框中选择 G0，指定创建的曲面在最后一条线串处与用户指定的体边界之间无约束过渡。

下面的选项类似，即在【起始】下拉列表框选择的选项，用来指定创建的曲面在第一条线串处与用户指定的体边界之间过渡方式，在【结束】下拉列表框选择的选项，用来指定创建的曲面在最后一条线串处与用户指定的体边界之间过渡方式。因此下面仅以【起始】下列表框为例，【结束】下拉列表框中的选项不再说明。

(2) 相切连续过渡

在【起始】下拉列表框中选择 G1，指定创建的曲面在第一条线串处与用户指定的体边界之间相切连续过渡。

(3) 等曲率连续过渡

在【起始】下拉列表框中选择 G2，指定创建的曲面在第一条线串处与用户指定的体边界之间等曲率连续过渡。

3. 选择补片类型

如图 6.18 所示，补片的类型有 3 种，下面将说明这 3 种补片类型。

(1) 单个

该选项指定创建的曲面由单个补片组成。

> **提示：** 在【补片类型】下拉列表框中选择【单个】时，【V 向阶次】文本框不可选，这是因为创建的曲面只有单个补片组成，系统会自动根据用户选择剖面线串的数量计算 V 向阶次。

(2) 多个

该选项指定创建的曲面由多个补片组成，这是系统默认的补片类型。此时用户可以指定 V 向阶次。

(3) 匹配字符串

在【补片类型】下拉列表框中选择【匹配字符串】，系统将根据用户选择的剖面线串的数量来决定组成曲面的补片数量。

4. 设置对齐方式

如图 6.18 所示，对齐方式有【参数】、【圆弧长】、【根据点】、【距离】、【角度】、【脊线】和【根据分段】7 种。前 6 种对齐方式在介绍直纹创建曲面方法时已经说明了，这里不再赘述，下面只介绍【根据分段】对齐方式。

【根据分段】对齐方式是指系统根据样条曲线上的分段来对齐创建曲面。

> **注意：** 当用户在【对齐】下拉列表框中选择【根据分段】，用户选择的剖面线串必须是单个的 B-样条曲线，而且每条 B-样条曲线上的定义点个数相同。

5. 指定构造方法

【构造选项】下拉列表框用来指定构造曲面的方法。构造曲面的方法有 3 种，一种是正常构造，一种是根据样条点，还有一种是简单构造。这 3 种方法的说明如下。

(1) 正常

在【构造选项】下拉列表框中选择【正常】，指定系统按照正常方法构造曲面。这种方法构造的曲面补片较多。

(2) 样条点

在【构造选项】下拉列表框中选择【样条点】，指定系统根据样条点来构造曲面。此时选择的剖面线串必须是单个的 B-样条曲线。这种方法产生的补片较少。

(3) 简单

在【构造选项】下拉列表框中选择【简单】，指定系统采用简单构造曲面的方法生成曲面。这种方法产生的补片也较少。

6. 指定 V 向阶次和封闭

(1) V 向阶次

【V 向阶次】文本框用来指定曲面列方向的阶次。

(2) V 向封闭

选中【V 向封闭】复选框后，如果选择剖面线串封闭，则生成一个实体。

7. 设置公差

【公差】文本框用来设置曲线和生成曲面之间的误差。

6.2.2.3 通过曲线网格

通过曲线网格创建曲面的方法是依据用户选择的两组剖面线串来生成片体或者实体。这两组剖面线串中有一组大致方向相同的剖面线串称为主线串，另一组与主线串大致垂直的剖面线串称为交叉线串。因此用户在选择剖面线串时应该将方向相同的剖面线串作为一组，这样两组剖面线串就可以形成【网格】的形状。它的操作方法说明如下。

1. 选择两组剖面线串

在【曲面】工具栏中单击【通过曲线网格】图标，打开如图 6.19 所示的【通过曲线网格】对话框。

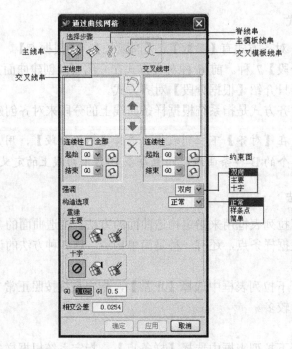

图 6.19　【通过曲线网格】对话框

先选择一组剖面线串作为主线串，此时被选择的剖面线串将显示在【主线串】列表框中，然后单击【交叉线串】图标，选择一组剖面线串作为交叉线串，被选择的剖面线串将显示在【交叉线串】列表框中。

其他的图标和按钮，如【线串上移】按钮等在介绍图6.18所示的【通过曲线组】对话框中已经说明了，这里不再赘述。

2. 指定曲面的连续方式

在【起始】下拉列表框和【结束】下拉列表框中分别指定曲面与指定体边界的过渡方式。单击【约束面】图标，可以指定体的边界。

3. 设置强调方向

【强调】下拉列表框用来设置创建的曲面更靠近哪一组剖面线串。如图6.19所示，强调的方向包括【双向】、【主要】和【十字】3个方式。这3个方式的说明如下。

(1) 双向

在【强调】下拉列表框中选择【双向】，设置创建的曲面既靠近主线串也靠近交叉线串。这样创建的曲面一般会在两组线串之间通过。

(2) 主要

在【强调】下拉列表框中选择【主要】，设置创建的曲面靠近主线串，即创建的曲线尽可能通过主线串。

(3) 十字

在【强调】下拉列表框中选择【十字】，设置创建的曲面靠近交叉串，即创建的曲线尽可能通过交叉线串。

> **注意：** 【强调】下拉列表框仅用于主线串和交叉串处不相交的情况，如果两组线串相交，则可以不用设置强调方向。

4. 指定构造方法

在【构造选项】下拉列表框中指定曲面的构建方法。单击【约束面】图标可以指定体的边界。

5. 指定阶次

通过曲线网格创建曲面时，系统默认曲面的U方向和V方向的阶次都为3。如果用户需要修改曲面U方向和V方向的阶次，可以通过手工和自动两种方式修改阶次。

在如图6.19所示的【通过曲线网格】对话框中，【主要】选项中的图标用来指定曲面U方向的阶次，【十字】选项中的图标用来指定曲面V方向的阶次。

如图6.20所示，在【重建】选项中单击【手工】图标，系统在【重建】选项右侧显示【阶次】微调框。用户可以在【阶次】微调框中直接输入U方向和V方向的阶次，也可以单击【阶次】微调框的上(下)箭头，改变微调框中的数值直到自己满意为止。

6. 设置相交公差

直接在【相交公差】文本框中输入曲面与两组剖面线串之间的相交公差即可。

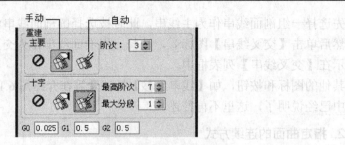

图 6.20 【重建】选项

6.2.2.4 已扫掠

已扫掠创建曲面的方法是把剖面线串沿着用户指定的路径扫掠获得曲面。它的操作方法说明如下。

1. 选择引导线串

在【曲面】工具栏中单击【已扫掠】图标，打开如图 6.21 所示的选择线串的【已扫掠】对话框。系统提示用户选择引导线串 1。

图 6.21 选择线串的【已扫掠】对话框

如图 6.21 所示，引导线串可以是实体面、实体边缘，也可以是曲线，还可以是曲线链。单击相应的按钮，选择引导线串 1 或者直接在绘图区选择引导线串 1，然后单击【确定】按钮，如果用户需要选择第 2 条引导线串，可以继续选择引导线串 2。如果用户想结束引导线串的选择，可以再次单击【确定】按钮，即可结束引导线串的选择。

UG NX 4.0 允许用户最多选择 3 条引导线串。选择的引导线串数目不相同，要求用户设置的参数不相同。下面将分别说明这 3 种情况。

(1) 一条引导线串

如果用户只选择一条引导线串，那么剖面线串沿着引导线串扫掠时可能获得多种曲面，因此用户还需要指定曲面的对齐方式、剖面位置和尺寸的变化规律等。

(2) 两条引导线串

如果用户选择两条引导线串，那么剖面线串沿着引导线串扫掠时，扫掠方向可以由两条剖面线串确定，但是尺寸大小仍然不能确定，因此用户还需要指定尺寸的变化规律。

(3) 三条引导线串

如果用户选择三条引导线串，那么扫掠方向和尺寸变化都可以确定，用户就不需要再指定其他参数了。

2. 选择剖面线串

结束引导线串的选择后，系统仍将打开如图 6.21 所示的【已扫掠】对话框，要求用户选择剖面线串作为扫掠的轮廓曲线。

剖面线串的选择方法和引导线串的选择方法相同，不同的是，剖面线串可以最多选择 150 条。

3. 设置曲面参数

完成引导线串和剖面线串的选择后，系统将打开如图 6.22 所示的设置曲面参数的【已扫掠】对话框。用户可以在该对话框中设置对齐方式、剖面位置和公差等曲面参数。

图 6.22 设置曲面参数的【已扫掠】对话框

(1) 对齐方法

如图 6.22 所示，在【已扫掠】对话框中只有两种对齐方法，这两种对齐方式已经在前面讲解过了，这里不再赘述。用户只要在【对齐方法】选项组中选择【参数】或者【圆弧长】单选按钮即可。系统默认的对齐方法是【参数】对齐方法。

(2) 剖面位置

剖面位置用来指定剖面在扫掠过程中的位置。

如果在【剖面位置】选项组中选择【导线末端】单选按钮，扫掠后生成曲面的剖面在导线末端。

如果在【剖面位置】选项组中选择【沿导线任何位置】单选按钮，扫掠后生成曲面的剖面在导线的任何一个位置都有。这是系统的默认剖面位置。

如图 6.23 所示，选择相同的导引线串和剖面线串，除剖面位置的设置不同外，曲面的其他参数完全相同，得到了两个不同的曲面，其中图 6.23(a)所示的曲面设置的剖面位置为【导线末端】，图 6.23(b)所示的曲面设置的剖面位置为【沿导线任何位置】。

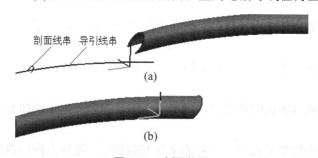

图 6.23 剖面位置

(3) 公差

【公差】文本框用来指定生成的曲面和曲线之间的误差。一般使用默认值即可。

> **注意：** 如果指定公差为 0 可以得到精确的拟合曲面，这一点在用户需要生成带有尖角的曲面时非常有用。

4. 指定曲面的方位

当用户完成曲面的各项参数设置后，单击【确定】按钮，打开如图 6.24 所示的指定曲面方位的【已扫掠】对话框，用户可以在该对话框中指定曲面的方位。

如图 6.24 所示，决定曲面的方位的方法共有 7 种。下面将介绍这 7 种方法。

(1) 固定

该选项指定剖面线串沿着剖面线串所在平面的法向方向和导引线串方向扫掠生成曲面。

(2) 面的法向

该选项指定剖面线串沿着用户指定面的法向和导引线串方向扫掠生成曲面。

单击【面的法向】按钮，打开如图 6.25 所示的选择方位面【已扫掠】对话框。系统提示用户选择方位面以确定面的法向。

图 6.24 指定曲面方位的【已扫掠】对话框

图 6.25 选择方位面【已扫掠】对话框

(3) 矢量方向

该选项指定剖面线串沿着用户指定的矢量方向和导引线串方向扫掠生成曲面。

单击【矢量方向】按钮，打开【矢量构造器】对话框。用户可以在【矢量构造器】对话框构造一个矢量。

(4) 另一曲线

该选项指定曲面方位由用户指定的另一曲线和导引线共同决定。

(5) 一个点

该选项指定曲面的方位由用户指定的一个点和导引线共同决定。

(6) 角度规律

该选项指定剖面线串按照角度规律沿着导引线串方向扫掠生成曲面。

(7) 强制方向

该选项指定剖面线串沿着用户指定的强制方向和导引线串方向扫掠生成曲面。

单击【强制方向】按钮，将打开【矢量构造器】对话框供指定一个强制方向。

5. 指定曲面的尺寸变化规律

指定曲面的方位后，单击【确定】按钮，打开如图 6.26 所示的指定尺寸变化规律的【已扫掠】对话框。在该对话框中可以指定曲面尺寸的变化规律。

(1) 恒定的

单击【恒定的】按钮，系统打开一个对话框，要求用户输入一个比例值，曲面尺寸将按照这个恒定的比例值变化。系统默认的比例值为 1。如图 6.23 所示的曲面就是指定恒定比例值为 3 后生成的曲面。

(2) 倒圆功能

倒圆功能可以指定两剖面线串各自的比例值，即起始比例和结束比例。

单击【倒圆功能】按钮，打开如图 6.27 所示的【已扫掠】对话框。该对话框用来设置曲面的插值方式。如图 6.27 所示，插值方式有两种：一种是【线性】，一种是【三次】。

图 6.26 指定尺寸变化规律的【已扫掠】对话框

图 6.27 曲面插值方式的【已扫掠】对话框

线性插值是指两条剖面线串之间以线性函数连接，三次插值是指两条剖面线串之间以三次函数连接。如图 6.28 所示，其中图(a)所示的曲面为线性插值方式，图(b)所示的曲面为三次插值方式。

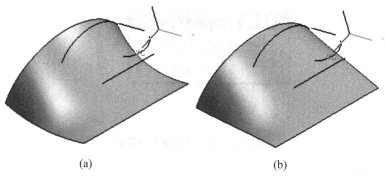

(a)　　　　　　　　　　(b)

图 6.28 曲面的插值方式

> **注意**：该对话框仅在用户选择两条或者两条以上剖面线串后才会打开，即只有选择两条或者两条以上剖面线串后，系统才让用户指定插值方式。

选择插值方式后，单击【确定】按钮，打开如图 6.29 所示的【已扫掠】对话框。用户在该对话框中可以分别指定起始剖面线串的比例和结束剖面线串的比例。

图 6.29　指定比例值的【已扫掠】对话框

(3) 另一曲线

该选项要求用户指定另外一条曲线和引导线串一起控制剖面线串的扫掠方向和曲面的尺寸大小。

单击【另一曲线】按钮，打开如图 6.29 所示的【已扫掠】对话框，提示用户选择比例线串。该曲线可以是实体的面或者边缘，也可以是曲线，还可以是曲线链。

(4) 一个点

该选项要求用户指定一个点和引导线串一起控制剖面线串的扫掠方向和曲面的尺寸大小。

单击【一个点】按钮，将打开【点构造器】对话框。用户可以在【点构造器】对话框中指定一个点用来控制剖面线串的扫掠方向和曲面的尺寸大小。

(5) 面积规律

该选项可以按照某种函数、方程或者曲线来控制曲面的尺寸大小。

单击【面积规律】按钮，将打开如图 6.30 所示的【规律函数】对话框。各个图标的含义已经标注在图上了。

图 6.30　【规律函数】对话框

(6) 周长规律

该选项与面积规律相似，只是周长规律是以周长为参照量来控制曲面尺寸的，而面积规律是以面积为参照量来控制曲面尺寸的。它同样可以按照某种函数、方程或者曲线来控制曲面的尺寸大小。单击【周长规律】按钮，将打开如图 6.30 所示的【规律函数】对话框。【规律函数】对话框已经讲解过了，这里不再赘述。

(7) 比例

上述对话框是当用户选择一条导引线串时打开的，如果用户选择两条导引线串，那么剖面线串的扫掠方向就确定下来了，即曲面的方位确定下来了，因此设置完曲线参数后，系统不再打开如图 6.24 所示的【已扫掠】对话框。用户在如图 6.22 所示的【已扫掠】对话框中设置完曲面参数后，单击【确定】按钮，将打开如图 6.31 所示的【已扫掠】对话框，系统提示用户选择比例方法。

图 6.31　【已扫掠】对话框

如图 6.31 所示，比例方法有两种，一种是横向比例，另一种是均匀比例。横向比例方法是指在创建曲面的过程中，曲面的横向尺寸根据引导线串的变化发生比例变化，而纵向不发生变化。均匀变化是指在创建曲面的过程中，曲面的横向尺寸和纵向尺寸都随引导线串的变化而发生比例变化。

如图 6.32 所示，当选择两条导引线串和一个圆作为剖面线串后，设置曲线参数后，单击不同的比例按钮后，得到的两个不同形状的两个实体。图 6.32(a)所示的实体是按照横向比例规律生成的，它的横向尺寸发生了变化而纵向尺寸没有变化；图 6.32(b)所示的实体是按照均匀比例规律生成的，它的横向和纵向尺寸都发生了变化。

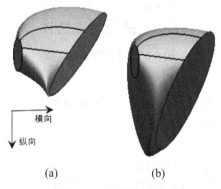

图 6.32　横纵向比例

6．选择脊线串

当指定曲面参数、曲面的方位和尺寸变化规律后，系统将打开如图 6.21 所示的【已扫掠】对话框。系统提示用户选择脊线串。用户可以在绘图区直接选择曲线或者实体的边缘等作为脊线串。如果用户不需要脊线串，可以直接在对话框中单击【确定】按钮，跳过脊线串的选择。

7．创建曲面

选择导引线串和剖面线串，设置完曲面参数和尺寸变化规律后，单击【确定】按钮即可完成曲面的创建。

6.2.2.5 截形体

通过截形体创建曲面的方法是依据用户指定的一些点、曲线或者实体的边缘等几何体来构造剖面生成片体或者实体。它的操作方法说明如下。

1. 指定剖面类型

在【曲面】工具栏中单击【截形体】图标，打开如图 6.33 所示的【剖面】对话框。系统提示用户指定创建选项，即指定剖面类型。

如图 6.33 所示，剖面类型多达 20 种，每种剖面类型以一个形象的图标表示，这些图标的含义及其剖面类型说明如下。

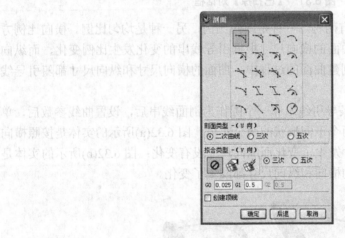

图 6.33 【剖面】对话框

(1) 端点-顶点-肩点

该剖面类型由端点、顶点和肩点构建，如图 6.34 所示。用户需要指定起始边、肩、结束边和顶点才能确定一个剖面。

(2) 端点-斜率-肩点

该剖面类型由端点、斜率和肩点构建，如图 6.35 所示。用户需要指定起始边、起点斜率控制、肩、结束边和端点斜率控制才能确定一个剖面。

图 6.34 端点-顶点-肩点剖面

图 6.35 端点-斜率-肩点剖面

(3) 圆角-肩点

该剖面类型由圆角和肩点构建，用户需要指定第一组面、第一组面上的曲线、肩、第二组面和第二组面上的曲线才能确定一个剖面。

(4) 三点作圆弧

该剖面类型由 3 个点和圆弧构建，如图 6.36 所示。用户需要指定起始边、第一内部点和结束边才能确定一个剖面。

(5) 端点-顶点-rho

该剖面类型由端点、顶点和 rho 构建。rho 是控制二次曲线的一个重要参数，如图 6.37 所示，AEB 是一个二次曲线，其中 AC 和 BC 是该二次曲线的两条切线，交于点 C。rho 的值为 ED 与 CD 的比值，由此可知 rho 的值大于 0 小于 1。系统默认的 rho 值为 0.5。

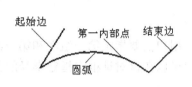

图 6.36 三点作圆弧剖面

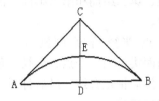

图 6.37 rho 的示意图

该剖面类型需要用户指定起始边和结束边，然后指定脊线，最后打开一个对话框，要求用户设置 rho 值的定义方式。

(6) 端点-斜率-rho

该剖面类型由端点、斜率和 rho 构建。用户需要指定起始边、起点斜率控制、结束边和端点斜率控制，然后指定脊线，最后打开一个对话框，要求用户设置 rho 值的定义方式。

(7) 圆角-rho

该剖面类型由圆角和 rho 构建，用户需要指定第一组面、第一组面上的曲线、第二组面和第二组面上的曲线，然后指定脊线，最后打开一个对话框，要求用户设置 rho 值的定义方式。

(8) 两点-半径

该剖面类型由两点和半径构建，用户需要指定起始边、起点斜率控制、结束边和端点斜率控制，然后指定脊线，最后打开一个对话框，要求用户指定半径的大小。

(9) 端点-顶点-顶线

该剖面类型由端点、顶点和顶线构建，用户需要指定起始边、结束边、顶点、起始点和结束点才能确定一个剖面。

(10) 端点-斜率-顶线

该剖面类型由端点、斜率和顶线构建，用户需要指定起始边、起点斜率控制、结束边、端点斜率控制、起始点和结束点才能确定一个剖面。

(11) 圆角-顶线

该剖面类型由圆角和顶线构建，用户需要指定第一组面、第一组面上的曲线、第二组面、第二组面上的曲线、起始点和结束点才能确定一个剖面。

(12) 端点-斜率-圆弧

该剖面类型由端点、斜率和圆弧构建，用户需要指定起始边、起点斜率控制和结束边、起始点和结束点才能确定一个剖面。

(13) 四点-斜率

该剖面类型由 4 个点和斜率构建，用户需要指定起始边、起点斜率控制、第一内部点、第二内部点和结束边才能确定一个剖面。

(14) 端点-斜率-三次

该剖面类型由端点、斜率和三次构建，用户需要指定起始边、起点斜率控制、结束边、端点斜率控制、起始点和结束点才能确定一个剖面。

(15) 圆角-桥接

该剖面类型由圆角和桥接参数等构建，用户需要指定桥接类型、第一组面、第一组面上的曲线、第二组面和第二组面上的曲线以及桥接的一些参数。桥接的详细内容将在下面单独介绍。

(16) 点-半径-角度-圆弧

该剖面类型由一个点、半径、角度和圆弧构建，用户需要指定第一组面和第一组面上的曲线，然后指定脊线，最后打开一个对话框，用户可以在该对话框中指定半径的大小和角度的变化规律。

(17) 五点

该剖面类型由 5 个点组成。用户需要指定起始边、第一内部点、第二内部点、第三内部点和结束边才能确定一个剖面。

(18) 线性-相切

该剖面类型由相切面组、起始边和角度等组成。用户需要选择相切面组和起始边，然后指定脊线，最后打开一个对话框。用户可以在该对话框中指定角度的变化规律。

(19) 圆形-相切

该剖面类型由相切面组、起始边和圆组成，用户需要指定相切面组和起始边，然后指定脊线，最后打开一个对话框。用户可以在该对话框中设置圆的创建类型和半径。

(20) 圆

该剖面类型由圆组成，用户需要指定引导线和方位曲线，然后指定脊线，最后打开一个对话框。用户可以在该对话框中输入圆的半径。

2. 设置剖面 U 方向阶次

如图 6.33 所示，剖面 U 方向阶次有 3 种，它们分别是【二次曲线】、【三次】和【五次】。用户可以根据自己的需要，在【剖面类型】选项中选中相应的单选按钮，即可设置剖面 U 方向的阶次。

3. 设置拟合类型

如图 6.33 所示，剖面类型可以通过 3 种方式设置，即默认方式、手动方式和自动方式。这 3 种方式的说明如下。

(1) 默认方式

系统默认方式有两种拟合类型，即【三次】和【五次】，用户选中相应的单选按钮即可通过默认方式设置拟合类型。

(2) 手动方式

单击【手动方式】图标，系统显示【阶次】微调框，如图 6.38(a)所示。用户可以在【阶次】微调框中直接输入 V 方向的阶次，也可以单击【阶次】微调框的上(下)箭头，改变微调框中的数值。

图 6.38 拟合类型

(3) 自动方式

单击【自动方式】图标，系统显示【最高阶次】微调框和【最大分段数】微调框，如图 6.38(b)所示。用户可以分别在【最高阶次】微调框和【最大分段数】微调框中直接输入 V 方向的最高阶次和最大分段数，也可以分别调整两个微调框的上(下)箭头，改变微调框中的数值。

4. 选择构建剖面的几何体

当用户设置剖面 U 方向的阶次和 V 方向的拟合类型后，在【剖面类型】图标中指定剖面类型后，即单击相应的剖面图标后，系统将打开不同的对话框，要求用户选择构建剖面的几何体。这些对话框大致有以下两类。

(1) 选择起始边、结束边和斜率控制

选择起始边、结束边和斜率控制的对话框如图 6.39 所示，打开对话框后，系统提示用户选择起始边或者结束边。

图 6.39 【剖面】对话框

如图 6.39 所示，起始边和结束边可以是实体的面或者边缘，也可以是曲线，还可以是曲线链。用户在绘图区选择相应的几何体后，【确定】按钮被激活。用户单击【确定】按钮即可完成起始边或者结束边的选择。

💡 注意：起始边、结束边或者顶线等几何体如果是由多段曲线组成的，必须保证这些曲线相切，否则将打开如图 6.40 所示的【消息】对话框，提示用户"一些线串成员不相切"，要求用户重新选择起始边、结束边或者顶线等几何体。

图 6.40 【消息】对话框

(2) 选择曲面组和相切面组

当选择的剖面类型中需要【圆角】或者【相切】来构建时,如【圆角-肩点】、【圆角-rho】、【线性-相切】和【圆形-相切】剖面类型等。当用户单击这些剖面类型的图标后,将打开如图 6.41 所示的【剖面】对话框,提示用户选择第一曲面组。

图 6.41 【剖面】对话框

5. 选择脊线

当选择完起始边、顶点和结束边等构建曲面的几何体后,系统将打开如图 6.39 所示对话框,提示用户选择脊线。脊线的选择方法和起始边等几何体的方法相同,这里不再介绍,下面将说明脊线的作用。

脊线和构建曲面的几何体一起控制曲面的形状和尺寸。在脊线的每个点处都存在一个垂直于脊线的平面,起始边和结束边等构建曲面的几何体与脊线的垂直平面产生交点,曲面将根据这些交点来创建。

如图 6.42 所示,该曲面指定的剖面类型为【三点作圆弧】,其中脊线和起始边使用同一曲线,可以看到,曲面在脊线每个点处的垂直平面上创建。

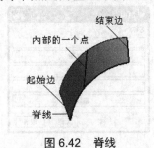

图 6.42 脊线

6. 设置 Rho 值的定义方式

当用户选择的剖面类型中需要 Rho 构建曲面时,当选择脊线后,系统将打开如图 6.43 所示的 Rho 定义方式对话框。系统提示用户设置 Rho 值的定义方式。

如图 6.43 所示的,Rho 值的定义方式有 3 种,下面将分别说明这 3 种设置 Rho 值的定义方式。

(1) 恒定的

该选项指定 Rho 的值为一个常数不发生变化。单击【恒定的】按钮,打开如图 6.44 所示的恒定的对话框。用户在 Rho 文本框中输入 Rho 值即可。

(2) 最小张度

该选项指定 Rho 的值按照最小张度的原则得到。单击【最小张度】按钮,系统将按照最小张度的原则自动计算得到 Rho 的值创建曲面。

(3) 一般

该选项指定 Rho 的值按照用户指定的一般规律变化,如线性规律、二次函数和三次曲线等。单击【一般】按钮,打开如图 6.45 所示【规律函数】对话框。用户可以在【规律函数】对话框中单击相应的图标即可指定 Rho 值的变化规律。各个图标的含义已经在介绍【已扫掠】创建曲面方法时说明了,这里不再赘述。

图 6.43 Rho 的定义方式

图 6.44 恒定的 Rho

7. 设置创建圆的方式

当用户选择的剖面类型中需要【圆】构建曲面时,例如【圆形-相切】和【圆】剖面类型,选择脊线后,系统打开如图 6.46 所示的【剖面选项】对话框,提示用户指定附加的参数,即圆的创建类型和半径。

图 6.45 【规律函数】对话框

图 6.46 【剖面选项】对话框

(1) 圆的创建类型

如图 6.46 所示,圆的创建类型有两种,一种是创建圆角圆弧,另一种是创建补圆弧。用户在【圆的创建类型】选项中选中相应的单选按钮即可。

(2) 半径

该文本框用来指定创建圆的半径。在【半径】文本框中直接输入圆的半径即可。如果用户需要指定规律变化的半径,也可以单击【使用半径规律】按钮,打开如图 6.45 所示的【规律函数】对话框。在【规律函数】对话框中用户可以指定半径的变化规律。

(3) 确认

如果选中【确认-如果多解】复选框,当存在多个解时,系统将要求用户确认后才创建曲面。

> 注意: 当用户选择的剖面类型中需要【半径】构建曲面时,例如【两点-半径】剖面类型,选择脊线后,系统打开的对话框中的选项和图 6.46 所示的【剖面选项】对话框类似,就不再介绍这个对话框了。

8. 设置角度

当用户选择的剖面类型中需要【角度】构建曲面时,例如【点-半径-角度-圆弧】剖面类型,选择脊线后,系统打开如图 6.47 所示的【剖面选项】对话框,提示用户指定圆的半径和角度。

如图 6.47 所示,【剖面选项】对话框中的【半径】选项已经介绍过了,这里只说明【角度】选项。

(1)【角度】文本框

如果用户使用的角度值恒定不变,则可以直接在【角度】文本框中输入角度值。

(2) 使用角度规律

如果恒定的角度值不能满足用户的设计要求,用户就可以单击【使用角度规律】按钮,打开如图 6.45 所示的【规律函数】对话框。在【规律函数】对话框中用户可以指定角度的变化规律,这样就可以使用按一定规律变化的角了。

(3) 面的反侧

单击【面的反侧】按钮,系统将根据面的反侧角度来创建曲面。

9. 桥接

当用户选择【圆角-桥接】剖面类型图标后,打开如图 6.48 所示的【桥接剖面】对话框。系统提示用户选择桥接类型。

如图 6.48 所示,桥接类型有 3 种,它们分别是【匹配切矢】、【匹配曲率】和【继承形状】,这 3 种桥接类型的说明如下。

图 6.47 【剖面选项】对话框

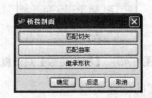

图 6.48 【桥接剖面】对话框

(1) 匹配切矢

该选项指定两组曲面在桥接时按照相切的方式过渡。

(2) 匹配曲率

该选项指定两组曲面在桥接时按照曲率相等的方式过渡。

(3) 继承形状

该选项指定两组曲面在桥接时将保持各自原来的形状过渡,这样得到的曲面和原来的形状较为相似。

6.2.2.6 桥接

通过桥接创建曲面的方法是依据用户指定的两组主面和侧面上的曲线等几何体来构造剖面生成片体或者实体。它的操作方法说明如下。

1. 选择主面和侧面

在【曲面】工具栏中单击【桥接】图标,打开如图 6.49 所示的【桥接】对话框。系统提示用户选择主面。

如图 6.49 所示,【选择步骤】选项有 4 个图标,这 4 个图标的含义已经标注在图上了。如果要在两组曲面之间桥接创建曲面,用户必须指定两个主面,如果用户还想进一步限制曲面，可以指定侧面和侧面上的线串。用户生成的曲面可以和主面、侧面以相切连续过渡方式桥接，也可以以等曲率连续过渡方式桥接。

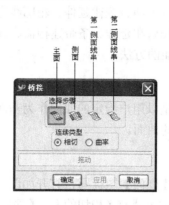

图 6.49 【桥接】对话框

在绘图区选择一个主面后，单击【确定】按钮，系统自动激活【侧面】图标。用户也可以手动单击【侧面】图标来激活它。此时系统提示用户选择侧面，用户可以指定侧面，也可以不指定侧面。

如果用户选择侧面，则单击【确定】按钮后，【第一侧面线串】图标被激活，系统提示用户选择侧面线串。当选择两条侧面线串后，单击【确定】按钮，此时【主面】图标再次被激活，系统提示用户选择主面。选择第 2 个主面，单击【确定】按钮即可完成主面和侧面的选择。

2. 设置连续类型

如图 6.49 所示，连续类型有两种，它们分别是【相切】和【曲率】，这两种桥接类型的说明如下。

(1) 相切

在【连续类型】选项中选中【相切】单选按钮，指定两组曲面以相切连续过渡方式桥接，如图 6.50(a)所示。

(2) 曲率

在【连续类型】选项中选中【曲率】单选按钮，指定两组曲面以等曲率连续过渡方式桥接，如图 6.50(b)所示。

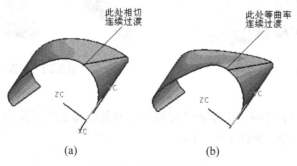

图 6.50 桥接连续类型

6.2.3 依据曲面创建曲面

依据曲面创建曲面的方法有延伸、规律延伸、轮廓线弯边、偏置曲面、大致偏置、熔合、整体变形、修剪的片体、修剪和延伸、条带建构器、圆角曲面、外来的等。下面将介绍一些常用的依据曲面创建曲面的方法。

6.2.3.1 延伸

延伸曲面创建曲面的方法是以用户指定的曲面作为基面，根据一定的原则，如相切、垂直和角度等延伸基面得到新的曲面。

1. 指定延伸方式

在【曲面】工具栏中单击【延伸】图标，打开如图 6.51 所示的【延伸】对话框。

如图 6.51 所示，曲面的延伸方式有【相切的】、【垂直于曲面】、【有角度的】和【圆的】等 4 种，这 4 种方式的说明如下。

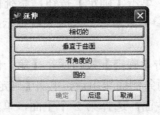

图 6.51　【延伸】对话框

(1) 相切的

单击【相切的】按钮，指定系统在相切的方向延伸创建曲面，即新的曲面和基面相切。如图 6.52 所示。

(2) 垂直于曲面

单击【垂直于曲面】按钮，指定系统在垂直于基面的方向延伸创建曲面，即创建的曲面和基面相互垂直。如图 6.53 所示。

图 6.52　相切延伸　　　　　　　　图 6.53　垂直于曲面延伸

(3) 有角度的

单击【有角度的】按钮，指定系统按照一定的角度和长度延伸创建曲面，即创建的曲面和基面成指定的角度。如图 6.54 所示。

(4) 圆的

单击【圆的】按钮，指定系统按照圆的方向延伸创建曲面，即创建的曲面是圆形的曲面。如图 6.55 所示。

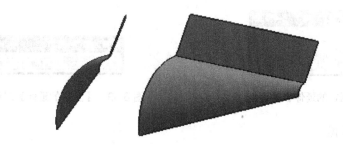

图 6.54 【有角度的】方式延伸

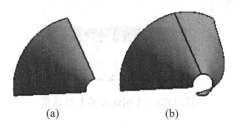

图 6.55 【圆的】方式延伸

因为 4 种方式的操作方法基本相同，有些只是操作顺序的不同，所以这里以【相切的】延伸方式为例讲解。

2. 指定长度方式

选择曲面和曲线后，打开如图 6.56 所示的【相切延伸】对话框。

如图 6.56 所示，延伸曲面时，长度的延伸方式有【固定长度】和【百分比】两种方式。这两种方式的说明如下。

(1) 固定长度

该方式指定系统按照固定长度延伸曲面。

(2) 百分比

该方式指定系统延伸的长度为曲面原长的某一百分比。单击【百分比】按钮，打开如图 6.57 所示的【延伸】对话框。用户可以在【延伸】对话框中选择曲面的延伸方位。曲面的延伸方位有【边缘延伸】和【拐角延伸】两种。

图 6.56 【相切延伸】对话框

图 6.57 【延伸】对话框

3. 选择曲面和曲线

指定长度的延伸方式后，打开如图 6.58 所示的【固定的延伸】对话框，系统提示用户选择面。选择曲面后，打开如图 6.59 所示的【固定的延伸】对话框，系统提示用户选择曲面上的曲线。

图 6.58　【固定的延伸】对话框(一)

图 6.59　【固定的延伸】对话框(二)

4. 设置延伸长度

选择曲面和曲线后，打开如图 6.60 所示的【相切延伸】对话框，用户在【长度】文本框中直接输入延伸的长度即可。

图 6.60　【相切延伸】对话框

6.2.3.2　规律延伸

规律延伸曲面创建曲面的方法是以用户指定的基本曲线作为始边，根据参考曲面或者参考矢量，按照一定规律的长度和角度原则延伸基面得到新的曲面。长度原则和角度原则可以是线性规律的，也可以是二次曲线规律的，还可以是根据方程规律的。创建规律延伸曲面的操作方法说明如下。

1. 指定参考方式

在【曲面】工具栏中单击【规律延伸】图标，打开如图 6.61 所示的【规律延伸】对话框。系统提示用户基本曲线串。这是因为系统默认地激活了【面】参考方式图标和【基本曲线串】图标。

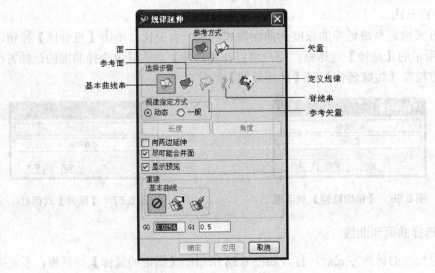

图 6.61　【规律延伸】对话框

参考方式有两种,一种是【面】方式,另一种是【参考矢量】方式。当用户选择【面】方式后,【选择步骤】中的【参考面】图标被激活,要求用户指定参考面;当用户选择【矢量】方式后,【选择步骤】中的【参考矢量】图标被激活,要求用户指定参考矢量。

2. 选择几何体

当用户指定曲面的参考方式后,紧接着需要选择用来创建曲面的几何体信息,这些几何体信息包括基本曲线串、参考面或者参考矢量和脊线串等。脊线串用来控制曲线的大致走向,用户可以选择,也可以不选择。但是基本曲线串和参考面或者参考矢量一定要选择。

用户选择基本曲线串后,单击【参考面】或者【参考矢量】图标,再绘图去选择参考面或者参考矢量即可。

3. 定义规律

定义创建曲面规律的方式有两种,即【动态】和【一般】。这两种定义规律的方式分别说明如下。

(1) 动态

这是系统默认的定义规律的方式。当用户选择【动态】定义规律方式后,在【选择步骤】中单击【定义规律】图标,绘图区显示如图 6.62(a)所示,角度指示点和长度指示点高亮度显示,同时以箭头形式高亮度显示两个互成直角的方向。

用户按住鼠标左键不放拖动长度指示点,可以改变曲面的延伸长度,同时系统在绘图区显示曲面的延伸长度,如图 6.62(a)所示。此外,用户还可以按住鼠标左键不放拖动角度指示点,可以改变曲面的延伸角度,同样地,系统在绘图区显示曲面的延伸角度,如图 6.62(b)所示。

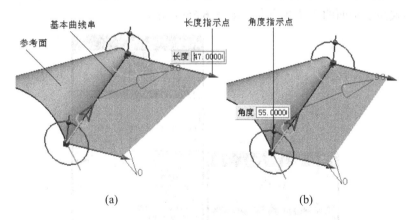

图 6.62 动态定义规律

(2) 一般

当用户选择【一般】定义规律方式后,【长度】和【角度】两个按钮被激活,用户可以单击【长度】和【角度】两个按钮来定义曲面延伸的长度和角度规律。当用户单击【长度】或【角度】按钮后,打开如图 6.63 所示的【规律函数】对话框。【规律函数】对话框中各个图标的含义已经介绍过了,这里不再赘述。

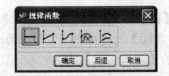

图 6.63 【规律函数】对话框

4. 设置其他参数

如果选中【向两边延伸】复选框，系统将在基本曲线串的两边同时延伸生成新的曲面。

如果选中【尽可能合并面】复选框，系统将尽可能生成一个单一的曲面。

如果选中【显示预览】复选框，系统在用户指定长度和角度规律后新创建的曲面立即显示在绘图区，这样有利于用户及时修改一些参数信息，得到用户满意的曲面。

6.2.3.3 偏置曲面

偏置曲面创建曲面的方法是用户指定某个曲面作为基面，然后指定偏置的距离后，系统将沿着基面的法线方向偏置基面的方法。偏置的距离可以是固定的数值，也可以是一个变化的数值。偏置的方向可以是基面的正法线方向，也可以是基面的负法线方向。用户还可以设置公差来控制偏置曲面和基面的相似程度。以下是它的操作方法说明。

1. 选择基面

在【曲面】工具栏中单击【偏置曲面】图标，打开如图 6.64(a)所示的【偏置曲面】对话框。系统提示用户选择面以添加到当前集。

如图 6.64 所示，【选择步骤】选项中有两个图标，激活第一个图标可以选择基面。当用户选择一个基面后，该基面出现在面集合的列表框中，同时该基面在绘图区高亮度显示并以箭头形式显示基面的正法线方向，如图 6.65(a)所示。

图 6.64 【偏置曲面】对话框

2. 输入偏置距离

在【偏置曲面】对话框中或者在绘图区中的 Set1 D 文本框中输入基面的偏置距离，按 Enter 键，如果【启用预览】已经选中，那么偏置得到的曲面将以灰色显示在绘图区中。如果想看到曲面偏置后的真实效果，可以单击图标 即可。偏置的曲面将以真实效果显示在绘图区，如图 6.65(b)所示。

图 6.65 预览效果

如果用户需要改变当前显示的法线方向，直接单击【反向】图标 即可。

3. 更多选项

如果用户需要对偏置曲面设置更多的参数，可以单击图标 ，【偏置曲面】对话框显示如图 6.64(b)所示，用户可以设置【允许阶梯边界】、【输出选项】、【法线定位方法】和【公差】等。

6.2.3.4 熔合

熔合创建曲面的方法是将曲面按照一定的投影方向熔合在目标面上。用于熔合的曲面可以是 B 曲面，也可以是其他类型的曲面。投影方向可以是用户指定的矢量方向，也可以是曲面的法线方向。用户还可以通过设置距离和角度公差来确定融合曲面和原曲面的近似程度。

1. 指定驱动类型

在【曲面】工具栏中单击【熔合】图标 ，打开如图 6.66 所示的【熔合】对话框。系统提示用户选择选项，即选择驱动类型。

如图 6.66 所示，驱动类型共有 3 种，它们是【曲线网格】、【B 曲面】和【自拟合】，这 3 种驱动类型的说明如下。

(1) 曲线网格

选中该单选按钮，用户需要选择主曲线和交叉曲线以形成曲线网格。

(2) B 曲面

选中该单选按钮，用户可以熔合 B 曲面。此时用户只需要选择驱动 B 曲面即可，不用选择曲线。

(3) 自拟合

选中该单选按钮，用户需要选择驱动 B 曲面。指定驱动 B 曲面后，用户不用选择投影方向系统将自动生成一些点来拟合曲面。如图 6.67 所示，如果用户选中【显示检查点】复选框，驱动 B 曲面上将显示检查点并在提示栏显示创建曲面 U 极点和 V 极点的个数。

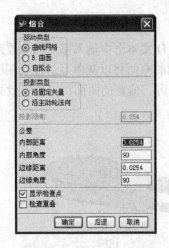

图 6.66 【熔合】对话框

图 6.67 自拟合曲面

2. 选择投影类型

如图 6.66 所示,投影类型有两种,一种是【沿固定矢量】,另一种是【沿主动轮法向】。用户选择前一种投影类型后,在选择完曲线或者曲面后将打开【矢量构造器】对话框。后一种方式将根据用户选择的曲线或者曲面的正法线方向投影熔合曲面。

3. 设置公差

【内部距离】和【边缘距离】文本框分别用来设置曲面内侧和外侧的距离公差;【内部角度】和【边缘角度】文本框分别用来设置曲面内侧和外侧的角度公差。角度公差的最大值为 90°。

4. 选择曲面或者曲线

当完成曲面的参数设置后,单击【确定】按钮,打开如图 6.68 所示的【选择主曲线】对话框或者如图 6.69 所示的【选择驱动 B 曲面】对话框。用户直接在绘图区选择主曲线或者驱动 B 曲面即可。

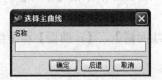

图 6.68 【选择主曲线】对话框

图 6.69 【选择驱动 B 曲面】对话框

注意: 主曲线必须选择两条以上,否则仍提示用户选择主曲线。

5. 指定投影矢量

如果选择的投影类型为【沿固定矢量】(【自拟合】驱动类型除外),选择曲线或者曲面后,系统将打开【矢量构造器】对话框。用户可以在该对话框中构造一个矢量作为投影方向。

6.2.3.5 修剪的片体

修剪的片体创建曲面的方法是指用户指定修剪边界和投影矢量后，系统把修剪边界按照投影矢量投影到目标面上修剪得到曲面的方法。修剪边界可以是实体面、实体边缘，也可以是曲线，还可以是基准面。投影矢量可以是面的法向，也可以是基准轴，还可以是坐标轴，如 ZC 轴。它的操作方法说明如下。

1．选择目标面

在【曲面】工具栏中单击【修剪的片体】图标，打开如图 6.70 所示的【修剪的片体】对话框。系统提示用户选择目标片体。用户在绘图区直接选择目标面即可。

2．指定投影矢量

如图 6.70 所示，指定投影矢量的方法有 6 种，由于【ZC-轴】、【YC-轴】和【XC-轴】3 个选项的含义类似，下面将把它们归为一类介绍这 6 种指定投影矢量的方法。

图 6.70　【修剪的片体】对话框

(1) 面的法向

该选项指定投影方向为面的法向。

(2) 基准轴

该选项指定投影方向为基准轴。选择该选项后，【投影矢量】图标被激活，用户可以指定基准轴作为投影矢量。

> **注意：** 用户选择目标面后，系统自动激活【修剪边界】图标，提示用户选择修剪对象。而不是激活【投影矢量】图标，这是因为投影矢量已经选择为【面的法向】，因此不需要用户再指定投影矢量。

(3) 坐标轴

坐标轴包括【ZC-轴】、【YC-轴】和【XC-轴】3 个选项，选择其中的一个选项，即可指定相应的坐标轴为投影矢量。

(4) 矢量构造器

该选项指定投影矢量为用户构造的矢量。选择该选项后，系统打开【矢量构造器】对话框，用户可以在该对话框中构建矢量。

3．选择区域

如图 6.70 所示，【区域将被】选项组中包含两个选项，用户可以选择某一区域保留，也可以选择某一区域舍弃。当用户选择目标面、投影矢量和修剪边界后，系统显示修剪边界投影到曲面上的曲线和保留区域的指示点，如图 6.71 所示。如果用户需要修改保留的部分，可以在【区域将被】选项组中选中【舍弃的】单选按钮，这样有指示点的部分就被舍弃了。

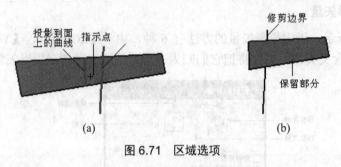

图 6.71 区域选项

6.2.3.6 修剪和延伸

修剪和延伸创建曲面的方法是指用户指定延伸边界后，系统将按照一定的延伸方式和延伸距离延伸曲面获得曲面的方法。它的操作方法说明如下。

1．选择延伸长度方式

在【曲面】工具栏中单击【修剪和延伸】图标，打开如图 6.72 所示的【修剪和延伸】对话框。系统提示用户选择要延伸的目标边缘。

如图 6.72 所示，延伸长度方式有 3 种，它们分别是【距离】、【百分比】和【直至选定对象】。在【限制】下拉列表框中选择【距离】，系统将按照一定的距离延伸边界；在【限制】下拉列表框中选择【百分比】，系统将按照边界长度的百分比距离延伸边界；在【限制】下拉列表框中选择【直至选定对象】，系统将把边界延伸到用户指定的对象处。

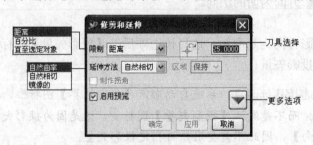

图 6.72 【修剪和延伸】对话框

2．设置延伸方法

如图 6.72 所示，延伸方法有 3 种，它们分别是【自然曲率】、【自然相切】和【镜像的】，这些方法的说明如下。

【自然曲率】方法是指定系统以等曲率的方式延伸曲面，即创建的曲面和原曲面之间等曲率方式过渡；【自然相切】方法是指定系统以相切的方式延伸曲面，即创建的曲面和原曲面之间相切方式过渡；【镜像的】方法是指定系统以镜像的方式延伸曲面，即创建的曲面和原曲面是镜像的。如图 6.73 所示，其中图中 3 个图分别是用【自然相切】、【自然曲率】和【镜像的】延伸方法得到的。

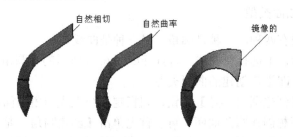

图 6.73 延伸方法

> **注意：** 曲面延伸后将和原来的曲面连成一个整体，即相当于扩大了原来的曲面，而不是另外单独生成一个曲面。

6.2.3.7 圆角曲面

圆角曲面创建曲面的方法是指用户指定两组曲面后，系统根据脊曲线或者其他限制条件在两组曲面间获得曲面的方法。用户可以选择脊曲线，也可以不选择。如果不选择脊曲线则需要指定限制条件，如限制点、限制曲面和限制平面等。它的操作方法说明如下。

1．选择曲面

在【曲面】工具栏中单击【圆角曲面】图标，打开如图 6.74 所示的【圆角】对话框。系统提示用户选择第一面。当用户选择曲面后，该曲面在绘图区高亮度显示并以箭头方式显示曲面的法线方向。显示箭头后，系统紧接着打开如图 6.75 所示的【圆角】对话框。询问用户显示的法线方向是否正确。如果用户需要改变法线方向，单击【否】按钮，箭头方向自动变为相反的方向。

图 6.74 【圆角】对话框(1)

图 6.75 【圆角】对话框(2)

2. 选择脊曲线

选择两组曲面后，系统仍打开如图 6.74 所示的【圆角】对话框，同时提示用户选择脊曲线。如果用户不使用脊曲线，可以单击【确定】按钮，跳过脊曲线的选择。

因为选择脊曲线和不选择脊曲线将影响后续打开的对话框。因此这里以不选择脊曲线为例进行讲解。

3. 指定创建的曲面类型

创建的曲面类型有两种，一种是圆角，另一种是曲线。

选择两组曲面后，不选择脊曲线，将打开如图 6.76 所示的【圆角】对话框，系统提示用户选择创建选项，即指定创建的曲面类型。

如果用户单击【创建圆角 –是】按钮，则指定系统生成圆角曲面。这是系统默认的选项。如果用户选择不想创建圆角曲面，可以首先单击【创建圆角 –是】按钮，然后在打开的对话框中单击【后退】按钮，打开如图 6.77 所示的【圆角】对话框。此时单击【创建曲线 –是】按钮，则指定系统生成曲线而不是曲面。

图 6.76 【圆角】对话框(3)

图 6.77 【圆角】对话框(4)

4. 指定横截面类型

指定创建的曲面类型后，打开如图 6.78 所示的【圆角】对话框，系统提示用户选择横截面类型。

如图 6.78 所示，横截面类型有【圆的】和【二次曲线】两种。如果用户单击【圆的】按钮，指定生成的曲面横截面为圆形，如果用户单击【二次曲线】按钮，指定生成的曲面横截面为二次曲线形状。

因为选择【圆的】和【二次曲线】两个横截面类型后打开的对话框基本相同，这里以选择【圆的】横截面为例介绍后面的对话框。

5. 指定圆角类型

单击【圆的】按钮，打开如图 6.79 所示的【圆角】对话框，系统提示用户选择圆角类型。如图 6.79 所示，圆角类型有 3 种，它们分别是【恒定的】、【线性】和【S 型】。

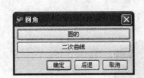

图 6.78 【圆角】对话框(5)

图 6.79 【圆角】对话框(6)

单击【恒定的】按钮，指定系统生成的圆角曲面的半径是一个常数，如图 6.80(a)所示。

系统将只要求用户指定一个半径。

单击【线性】按钮，指定系统生成的圆角曲面的半径是线性变化的，如图 6.80(b)所示。系统将要求用户分别指定起点和终点的半径。

单击【S 型】按钮，指定系统生成的圆角曲面的半径是 S 型变化的，如图 6.80(c)所示。系统将要求用户分别指定起点和终点的半径。

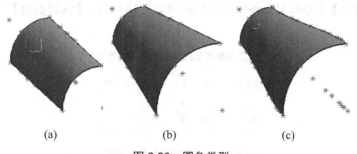

图 6.80　圆角类型

6．设置限制条件

当用户没有指定脊曲线时，系统还要求用户指定限制条件。指定圆角类型后，打开如图 6.81 所示的【圆角】对话框。

如图 6.81 所示，限制条件可以是点、曲面或者平面。

单击【限制点】按钮，打开【点构造器】对话框，提示用户指定圆角起点。

单击【限制面】按钮，打开如图 6.74 所示的【圆角】对话框，提示用户选择面。用户选择一个面后，系统打开【点构造器】对话框，提示用户指定自动判断的点。

单击【限制平面】按钮，打开【平面】对话框，用户可以在【平面】对话框中指定一个平面作为限制条件。用户指定一个平面后，系统打开【点构造器】对话框，提示用户指定自动判断的点。平面构造器在第 2 章作为通用工具介绍过了，这里不再介绍和显示，和【点构造器】对话框一样作为一种常见的对话框。

7．指定圆角半径

用户在【点构造器】对话框中选择一个点后，系统打开如图 6.82 所示的【圆角】对话框。系统提示用户指定半径。用户在【半径】文本框中直接输入圆角的半径值即可。

图 6.81　【圆角】对话框(1)

图 6.82　【圆角】对话框(2)

6.3　曲面特征编辑

曲面创建以后，用户有时可能需要修改曲面，即编辑曲面。本节我们将学习编辑曲面的方法。编辑曲面的方法有移动定义点、移动极点、扩大、等参数修剪/分割、片体边界、改变阶次、改变刚度、更改边和法向反向等。

6.3.1 编辑曲面的工具栏

在介绍各种编辑曲面的方法之前，我们需要首先添加【编辑曲面】工具栏。添加【编辑曲面】工具栏的方法和添加【曲面】工具栏的方法类似，只要在图 6.1 所示的快捷菜单中选择【编辑曲面】命令即可。添加所有的编辑曲面图标后，【编辑曲面】工具栏如图 6.83 所示。

图 6.83　【编辑曲面】工具栏

下面将介绍这些编辑曲面的方法。

6.3.2 移动定义点

在如图 6.83 所示的【编辑曲面】工具栏中单击【移动定义点】图标，打开如图 6.84 所示的【移动定义点】对话框，系统提示用户选择要编辑的曲面。

下面将介绍移动点编辑曲面的方法。

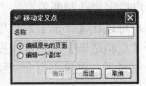
图 6.84　【移动定义点】对话框

图 6.85　【确认】对话框

(1) 选择编辑曲面

① 编辑原先的页面

该选项指定系统在用户选择的曲面直接编辑，而不做副本。选择该单选按钮，所有的编辑直接在选择的曲面上进行。

② 编辑一个副本

该选项指定系统在用户选择曲面的副本上编辑。选择该单选按钮，系统首先备份一个用户选择的曲面作为副本，然后所有的后续编辑都在该曲面副本上进行。

选择一个曲面后，系统打开如图 6.85 所示的【确认】对话框，提示用户操作特征的参数。这是因为【移动定义点】方法编辑的曲面不再具有参数化的特点，因此在执行【移动定义点】方法编辑曲面前要求用户确认。

(2) 指定移动点的方式

单击【确定】按钮，打开如图 6.86 所示的指定移动点方式的【移动点】对话框，同时在选择的曲面上显示定义点。此时曲面的 U 方向和 V 方向以箭头形式高亮度显示在绘图区，有利于用户选择移动点的方式，如图 6.86 所示。

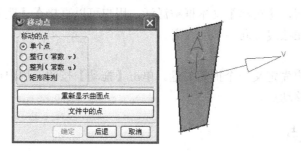

图 6.86　【移动点】对话框

① 单个点

用户选择该单选按钮，指定移动点的方式为单个移动点，即用户需要一个一个的移动点来编辑曲面。

② 整行

用户选择该单选按钮，指定移动点的方式为在 V 方向整行移动点，即用户可以在曲面的 V 方向整行地移动点来编辑曲面。

③ 整列

用户选择该单选按钮，指定移动点的方式为在 U 方向整列移动点，即用户可以在曲面的 U 方向整列地移动点来编辑曲面。

④ 矩形阵列

用户选择该单选按钮，指定移动点的方式为一片一片地移动点，即用户可以指定一个矩形，移动矩形内的点来编辑曲面。

(3) 指定点的移动方式

在绘图区指定定义点后，打开如图 6.87 所示的指定移动方式的【移动定义点】对话框。

如图 6.87 所示，定义点的移动方式有 3 种，它们分别是【增量】、【沿法向的距离】和【拖动】。这 3 种方式的说明如下。

图 6.87　指定移动方式的【移动定义点】对话框

① 增量

选择该单选按钮，DXC、DYC 和 DZC 这 3 个文本框被激活，用户可以直接在这 3 个文本框中输入点的 3 个坐标值的增量即可。

② 沿法向的距离

选择该单选按钮,【距离】文本框被激活,用户可以直接在【距离】文本框中输入距离值,即可指定点在法线方向的移动距离。

③ 拖动

该选项需要用户先定义一个拖动矢量。单击【拖动】按钮,用户可以沿着拖动矢量方向拖动指定的点来移动点。

6.3.3 移动极点

移动极点编辑曲面的操作方法与移动定义点编辑曲面的操作方法基本相同。只是极点和定义点生成曲面的原则不同,这个不同点我们在前面的介绍通过极点创建曲面时介绍了,这里不再赘述。

6.3.4 扩大

扩大编辑曲面是指线性或者自然按照一定比例延伸曲面获得曲面。获得的曲面可能比原曲面大,也可能比原曲面小,这决定于用户选择的比例值。当比例值为正时,获得的曲面比原曲面大,当比例值为负时,获得的曲面比原曲面小。

在如图 6.83 所示的【编辑曲面】工具栏中单击【扩大】图标 ,打开如图 6.88 所示的【扩大】对话框,系统提示用户选择要扩大的曲面。在绘图区选择一个曲面后,【扩大】对话框中各个选项被激活。

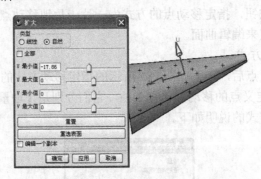

图 6.88 【扩大】对话框

下面将介绍扩大曲面的方法。

(1) 选择扩大方式

如图 6.88 所示,扩大曲面的方式有两种,即线性和自然两种。线性扩大曲面方式是按照线性规律来扩大曲面,而自然是按照原来曲面的特征自然扩大来获得曲面,如图 6.89 所示,其中图(a)是线性方式扩大获得的曲面,图(b)是自然方式扩大获得的曲面。

(2) 指定曲面扩大的方向

扩大的方向有 4 个,即曲面的两个 U 方向和两个 V 方向。用户只要移动相应选项的活动按钮就可以扩大相应的方向。如图 6.88 所示,当移动第一个 U 选项中的滑动按钮,曲面就沿着一个 U 方向缩小。这是因为【U 最小值】文本框中的数值为负的原因。用户移动的比例将显示在【U 最小值】文本框中。当然用户也可以在【U 最小值】文本框中直接输入扩大的比例，然后单击【应用】按钮，曲面就按照该比例值扩大了。

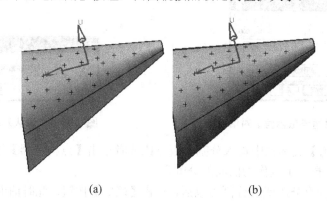

图 6.89　线性和自然扩大方式

6.3.5　等参数修剪/分割

等参数修剪/分割曲面是指按照一定比例等参数修剪或者分割曲面来获得曲面。

在如图 6.83 所示的【编辑曲面】工具栏中单击【等参数修剪/分割】图标，打开如图 6.90 所示的参数选项【修剪/分割】对话框，系统提示用户选择等参数选项。

由于选择的选项不同，后续打开的对话框也不相同，因此我们将分两部分介绍等参数修剪/分割编辑曲面的操作方法。

(1) 等参数修剪

① 在如图 6.90 所示的参数选项【修剪/分割】对话框中单击【等参数修剪】按钮，打开如图 6.91 所示的选择面【修剪/分割】对话框。

图 6.90　参数选项【修剪/分割】对话框　　　图 6.91　选择面【修剪/分割】对话框

② 在绘图区选择一个面后，系统自动打开如图 6.92 所示的【等参数修剪】对话框。

③ 在【等参数修剪】对话框中输入 U、V 方向的修剪比例值，然后单击【确定】按钮即可按照指定的比例值修剪曲面。

(2) 等参数分割

① 在如图 6.90 所示的参数选项【修剪/分割】对话框中单击【等参数分割】按钮，打开如图 6.91 所示的选择面【修剪/分割】对话框。

② 在绘图区选择一个面后，系统打开如图 6.93 所示的【确认】对话框。提示用户该操作将移除特征的参数，要求用户确认是否继续该操作。

③ 在【确认】对话框中单击【确定】按钮，打开如图 6.94 所示的【等参数分割】对话框。用户首先选择分割曲面的方向。分割曲面的方向有 U 方向和 V 方向。

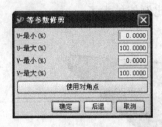

图 6.92　【等参数修剪】对话框　　　　　图 6.93　【确认】对话框

④ 在【分割值】文本框中输入分割的百分比或者单击【点构造器】按钮，打开【点构造器】对话框，选择一个点作为曲面的分割点。

⑤ 设置好分割百分比或者分割点以后，单击【确定】按钮，此时曲面将按照用户指定的分割百分比或者分割点来分割。

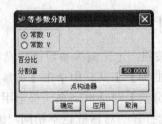

图 6.94　【等参数分割】对话框

6.3.6　片体边界

片体边界用来移除片体上的孔、移除修剪和替换边等。

在如图 6.83 所示的【编辑曲面】工具栏中单击【片体边界】图标，打开如图 6.95 所示的【编辑片体边界】对话框，系统提示用户选择要修改的片体。

在绘图区中选择需要修改的片体后，系统自动打开如图 6.96 所示的编辑操作【编辑片体边界】对话框。

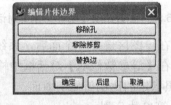

图 6.95　【编辑片体边界】对话框　　　图 6.96　编辑操作【编辑片体边界】对话框

编辑操作有【移除孔】、【移除修剪】和【替换边】3 种操作。下面将以【替换边】操作为例介绍编辑片体边界的方法。

(1) 在如图 6.96 所示的编辑操作【编辑片体边界】对话框中单击【替换边】按钮，打开如图 6.97 所示的类选择器，系统提示用户选择要被替换的边。

(2) 用户在绘图区选择需要替换的边后，单击【确认】按钮，

图 6.97　类选择器

打开如图 6.98 所示的边界对象【编辑片体边界】对话框，系统提示用户选择边界对象。

(3) 在边界对象【编辑片体边界】对话框中选择边界对象的类型后，例如单击【选择面】按钮，打开如图 6.99 所示的选择对象【编辑片体边界】对话框。

图 6.98　边界对象【编辑片体边界】对话框　　　图 6.99　选择对象【编辑片体边界】对话框

(4) 在绘图区选择一个面后，单击【确定】，返回到如图 6.98 所示的边界对象【编辑片体边界】对话框。此时边界对象【编辑片体边界】对话框的【确定】按钮被激活。单击【确定】按钮，再次打开如图 6.97 所示的类选择器。

(5) 用户如果不需要再选择边界对象，可以直接单击【确认】按钮，打开如图 6.100 所示的保留区域对话框，同时鼠标变为十字架形状。

图 6.100　保留区域对话框

(6) 用户在需要保留的片体区域上单击鼠标左键，此时片体上将有一个红点，作为保留区域的记号。单击鼠标左键后，保留区域对话框中的【确定】按钮被激活。单击【确定】按钮，被选择片体的部分被保留下来。

如图 6.101 所示，其中图(a)为替换边之前的片体，图(b)是替换边之后的片体。替换边和边界对象都标记在图上了。当用户选择边界对象为面后，片体将在片体与面之间的交线处生成新的边界。因此片体相当于分割成了两个部分，系统要求用户选择需要保留的部分，用户在需要保留的区域单击鼠标左键后，红点显示如图 6.101 所示。

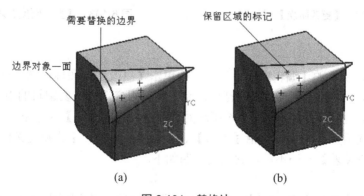

图 6.101　替换边

6.3.7 更改参数

更改参数包括更改阶次、更改刚度、更改边和法向反向。由于这些编辑方法的操作过程基本相同，因此我们首先介绍这些操作的一般过程，然后再依次介绍这些编辑方法的操作步骤中打开的不同对话框。

1. 一般步骤

更改参数的一般步骤说明如下。

(1) 在如图 6.83 所示的【编辑曲面】工具栏中单击相应的图标，打开如图 6.95 所示的对话框，要求用户选择需要编辑的曲面。

(2) 在绘图区选择一个曲面后，打开相应的对话框，用户在该对话框中修改曲面的一些参数，如 U 方向和 V 方向的阶次、刚度等。

(3) 单击【确定】按钮，结束更改参数的操作。

2. 更改阶次

在如图 6.83 所示的【编辑曲面】工具栏中单击【更改阶次】图标，然后选择一个曲面，打开如图 6.102 所示的【更改阶次】对话框。

用户在【U 向阶次】和【V 向阶次】文本框中分别输入曲面的阶次，然后单击【确定】按钮即可更改曲面的阶次。系统默认的 U 向阶次和 V 向阶次都是 3。

3. 更改刚度

在如图 6.83 所示的【编辑曲面】工具栏中单击【更改刚度】图标，然后选择一个曲面，打开如图 6.103 所示的【更改刚度】对话框。用户在【更改刚度】对话框中分别输入 U 向阶次和 V 向阶次即可。

图 6.102　【更改阶次】对话框　　　　图 6.103　【更改刚度】对话框

4. 更改边

在如图 6.83 所示的【编辑曲面】工具栏中单击【更改边】图标，然后选择一个曲面，打开如图 6.104 所示的【更改边】对话框。系统提示用户选择需要编辑的 B 曲面边。用户选择需要编辑的边后，打开如图 6.105 所示的选择选项【更改边】对话框。

更改边的选项共有 5 项，包括【仅边】、【边和法向】、【边和交叉切线】、【边和曲率】和【检查偏差】——不等，它们的说明如下。

(1) 仅边

该选项只更改曲面的边。当用户单击【仅边】按钮后，打开如图 6.106 所示的匹配【更改边】对话框。系统要求用户选择选项。

图 6.104 【更改边】对话框

图 6.105 选择选项【更改边】对话框

用户可以选择匹配到曲线、到边、到体和到平面等几何对象上。选择不同的几何对象，系统将打开不同的对话框，要求用户选择曲线、边、体和平面等几何对象。

(2) 边和法向

该选项更改曲面的边和法向。当用户单击【边和法向】按钮后，打开如图 6.107 所示的匹配【更改边】对话框。此时用户选择的匹配几何对象只有边、体和平面了。

图 6.106 匹配【更改边】对话框

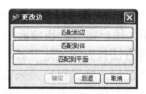
图 6.107 匹配【更改边】对话框

(3) 边和交叉切线

该选项更改曲面的边和交叉切线。当用户单击【边和交叉切线】按钮后，打开如图 6.108 所示的匹配【更改边】对话框。此时用户选择的匹配几何对象只有点、矢量和边了。

(4) 边和曲率

该选项更改曲面的边和曲率。当用户单击【边和曲率】按钮后，打开如图 6.109 所示的选择面【更改边】对话框。系统提示用户选择第二个曲面。用户选择第二个面之后，系统要求选择第二个边。系统将根据用户指定这些面和边来修改曲面的边和曲率。

图 6.108 匹配【更改边】对话框

图 6.109 选择面【更改边】对话框

(5) 检查偏差

该选项用来指定是否检查偏差。当用户单击【检查偏差】后，该按钮上的【不】变为【是】，表明用户需要检查偏差。当完成更改边的操作后，系统自动打开如图 6.110 所示的【信息】窗口。【信息】窗口中包含系统检查点的个数、平均偏差值、最大偏差值、产生最大偏差值的坐标值等信息。

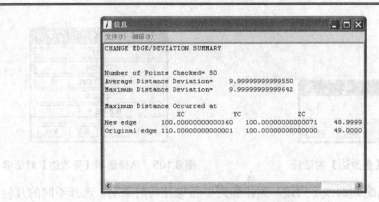

图 6.110　【信息】窗口

6.4　设 计 范 例

通过以上内容的学习，用户已经掌握了曲面设计基础的相关知识，特别是对生成曲面的一些常用方法有了基本的了解和认识。本节将介绍一个料斗的设计过程。通过这个设计范例的讲解，用户将对创建曲面的一些方法，如"通过曲线组"、"通过曲线网格"和"规律延伸"等方法有更深刻地理解。此外，本设计范例还讲述了编辑曲面的操作。因此认真练习该设计范例，将给用户带来很大收益，尤其是分析问题和操作方法的训练。

本设计范例除了涉及到本章讲述的曲面设计基础方面的内容外，还设计到特征操作、特征编辑方面的知识，如长方体的生成、面倒圆、提取几何等操作。这些内容在第 5 章已经详细介绍过，这里就直接使用这些命令，不做详细介绍。如果用户对相关命令不熟悉可以查看第 5 章的相关知识。

6.4.1　零件设计分析

我们首先来分析这个零件的一些特征，然后再介绍创建这个料斗的大概思路。在大概思路中我们已经提到创建这个料斗需要用到哪些命令或者操作，如果用户对相关的命令或者操作还比较陌生的话，可以到本章或者其他章节查看相关内容的介绍。

1. 零件分析

零件如图 6.111 所示，料斗由 8 个片体组成，上下各 4 个片体。我们在创建料斗模型的过程中，将逐一生成这 8 个片体。

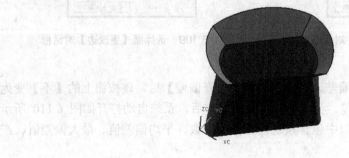

图 6.111　料斗

2. 制图大概思路

前面我们分析了零件的一些特征，即料斗由 8 个片体组成。接下来我们将介绍创建料斗模型的大概思路。

(1) 生成一个长方体，对其进行"面倒圆"特征操作。

(2) 在长方体上提取几何信息，即两个片体。

(3) 利用"通过曲线网格"创建曲面的方法来生成另外两个片体。

(4) 利用"规律延伸"创建曲面的方法生成上面的两个扇形片体。

(5) 利用【通过曲线组】创建曲面的方法生成最后两个片体。

(6) 由于最后生成的两个片体和其余的几个片体有缝隙，我们编辑这两个片体，利用【片体边界】编辑曲面。

通过这些操作我们就完成了一个料斗模型的建立，在建模的过程中我们还用到了【隐藏】、【图层的设置】和【直线】等命令。

6.4.2 模型的创建过程

下面我们将详细介绍这个料斗模型的创建过程。

1. 准备工作

我们首先来新建一个文件，命名为 Hopper.prt。

(1) 启动 UG NX 4.0，单击【新建】图标，打开【新建部件文件】对话框。在【文件名】文本框中输入 Hopper.prt，单位选择【毫米】单选按钮，然后单击【确定】按钮，结束新建部件文件的操作。

(2) 单击【起始】图标，在下拉菜单中选择【建模】菜单命令，进入【建模】功能模块。

(3) 在用户界面添加【曲面】工具栏和【编辑曲面】工具栏。如果用户界面上已经显示了【曲面】工具栏和【编辑曲面】工具栏，可以跳过这一步。

(4) 在【成形特征】工具栏中添加【长方体】图标和【抽取几何体】图标、在【特征操作】工具栏中添加【面倒圆】图标。如果用户的【成形特征】工具栏和【特征操作】工具栏中已经存在这几个图标，可以跳过这一步。

2. 生成长方体和面倒圆

上一步我们做好了建模的一些准备工作，下面我们将正式开始创建模型。首先我们来生成一个长方体并对其进行面倒圆。

(1) 在【成形特征】工具栏中单击【长方体】图标，打开如图 6.112(a)所示的【长方体】对话框。

(2) 在【长方体】对话框中，分别输入长度、宽度、高度都为 100。

(3) 其他参数使用系统默认的设置参数，然后单击【确定】按钮，完成长方体的创建。长方体生成后的效果图如图 6.112(b)所示。

生成长方体后，我们将对这个长方体进行面倒圆。

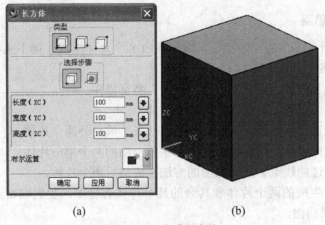

图 6.112 生成长方体

(4) 在【特征操作】工具栏中单击【面倒圆】图标，打开如图 6.113 所示的【面倒圆】对话框。

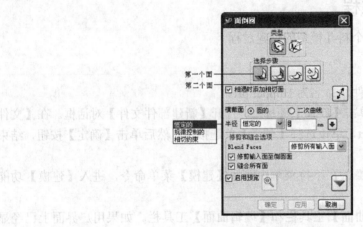

图 6.113 【面倒圆】对话框

(5) 在绘图区选择长方体的面 1 作为第一个面，然后在【选择步骤】选项中单击【第二个面】图标，选择长方体的面 2 作为第二个面，如图 6.114 所示。

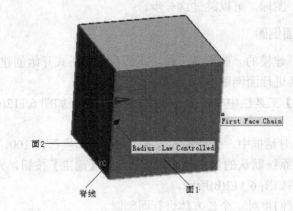

图 6.114 面和脊线

(6) 在【半径】下拉列表框中选择【规律控制的】，此时【半径】下拉列表框右侧显示【定义规律】按钮。

(7) 单击【定义规律】按钮，打开如图 6.115 所示的【规律函数】对话框。在【规律函数】对话框中单击【线性规律】图标，打开如图 6.116 所示的【面倒圆】对话框，系统提示用户选择脊线。

图 6.115 【规律函数】对话框

(8) 用户在长方体上选择图 6.114 所示的脊线后，单击【确定】按钮，打开如图 6.117 所示的【规律控制的】对话框。

图 6.116 【面倒圆】对话框

图 6.117 【规律控制的】对话框

(9) 在【起始值】和【终止值】文本框中分别输入 40 和 15，指定面倒圆的两个半径值。单击【确定】按钮，返回到【面倒圆】对话框。此时如果【启用预览】复选框被选中，则可以看到面倒圆的预览效果图。

(10) 其他选项都使用系统默认的参数设置，最后单击【应用】按钮，创建长方体的一个面倒圆。此时长方体显示如图 6.118 所示。

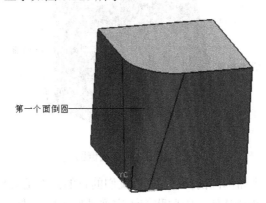

图 6.118 第一个面倒圆

上述步骤完成了第一个面倒圆的操作，接下来我们还将在这个长方体的对角生成第二个面倒圆。它的操作步骤和第一个个面倒圆的步骤相同。因此我们将简单叙述第二个面倒圆的过程，详细的过程可以参看第一个面倒圆的过程。

注意：因为我们上一步单击的是【应用】按钮，所以【面倒圆】对话框并未关闭，我们可以直接在【面倒圆】对话框中生成第二个面倒圆。

(11) 在绘图区分别选择长方体的面 3、面 4 作为第一个面和第二个面。如图 6.119 所示，其中脊线为面 3 和面 4 的交线。

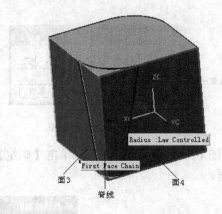

图 6.119　面和脊线

(12) 定义面倒圆的半径，仍然用【规律控制的】对话框中的选项来定义半径值。半径值和第一个面倒圆的半径值相同，可以参看图 6.117。

(13) 定义面倒圆的半径后，返回到【面倒圆】对话框。在【面倒圆】对话框中单击【确定】按钮，关闭【面倒圆】对话框，结束面倒圆操作。

此时长方体显示如图 6.120 所示。

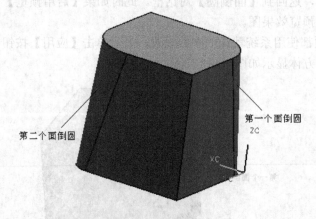

图 6.120　两个面倒圆

上述步骤完成了两个面倒圆的操作，但是我们的目的并不是对长方体进行面倒圆操作，我们的目的是为了获得两个片体，因此我们还需要从实体中抽取这两个片体，因此接下来我们将从长方体中抽取这两个片体。

3. 抽取几何体并设置层

在抽取两个片体后，为了更好地管理这些几何体，我们将把两个片体移动到图层 2，并设置图层 2 为工作层，设置图层 1 为不可见层，这样长方体就被我们隐藏了，绘图区只显示两个片体,我们就可以在两个片体的基础上生成其他的片体了。

首先我们来抽取几何体,即两个片体。

(1) 在【成形特征】工具栏中单击【抽取几何体】图标,打开如图 6.121(a)所示的【抽取】对话框。在几何类型图标上单击【面】图标,切换到如图 6.121(b)所示的【抽取】对话框。

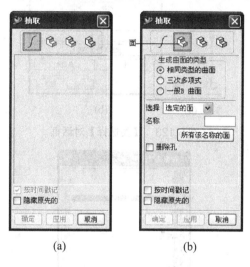

图 6.121　【抽取】对话框

(2) 在绘图区选择长方体的两个面倒圆,如图 6.120 所示。其他选项使用系统默认的参数,单击【确定】按钮,结束抽取几何体的操作。此时两个面倒圆已经从实体中抽取出来了。我们在下一步设置图层后,这两个片体就可以很清晰地显示在绘图区了。

完成几何体的抽取以后,下面我们将把这个片体移动到图层 2 中。

(3) 如图 6.122 所示,选择【格式】|【移动至图层】命令,打开如图 6.123(a)所示的【类选择器】工具栏。在【类选择器】工具栏中单击【类选择器】图标,打开如图 6.123(b)所示的【类选择】对话框。

图 6.122　【移动至图层】菜单命令

(4) 在【过滤方式】选项组中单击【类型】按钮,打开如图 6.124 所示的【根据类型选择】对话框。在类型列表框中选择【片体】,然后单击【确定】按钮,返回到如图 6.123(b)所示的【类选择】对话框。

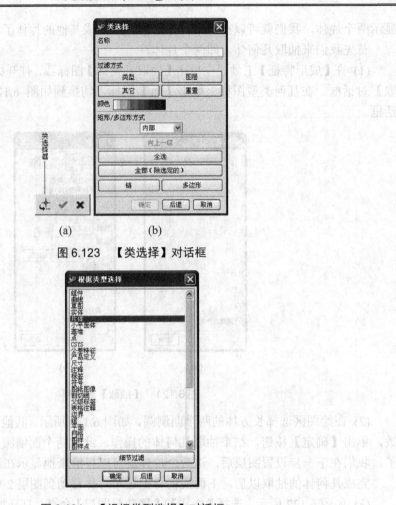

图 6.123 【类选择】对话框

图 6.124 【根据类型选择】对话框

(5) 在【类选择】对话框中单击【全选】按钮,然后单击【确定】按钮,此时两个片体高亮度显示在绘图区,说明这两个片体已经选中了。

技巧: 因为当前模型中只有两个片体,而且这两个片体都是我们需要选择的胶片体,所以我们可以直接单击【全选】按钮即可,而不用再到绘图区去选择两个片体了。当然直接在绘图区中选择两个片体也可以。

(6) 单击【确定】按钮后,打开如图 6.125 所示的【图层移动】对话框。

(7) 在【目标图层或类别】中直接输入 2,其他都使用系统的默认参数,单击【确定】按钮,结束【图层移动】操作。

此时两个片体已经被移动到图层 2 中去了,但是因为图层 2 为不可见层,因此我们暂时看不到两个片体,下面我们将设置图层 2 为可见层和工作层。

(8) 如图 6.126 所示,选择【格式】|【图层的设置】命令,打开如图 6.127 所示的【图层的设置】对话框。

(9) 在【图层/状态】列表框中选择"2",然后单击【图层/状态】列表框下方的【作为工作层】按钮,设置图层 2 为工作层。

第 6 章 曲面设计基础

图 6.125 【图层移动】对话框

图 6.126 【图层的设置】菜单命令

图 6.127 【图层的设置】对话框

(10) 在【图层/状态】列表框中选择"1",然后单击【不可见】按钮,设置图层 1 为不可见。此时图层 1 中的长方体被隐藏了,我们可以很清晰地在绘图区中看到只有两个片体了,如图 6.128 所示。

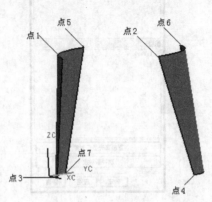

图 6.128　两个片体

以上步骤完成了几何体的抽取并把抽取的两个片体移动到图层 2 中了。然后设置图层 2 为工作层,这样我们就得到两个片体。

4. 通过曲线网格生成片体

上述步骤已经得到了两个片体,接下来我们将利用这两个片体生成另外几个片体。首先我们生成几条直线,然后利用【通过曲线网格】创建曲面的方法来获得另外两个片体。

(1) 如图 6.129 所示,在菜单栏中选择【插入】|【曲线】|【直线】命令,打开如图 6.130 所示的【直线】对话框。

图 6.129　【直线】菜单命令

图 6.130　【直线】对话框

(2) 在绘图区选择如图 6.128 所示的点 1 和点 2，然后单击【应用】按钮，在点 1 和点 2 之间生成一条直线。

(3) 在点 3 和点 4 之间也生成一条直线，方法和步骤(2)相同。

这样我们就生成了两条直线，利用这两条直线和片体的两条边，利用【通过曲线网格】创建曲面的方法来获得第三个片体。为了利用【通过曲线网格】创建曲面的方法来获得第四个片体，我们还需要在另一面生成两条直线。

(4) 分别连接点 5、点 6，和点 7、点 8(图中未标注)生成两条直线。最后单击【取消】按钮，结束直线的创建。这样我们就创建了 4 条直线，如图 6.131 所示。

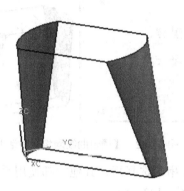

图 6.131　四条直线

生成直线后，下面我们将用【通过曲线网格】创建曲面的方法来获得两个片体。

(5) 在【曲面】工具栏中，单击【通过曲线网格】图标，打开如图 6.132 所示的【通过曲线网格】对话框。

(6) 在【选择步骤】选项组中单击【主线串】图标，然后在绘图区选择曲线 1，单击鼠标中键，此时曲线 1 显示箭头 1，同时曲线 1 显示在【主线串】列表框中，命名为"主要 1(字符串)"。再选择曲线 2，单击鼠标中键，此时曲线 2 显示箭头 2，必须保证两个箭头的方向相同，否则生成的曲面将会发生扭曲现象。

技巧： 当用户选择曲线 2 后，发现箭头 2 和箭头 1 不相同时，可以在【主线串】列表框中选择曲线 2，此时"主线串"列表框右侧的图标被激活。用户可以直接单击【移除】按钮，删除该主线串，然后重新选择曲线 2，直到箭头 2 和箭头 1 的方向相同。

(7) 选择完曲线 1 和曲线 2 之后，在【选择步骤】选项组中单击【交叉线串】图标，然后选择曲线 3，单击鼠标中键，交叉线串 1 就出现在【交叉线串】列表框中；再选择曲线 4，单击鼠标中键，交叉线串 2 就被选中了，选中的两条交叉曲线出现在【交叉线串】列表框中，如图 6.132 所示，分别命名为"十字 1"和"十字 2"。

注意： 当用户选择完交叉线串后，是不会出现箭头方向的。如果出现箭头方向，说明用户选择的仍然是主线串，即用户没有单击【交叉线串】图标就开始选择交叉线串了。

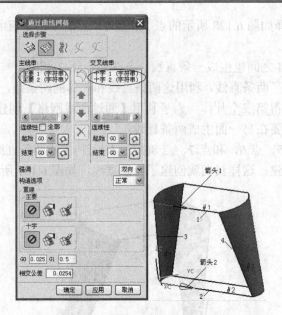

图 6.132 【通过曲线网格】对话框

(8) 完成主线串和交叉线串的选择后,其他的都使用系统默认的参数,单击【应用】按钮,生成第三个片体,如图 6.133 所示。

(9) 第四个片体的创建过程和第三个片体的创建过程大致相同,只是主线串和交叉线串不同。这里就不再重复介绍了。第四个片体的主线串和交叉线串如图 6.133 所示。

上述步骤获得了 2 个片体,即第三和第四个片体,如图 6.134 所示。这样我们就获得了料斗模型的下半部分的 4 个片体。接下来我们将生成料斗上半部分的 4 个片体。

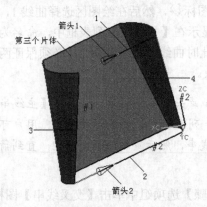

图 6.133 第四个片体的主线串和交叉线串

图 6.134 第三片体和第四片体

5. 规律延伸生成片体

料斗的上半部分的 4 个片体中的两个扇形片体是通过【规律延伸】创建曲面的方法获得的,它的具体过程说明如下。

(1) 在【曲面】工具栏中单击【规律延伸】图标,打开如图 6.135 所示的【规律延伸】对话框。

(2) 选择如图 6.136 所示的边 1 作为基本曲线串，然后在【选择步骤】选项中单击【面】图标，选择如图 6.136 所示的引用面作为引用面。

图 6.135 【规律延伸】对话框

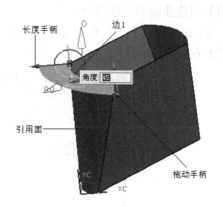
图 6.136 规律延伸

(3) 选择几何对象后，在【选择步骤】选项组中单击【定义规律】图标，然后在绘图区单击拖动手柄，此时显示【角度】文本框。在【角度】文本框中输入 45，指定延伸角度。如图 6.136 所示。

(4) 单击【长度手柄】图标，即绿色的箭头，此时显示【长度】文本框。在【长度】文本框中输入 50，指定延伸长度。

(5) 完成以上参数设置后，单击【应用】按钮，完成一个边的延伸，得到料斗上半部分的第一个片体，如图 6.137 所示。

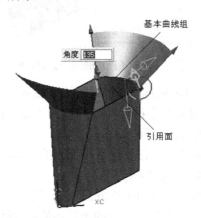
图 6.137 第二个片体的基本曲线串和引用面

(6) 料斗上半部分第二个片体的生成方法和第一个片体的生成方法基本上相同，只是第二个片体的基本曲线串和引用面与第一个片体的不相同，此外，延伸的角度变为 135，长度仍然为 50，这里不再重复介绍第二个片体的生成方法。第二个片体的基本曲线串和引用面如图 6.137 所示。

这样我们就获得了料斗上半部分的两个片体,这两个片体是通过【规律延伸】得到的,延伸的长度均为 50。

6. 通过曲线组生成片体

上述步骤得到了料斗上半部分的两个片体,上半部分的另外两个片体将利用【通过曲线组】创建曲面的方法获得。

(1) 在【曲面】工具栏中单击【通过曲线组】图标,打开如图 6.138 所示的【通过曲线组】对话框。

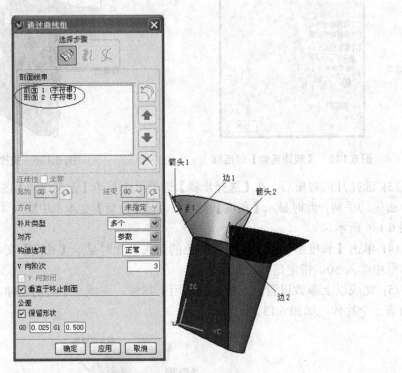

图 6.138 【通过曲线组】对话框

(2) 在绘图区选择边 1,单击鼠标中键,此时边 1 显示箭头 1,同时边 1 显示在【剖面线串】列表框中,命名为"剖面 1(字符串)"。再选择边 2,单击鼠标中键,此时边 2 显示箭头 2,必须保证两个箭头的方向相同。

(3) 选择剖面线串后,其他参数都使用系统默认的参数,单击【应用】按钮,生成料斗上半部分的第三个片体。如图 6.139 所示。

(4) 料斗上半部分的第四个片体的生成方法和第三个片体的生成方法大致相同,只是剖面线串不同。这里就不再重复介绍了。第四个片体的剖面线串如图 6.139 所示。

上述步骤利用【通过曲线组】创建曲面的方法获得了两个片体,即第三个和第四个片体,如图 6.140 所示。

这样我们就获得了料斗的 8 个片体,但是我们发现最后生成的两个片体和料斗下半部分的片体之间有缝隙。因此我们还需要编辑这两个片体。

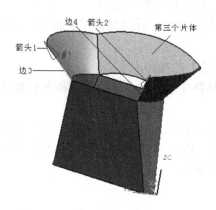 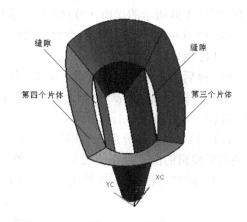

图 6.139　第四个片体的剖面线串　　　　　图 6.140　缝隙

7. 编辑片体

为了消除料斗上半部分和下半部分片体之间的缝隙，我们对上半部分的两个片体进行编辑。我们采用【编辑曲面】工具栏中的【片体边界】操作。

【片体边界】操作的说明如下。

(1) 在如图 6.83 所示的【编辑曲面】工具栏中，单击【片体边界】图标，打开如图 6.95 所示的【编辑片体边界】对话框，系统提示用户选择要修改的片体。

(2) 选择如图 6.140 所示的第四个片体，打开如图 6.96 所示的编辑操作【编辑片体边界】对话框。在【编辑片体边界】对话框中单击【替换边】按钮，打开如图 6.141 所示的【确认】对话框。提示用户该操作将移除片体的参数，是否继续。

(3) 单击【确定】按钮，打开类选择器，系统提示用户选择要被替换的边。

(4) 在绘图区选择如图 6.142 所示的需要替换的边后，单击【确认】按钮，打开如图 6.98 所示的边界对象【编辑片体边界】对话框。

 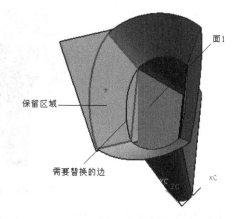

图 6.141　【确认】对话框　　　　　　　图 6.142　替换边

(5) 单击【选择面】按钮，打开如图 6.99 所示的选择对象【编辑片体边界】对话框。

(6) 选择如图 6.142 所示的面 1 作为选择对象。

(7) 连续两次单击【确定】按钮，然后在【类选择器】工具栏中单击【确认】按钮，打开如图 6.100 所示的保留区域对话框,此时鼠标变为十字架形状。

(8) 如图 6.142 所示,在需要保留的区域单击鼠标左键,此时保留区域显示一个红点,如图 6.142 所示。

(9) 最后单击【确认】按钮,完成一次【替换边】的操作。

上述步骤完成了一次【替换边】的操作,此时料斗上半部分第四片体和下半部分之间的缝隙消失了,如图 6.1.43 所示。

(10) 料斗上半部分第三片体和下半部分之间的缝隙之间的消除方法和上述步骤相同,只是需要编辑的面、替换的边和选择对象,即面不相同,这些不同点已经标注在图 6.143 上了,具体的步骤这里不再赘述,读者可以参看步骤(2)~(9)。

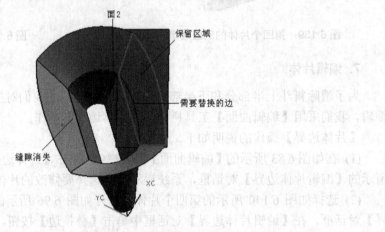

图 6.143　缝隙消失

通过上述步骤,我们就得到一个完整的料斗模型,如图 6.144 所示。

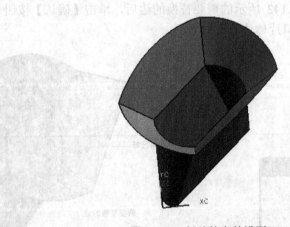

图 6.144　料斗的完整模型

本章介绍的这个设计范例涉及的知识点很多,用户在练习的过程中如果有什么地方不理解,可以到相关章节去查看知识点。设计范例着重分析了为什么这样做和下一步应该怎么做,这对用户积累设计经验和增强分析问题的能力大有裨益,因此用户在看到这些内容应该仔细琢磨为什么这样做,而不是仅仅满足于一个操作的完成,更多的注意力应该放在分析问题上,这样用户就可以举一反三,遇到其他相关的问题就不会感到无从下手了。

6.5 本章小结

本章介绍了曲面设计基础，包括曲面特征设计、曲面特征编辑和设计范例等。在曲面特征设计内容中，由于 UG NX 4.0 的曲面设计功能非常强大，提供了非常丰富的创建曲面的方法，为了用户更好地理解和掌握这些创建曲面的方法，我们对这些方法进行了大致的分类，分为依据点创建曲面、依据曲线创建曲面和依据曲面创建曲面。在这 3 大类中，依据点创建曲面的方法具有非参数化设计的特点，因此一般使用的不多。使用最多的是依据曲线创建曲面的方法，这些方法都是参数化设计，用户修改曲线后，依据曲线创建的曲面将自动更新。

在曲面特征编辑内容中，我们讲解了移动定义点、扩大、等参数修剪/分割、片体边界、改变阶次、改变刚度、更改边和法向反向等编辑曲面的方法。这些编辑方法中有些编辑方法有可能移除曲面的参数，系统都会打开【确认】对话框，要求用户确认操作是否继续。用户在编辑时可根据需要尽量采用参数化编辑曲面的方法。

在本章的最后，介绍了一个料斗的设计范例，该设计范例涉及到的知识点非常多，用户应该反复体会，特别是设计范例中分析问题的方法和一些解决方法都值得用户借鉴。这对用户积累设计经验和增强分析问题的能力都大有好处。

第 7 章 装配设计基础

装配设计是把零件组装成部件或产品模型,通过配对条件在各部件之间建立约束关系、确定其位置关系、建立各部件之间链接关系的过程。UG NX 4.0 的装配设计是由装配模块完成。UG NX 4.0 装配模块不仅能快速组合零部件成产品,而且在装配中可参照其他部件进行部件关联设计,即当对某部件进行修改时,其装配体中部件显示为修改后的部件。并可对装配模型进行间隙分析、重量管理等操作。装配模型生成后,可建立爆炸视图,并可将其引入到装配工程图中;同时,在装配工程图中可自动产生装配明细表。

本章主要内容:

- 装配概述
- 装配方式方法
- 爆炸视图
- 组件阵列
- 装配顺序
- 设计范例

7.1 装配概述

UG NX 4.0 进行装配设计是在装配模块里完成的。在 UG NX 4.0 入口环境中单击标准工具条中【起始】图标,打开下拉菜单,选择【装配】命令,系统进入装配应用环境,打开【装配】工具条,如图 7.1 所示。

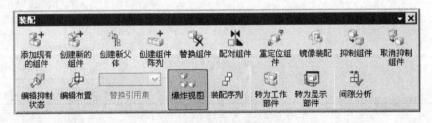

图 7.1 【装配】工具条

进行装配操作时,选择菜单栏中主菜单项【装配】,打开【装配】下拉菜单选项,如图 7.2 所示。【装配】下拉菜单包括关联控制、组件、爆炸视图、克隆、报告等一系列一级菜单。这些一级菜单还包括诸多二级菜单命令,如图 7.3 显示的【组件】的二级菜单、图 7.4 显示爆炸视图二级菜单等。

【装配】菜单的一级菜单选项包含了大多数装配命令和操作功能,其中【关联控制】包括组件查找和控制的一些菜单命令;【组件】包括在装配体中创建和操作组件的命令选项;【爆炸视图】包括创建一个装配体的一个视图。在爆炸视图中,各个装配零件或子装配部件离开它的真实位置;【顺序】用来完成规定装配件装配和拆卸顺序、显示装配顺序、计算装配时间等操作，它是装配模块中的一个子模块，不具有二级菜单。

图 7.2 【装配】下拉菜单　　　　图 7.3 【组件】二级菜单

图 7.4 【爆炸视图】二级菜单

7.1.1 装配的基本术语

装配设计中常用的概念和术语有装配与子装配、组件、组件对象、自顶向下建模、上下文中设计、从底向上建模、配对条件、主模型等，下面将对其分别介绍。

1. 装配与子装配

装配是指把单独零件或子装配部件组成的一定结构的装配部件。在 UG NX 4.0 中，任何一个.prt 文件都可以看成装配部件或子装配部件。子装配是指在上一级装配中被当作组件来调用的装配部件。

💡 注意：　装配文件中存储的装配部件并不具备几何数据，只是引用了相应的零件文件模型，并没有把零件模型复制到装配文件中来。

2. 组件

组件是指在装配模型中指定配对方式的部件或零件的使用。组件可以是由更低级的组件装配而成的子装配部件，也可以是单个零件。每一个组件都有一个指针指向部件文件，即组件对象。

> **注意：** 当部件模型进行修改时，装配体中通过组件对象调用的组件也跟着自动更新。组件与装配关系结构如图 7.5 所示。

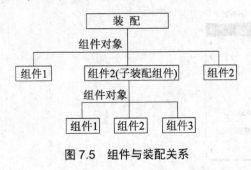

图 7.5 组件与装配关系

3. 组件对象

组件对象是用来链接装配部件或子装配部件到主模型的指针实体。它记录着部件的诸多信息，如颜色、名称、图层、配对条件等。

4. 自顶向下建模

这种建模技术是在装配级中对组件部件进行编辑或创建，是在装配部件的顶级向下产生子装配部件和组件的装配设计方法。在这种装配设计方法中，任何在装配级上对部件的改变都会自动反映到个别组件中。

5. 上下文中设计

上下文中设计是指当装配部件中某组件设置为工作组件时，可以对其在装配过程中对组件几何模型进行创建和编辑。这种设计方式主要用于在装配过程中参考其他零部件的几何外形进行设计。

6. 从底向上建模

这种建模技术是先对部件和组件进行单独编辑或创建，再装配成子装配部件，最后完成装配部件。在这种装配设计方法中，在零件级上对部件进行的改变会自动更新到装配件中。

7. 配对条件

配对条件是用来定位一组件在装配中的位置和方位。配对是由在装配部件中两组件间特定的约束关系来完成。在装配时，可以通过配对条件确定某组件的位置。当具有配对关系的其他组件位置发生变化时，组件的位置也跟着改变。

> **注意：** 一个组件只能拥有一个配对条件，但配对条件可以视组件相对其他多个组件的关系而构成。

8. 主模型

主模型是供 UG NX 4.0 各功能模块共同引用的部件模型。同一主模型可以被装配、工程图、数控加工、CAE 分析等多个模块引用。当主模型改变时，其他模块如装配、工程图、数控加工、CAE 分析等跟着进行相应的改变。

7.1.2 引用集

引用集是要装入到装配体中的部分几何对象。在装配过程中，由于部件文件包括实体、草图、基准轴、基准面等许多图形数据，而装配部件中只需要引用部分数据，因此采用引用集的方式把部分数据单独装配到装配部件中。由于引用集只包含了零件模型的部分数据，在装配时更新速度很快，占用的内存也小。一个模型文件可以建立多个类型不同的引用集。引用集属于当前的模型部件，因此，不同的模型文件可以创建命名相同的引用集。

引用集包括的数据类型很多，包括模型信息，如模型名称等；图形信息，如几何图形等；以及组件信息。创建引用集时，可以对零件模型数据进行分类，并对其分别创建引用集，如创建一实体引用集，它只包含实体数据。

在 UG NX4.0 中，对于任何一个装配部件，系统都包括两个默认的引用集，分别是整个部件引用集和空引用集。

(1) 整个部件引用集

整个部件引用集是把零件模型中所有的数据作为组件添加到装配部件的引用中。当添加组件时如不指定特定的引用集则系统默认为整个部件引用集。

(2) 空引用集

空引用集是不包含任何集合数据的引用集。如果想在装配部件中隐藏零件模型，可以在装配时采用添加空引用集的操作方式。

1. 创建引用集

在菜单栏中选择【格式】|【引用集】命令，打开如图 7.6 所示的【引用集】对话框。

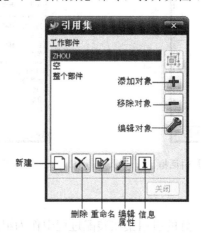

图 7.6 【引用集】对话框

【创建引用集】对话框由很多选项组成，包括【工作部件】列表框，【添加对象】、

【移除对象】和【编辑对象】按钮、引用集的【新建】、【删除】、【重命名】、【编辑属性】和【信息】5 个图标。下面将对其分别介绍。

(1) 【工作部件】列表框

【工作部件】列表框显示工作部件引用集列表，系统默认有空引用集和整个部件引用集。

(2) 【添加对象】、【移除对象】和【编辑对象】按钮

这些按钮主要用来修改引用集中的对象，包括添加、移除和编辑。

(3) 【新建】、【删除】等图标按钮

这些图标按钮是用来完成引用集的基本操作。单击【新建】图标，打开如图 7.7 所示的【创建引用集】对话框，在【名称】文本框中输入引用集名称，单击【确定】按钮创建引用集。

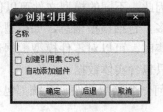

图 7.7　【创建引用集】对话框

【创建引用集】对话框包括两个复选框：【创建引用集 CSYS】和【自动添加组件】。用户可以按自身的创建要求确定是否选中它们。

另外，【删除】图标按钮用来完成引用集的删除操作；【重命名】图标按钮用来完成引用集的重命名操作；【编辑属性】图标按钮用来编辑引用集的属性，如图 7.8 所示；【信息】图标按钮是用来显示引用集的基本信息，如图 7.9 所示。

图 7.8　【引用集属性】对话框

图 7.9　【信息】对话框

2. 引用集的使用

引用集的使用是指把创建好的引用集在装配过程中作为组件添加到装配部件中来。引用集的使用方法简单：在【添加现有部件】对话框中选择 Reference Set 下拉列表框中部件的引用集，如图 7.10 所示。

图 7.10　引用集的使用

3. 替换引用集

替换引用集是指在装配中部件引用集之间的替换。替换引用集操作方法如下：在主菜单栏中选择【装配】|【组件】|【替换引用集】菜单命令，打开【选择组件】工具栏，如图 7.11 所示。在绘图工作区选择要替换引用集的组件，单击【确定】图标，打开【替换引用集】对话框，如图 7.12 所示在引用集列表框中选择用户要替换的引用集，单击【确定】按钮完成操作。

图 7.11　【选择组件】工具栏　　　　图 7.12　【替换引用集】对话框

替换引用集的另外一种方法是在【装配导航器】窗口中，选择相应的组件，用鼠标右键单击，弹出快捷菜单，选择【替换引用集】命令，在展开的下一级菜单选项中选择替换引用集即可完成操作。如图 7.13 所示。

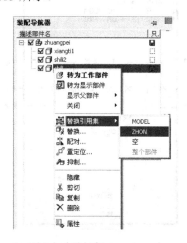

图 7.13　在【装配导航器】中替换引用集

7.1.3 配对条件

为了在装配件中实现对组件的参数化定位、确定组件在装配部件中的相对位置，在装配过程中采用配对条件的添加组件定位方式来指定组件之间的定位关系。配对条件由一个或一组配对约束组成，规定了组件之间通过一定的约束关系装配在一起。

配对约束用来限制装配组件的自由度，包括线性自由度和旋转自由度，如图 7.14 所示。根据配对约束限制自由度的多少可以分为完全约束和欠约束两类。

配对约束的创建过程比较复杂，具体如下。

当添加已存在部件作为组件到装配部件时，在【装配】工具条中选择【添加现有的组件】图标，在打开的【选择部件】对话框中选择添加的部件文件，单击【确定】按钮，打开【选择现有部件】对话框，在【定位】下拉列表中选择【配对】方式，单击【确定】按钮，打开【配对条件】对话框，进入配对条件的创建环境，按用户要求创建组件的配对条件。

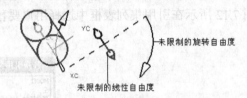

图 7.14 线性自由度和旋转自由度

1. 【配对条件】对话框

当采用从底向上建模的装配设计方式时，除了第 1 个组件采用【绝对坐标系】定位方式添加外，接下来的组件添加定位都采用配对方式。图 7.15 所示为【配对条件】对话框，它包括配对条件树、【配对类型】、【选择步骤】等选项。

图 7.15 【配对条件】对话框

2. 配对条件树

配对条件树是用来显示装配部件内配对条件及其配对约束的一种图形树，它位于【配对条件】对话框顶部。通过配对条件树，用户可以对配对条件及配对约束进行创建、修改、编辑、删除等操作，如图 7.16 所示为配对条件树及配对条件操作。

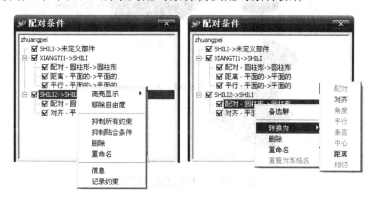

图 7.16　配对条件树及配对条件操作

3. 配对类型

在【配对条件】对话框中，配对类型是指配对的约束类型，包括配对、对齐、角度、平行、垂直、中心、距离和相切，如图 7.17 所示。

图 7.17　配对类型

(1) 配对方式

配对方式是指定位两个相同类型的对象相对贴合在一起。对于平面对象而言，配对方式表示两平面贴合但法向相反，如图 7.18 和图 7.19 所示；对圆柱面而言，配对方式要求圆柱面直径相同，按两圆柱面共轴线的方式定位，如图 7.20 所示。

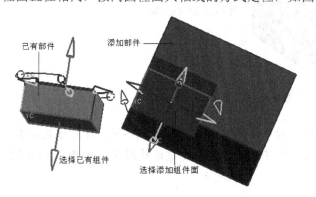

图 7.18　平面的配对方式配对前

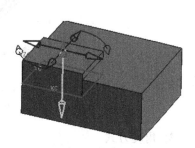

图 7.19　平面的配对方式配对后

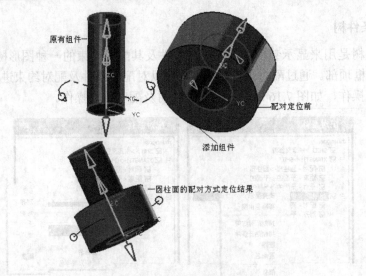

图 7.20　圆柱面的配对方式

(2) 对齐方式

该配对类型是指对齐相配的对象。对于平面对象而言，对齐方式要求两平面共面且法向相同，如图 7.21 所示；对于圆柱等对称组件而言，则要求对象的轴线重合，如图 7.22 所示。

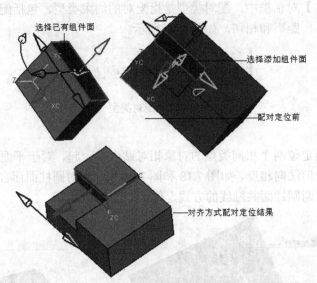

图 7.21　平面对象的对齐定位方式

> **注意：** 对于圆柱对象而言，配对和对齐两种约束方式的要求不同。配对方式要求圆柱面直径相同，而对齐方式则不需要，可以通过比较图 7.22 和图 7.20 发现。

(3) 角度方式

该配对类型是定义配对约束组件之间的角度尺寸。这种角度尺寸约束是在具有方向矢量的两对象之间定位。两方向矢量间夹角为定位角度，其中顺时针方向为正，逆时针方向为负，如图 7.23 所示。

图 7.22 圆柱对象的对齐方式配对

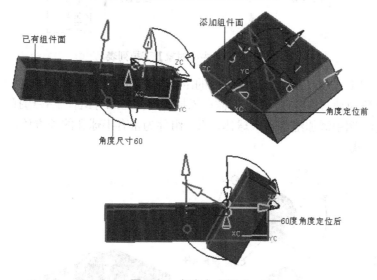

图 7.23 角度方式配对

(4) 平行方式

该配对类型是配对约束组件的方向矢量平行。对于平面对象而言,该配对类型跟对齐方式类似。图 7.24 为平行方式配对约束定位。

(5) 垂直方式

该配对类型是配对约束组件的方向矢量垂直,该配对类型约束跟平行方式类似,只是方向矢量由平行改为垂直。

(6) 中心方式

该配对类型是配对约束组件中心对齐。选择该配对类型会激活对话框的【中心对象】下拉列表,如图 7.25 所示。【中心对象】下拉列表框中包括 4 个选项:【1 至 1】、【1 至 2】、【2 至 1】和【2 至 2】。

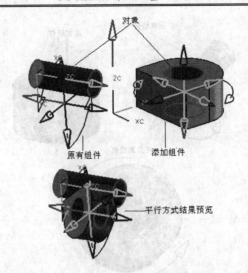

图 7.24 平行方式配对

图 7.25 【中心对象】下拉列表

① 【1 至 1】选项:此选项是指添加的组件一个对象中心与原有组件一个对象对齐,它要求组件对象为轴对称模型,并且只需在添加的组件与原有组件上各选择一个对象中心,如图 7.26 所示,图中添加组件为一球体,原有组件为带有半球孔的长方体,配对方式为【1 至 1】的中心方式。

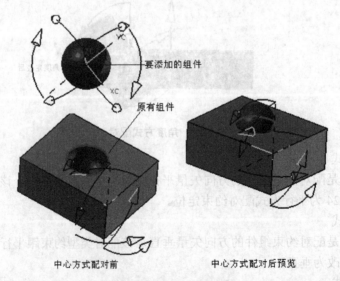

图 7.26 中心方式配对

② 【1 至 2】选项:此选项是指添加的组件一个对象中心与原有组件的两个对象中心对齐,它需在原有组件上选择两个对象中心。

③【2 至 1】选项：此选项是指添加的组件两个对象中心与原有组件的一个对象中心对齐，它需在添加组件上选择两个对象中心。

④【2 至 2】选项：此选项是指添加的组件两个对象中心与原有组件的两个对象中心对齐，它需在添加组件和原有组件上选择两个对象中心。

> **注意：** 上面的 4 个选项所需选择步骤都不同，激活的【选择步骤】图标也不一样。其中，【2 至 2】选项激活了【选择步骤】选项组中的所有图标。

(7) 距离方式

该配对类型是约束组件对象之间最小距离。选择该配对类型需要输入两对象之间的最小距离。距离可正可负，根据两对象方向矢量来判断，如图 7.27 所示，图中两组件配对时，两平面对象采用距离方式进行定位。

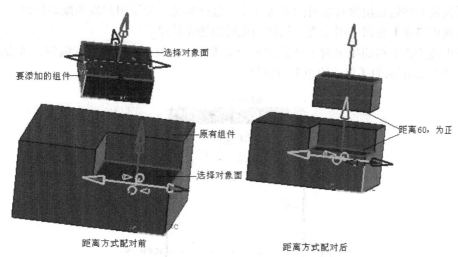

图 7.27 距离方式配对

(8) 相切方式

该配对类型是约束组件两对象相切，如图 7.28 所示为圆柱和长方体两组件的表面对象相切配对方式，依次选择添加组件表面和原有组件表面。

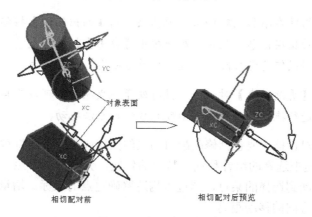

图 7.28 相切方式配对

4. 选择步骤

【选择步骤】是创建配对约束的过程。【选择步骤】一共4步，如图7.29所示。通过不同的配对方式所激活的选择步骤不同。

图 7.29　选择步骤

5. 预览、列出错误、更改约束等

【预览】按钮是用来对配对约束操作结果进行预览，便于用户发现配对问题。

【列出错误】按钮是用来提示创建约束时的错误信息。

【更改约束】按钮用来对组件的配对约束进行重定位、对尺寸进行编辑。单击此按钮打开如图7.30所示的【更改约束】对话框。

图 7.30　【更改约束】对话框

> 注意：　如果组件在添加配对约束出现错误，则【列出错误】按钮被激活，单击它可以查看错误信息，此时，对话框中【应用】按钮呈灰色，变得不可用，可以按照错误信息进行修改，直到激活【应用】按钮为止。

> 注意：　打开【更改约束】对话框，鼠标处于拖曳状态，可以直接对组件在自由度方向上进行拖动，而没有自由度的方向则无法拖动。

【更改约束】对话框主要包括修改配对约束的操作选项，下面将对它们具体介绍。

(1) 平移：它是把选择的组件移动到特定的位置，分为两类：至一点和增量。至一点是指选择的组件移动到选择的某点，通过点构造器确定点的坐标；增量是指定选择的组件沿XC、YC和ZC方向的移动距离。

(2) 绕点旋转：它是把选择的组件绕一点旋转，通过点构造器确定旋转点的坐标，打开【变换】对话框，选择角度的确定方式有两种，一种是输入角度参数，另一种是两点方式确定，如图 7.31 所示。其中两点方式是通过点构造器确定两点来指定旋转角度。

图 7.31　绕点旋转的【变换】对话框

(3) 绕直线旋转：它是绕一直线旋转选择的组件。操作过程是：单击【绕直线旋转】图标，选择旋转直线，打开输入旋转角度对话框，输入角度参数值。其中，旋转直线的选择有 3 种方式：两个点、现有的直线、点和矢量，如图 7.32 所示。

图 7.32　绕直线旋转的【变换】对话框

(4) 重定位：对选择的组件进行重定位。通过 CSYS 构造器构造一坐标系作为重定位的目标坐标系。

(5) 在轴之间旋转：在指定的轴之间旋转选择的组件。

7.2　装配方式方法

装配是在零部件之间创建联系。装配部件与零部件的关系可以是引用，也可以是复制。因此，装配方式包括多零件装配和虚拟装配两种方式，大多数 CAD 软件采用的装配方式是这两种，下面将对它们分别介绍。

(1) 多零件装配方式

这种装配方式是在装配过程中先把要装配的零部件复制到装配文件中，然后在装配文件环境下进行相关操作。由于在装配前就已经把零部件复制到装配文件中，所以装配文件和零部件文件不具有相关性，也就是零部件更新时，装配文件不再自动更新。这种装配方式需要复制大量的部件数据，生成的装配文件是实体文件，运行时占用大量的内存，所以速度较慢，现在已很少使用。

(2) 虚拟装配方式

虚拟装配方式是 UG NX 4.0 采用的装配方式，也是大多数 CAD 软件所采用的装配方式。虚拟装配方式不需要生成实体模型的装配文件，它只需引用各零部件模型，而引用是通过指针来完成的，也就是前面所说的组件对象。因此，装配部件和零部件之间存在关联性,也就是零部件更新时,装配文件一起自动更新。采用虚拟装配方式进行装配具有所需内存小、运行速度快、存储数据小等优点。本章所讲到的装配内容是针对 UG NX 4.0 的,也就是针对虚拟装配方式。

UG NX 4.0 的装配方法主要包括从底向上装配设计、自顶向下装配设计以及两者的混合装配设计。

7.2.1 从底向上装配设计

从底向上装配设计方法是先创建装配体的零部件,然后把它们以组件的形式添加到装配文件中来,这种装配设计方法先创建最下层的子装配件,再把各子装配件或部件装配更高级的装配部件,直到完成装配任务为止。因此,这种方法要求在进行装配设计前就已经完成零部件的设计。从底向上装配设计方法包括一个主要的装配操作过程,即添加组件,下面将对它进行重点介绍。

从底向上装配设计方法最初的执行操作是从组件添加开始的,在已存在的零部件中选择要装配的零部件作为组件添加到装配文件中。在菜单栏中选择【装配】|【组件】|【添加现有的组件】命令,打开【选择部件】对话框,如图 7.33 所示,进入添加组件的操作过程。

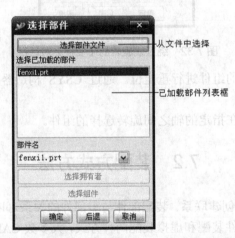

图 7.33 【选择部件】对话框

【选择部件】对话框主要包括【选择部件文件】按钮、【选择已加载的部件】列表框等其他选项。其中选择部件可以通过单击【选择部件文件】按钮在文件中选择,也可以在【选择已加载的部件】列表框中选择。

> **注意:** 【选择已加载的部件】列表框中显示的部件为原先装配操作的加载过的部件,而没加载的部件不能显示在列表中。

添加组件包括以下基本操作过程。

(1) 选择部件。在打开的【选择部件】对话框中选择添加的部件,单击【确定】按钮,打开【添加现有部件】对话框,如图 7.34 所示。

图 7.34 【添加现有部件】对话框

(2) 选择引用集。此操作方法在引用集的使用中已经详细叙述,这里就不再赘述。

(3) 选择定位方式。在【添加现有部件】对话框的【定位】下拉列表框中选择要添加组件的定位方式,分别是绝对定位方式和配对定位方式。其中绝对定位方式是通过绝对坐标系进行定位,在【定位】下拉列表框中选择【绝对】,单击【确定】按钮,打开【点构造器】对话框,在绝对坐标系中确定定位坐标点;配对定位方式在前面的【配对条件】对话框中已经详细介绍了,这里就不再赘述。

(4) 选择安放的图层。在【添加现有部件】对话框的【图层选项】下拉列表框中选择安放的图层。图层分为 3 类:工作层、原先层、如指定的,其中工作层是指装配的操作层;原先层是添加组件所在的图层;如指定的图层是用户指定的图层。

在新建的装配文件中添加组件时,第一个添加的组件只能是采用绝对方式定位,因为此时装配文件中没有任何可以作为参考的原有组件。当装配文件中已经添加了组件后,就可以采用配对方式进行定位。

如果采用配对方式进行定位时,应该注意以下几点:
(1) 配对条件不能循环创建,如进行组件 1→组件 2→组件 1 配对是错误的。
(2) 在组件配对时,作为参考的原有组件位置不变,被添加的组件按配对约束移动到约束位置。

7.2.2 自顶向下装配设计

自顶向下装配设计主要用于装配部件的上下文中设计。自顶向下装配设计包括两种设计方法。一是在装配中先创建几何模型,再创建新组件,并把几何模型加到新组件中;二是在装配中创建空的新组件,并使其成为工作部件,再按上下文中设计的设计方法在其中创建几何模型,如图 7.35 所示为两种设计方法的示意图。

1. 创建新组件

在自顶向下装配设计中需要进行新组件的创建操作。该操作创建的新组件可以是空的,也可以加入几何模型。创建新组件的过程如下。

(1) 在菜单栏中选择【装配】|【组件】|【创建新组件】命令,或者在【装配】工具条中单击【创建新的组件】图标,打开【选择对象】工具条,如图 7.36 所示。在绘图

工作区选择组件添加的几何模型，也可以单击【类选择】图标进行选择。如果新组件为空，则不需要选择，直接单击【确定】图标，打开【选择部件名】工具栏。

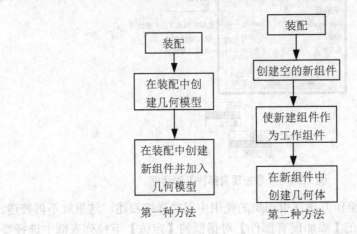

图 7.35　自顶向下装配设计的两种方法示意图

(2) 输入部件名称，单击【确定】按钮，打开如图 7.37 所示的【创建新的组件】对话框。

图 7.36　【选择对象】工具条　　　　　　图 7.37　【创建新的组件】对话框

【创建新的组件】对话框包括多个选项，其中，在【组件名】文本框中输入组件名称，默认名称同组件部件名称一致；在【引用集名】文本框中输入引用集名称；在【图层选项】下拉列表中指定组件安放的图层；【零件原点】用来指定组件原点所用的坐标系，包括 WCS 和【绝对】两个单选按钮，即工作坐标和绝对坐标；【复制定义对象】复选框用来表明要选择的几何模型的定义对象是否复制到新组件中；【删除原先的】复选框用来表明是否删除原先的几何模型。

2. 上下文中设计

进行上下文中设计必须首先改变工作部件、显示部件。它要求显示部件为装配体，工作部件为要编辑的组件。

改变工作部件的方法有两种，分别是：

- 菜单命令操作。在菜单栏中选择【装配】|【关联控制】|【设置工作部件】命令，打开如图 7.38 所示的【设置工作部件】对话框，选择要设置为工作部件的部件文件。

- 在导航器中操作。在【装配导航器】中选择要设置为工作部件的组件，用鼠标右键单击，打开快捷菜单，如图 7.39 所示。在快捷菜单中选择【转为工作部件】菜单命令即可完成改变工作部件的操作。

图 7.38　【设置工作部件】对话框

图 7.39　装配导航器中改变工作部件

改变显示部件的方法也有两种，跟改变工作部件的方法类似，分别是：
- 菜单命令操作。在菜单栏中选择【装配】|【关联控制】|【设置显示部件】命令。选择要设置显示部件的几何模型，单击【确定】图标完成。
- 在导航器中操作。此方法跟改变工作部件的方法相同，这里就不再赘述。

在设置好工作部件后，就可以进行建模设计，包括几何模型的创建和编辑。如果组件的尺寸不具有相关性，则可以采用直接建模和编辑的方式进行上下文中设计；如果组件的尺寸具有相关性，则应在组件中创建链接关系，创建关联几何对象。创建链接关系方法是：先设置新组件为工作部件，在【装配】工具条中单击【WAVE 几何链接器】图标，打开如图 7.40 所示的【WAVE 几何链接器】对话框，该对话框用于链接其他组件到当前工作组件，它上部的图标用来指定链接的类型。链接的类型有点、曲线、草图、基准、面、区域、实体、镜像体和管路对象，下面将对它们分别介绍。

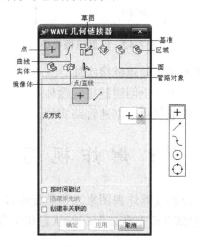

图 7.40　【WAVE 几何链接器】对话框

(1)【点】图标,该选项用于创建链接点。单击该图标,对话框中部将出现如图 7.40 所示的【点/直线】选项,表示链接点的类型。

(2)【曲线】图标,该选项用于创建链接曲线。在其他组件上选择要链接到工作部件中的曲线。

(3)【草图】图标,该选项用于创建链接草图。

(4)【基准】图标,该选项用于创建链接基准轴、基准面或坐标系。单击该选项,对话框的中部显示如图 7.41(a)所示。

(5)【面】图标,该选项用于创建链接面。单击该选项,对话框的中部显示如图 7.41(b)所示。按照面选择方式在其他组件上选择面,把它们链接到工作部件中。

图 7.41 基准和面选择类型

(6)【区域】图标,该选项用于创建链接区域。单击该选项,对话框中部显示如图 7.42 所示,按照区域选择步骤和方式在其他组件上选择要进行链接操作的区域,把它们链接到工作部件中去。

图 7.42 区域选择类型

(7)【实体】图标,该选项用于创建链接实体。

(8)【镜像体】图标,该选项用于创建链接镜像体。

(9)【管路对象】图标,该选项用于创建管路实体。

7.3 爆炸视图

完成装配操作后,用户可以创建爆炸视图来表达装配部件内部各组件之间的相互关系。爆炸视图是把零部件或子装配部件模型从装配好的状态和位置拆开成特定的状态和位置的视图(见图 7.43)。

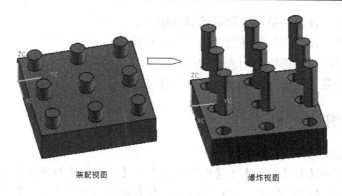

图 7.43　爆炸视图

7.3.1　爆炸视图的基本特点

爆炸视图最大的好处是能清楚地显示出装配部件内各组件的装配关系，当然，它还有其他的特点，包括：

(1) 爆炸图中的组件可以进行任何 UG NX 4.0 操作，任何对爆炸图中组件的操作均影响到非爆炸图中的组件。

(2) 一个装配部件可以建立多个爆炸图，要求爆炸图的名称不同。

(3) 爆炸视图可以在多个视图中显示出来。

除此之外，爆炸视图还有一些限制，如爆炸视图只能爆炸装配组件，不能爆炸实体等。

7.3.2　【爆炸视图】工具条及菜单命令

爆炸视图的操作命令都能在【爆炸视图】工具条中找到，【爆炸视图】工具条如图 7.44 所示。显示【爆炸视图】工具条的方法是：在菜单栏中选择【装配】|【爆炸视图】|【显示工具条】命令即可。

图 7.44　【爆炸视图】工具条

在菜单栏中，选择【装配】|【爆炸视图】命令显示爆炸视图的二级菜单选项，包括创建爆炸视图、编辑爆炸视图、自动爆炸组件、取消爆炸组件、删除爆炸图、隐藏组件、显示组件、创建跟踪线和显示工具条菜单选项。下面将对它们进行介绍。

(1) 创建爆炸视图。该选项用来创建一爆炸视图。

(2) 编辑爆炸视图。该选项用来对爆炸视图进行编辑。进行此操作时，首先选择要爆炸的对象，然后输入爆炸的参数。

(3) 自动爆炸组件。该选项是指按配对条件自动爆炸组件。

(4) 取消爆炸组件。该选项是将爆炸视图取消，把组件恢复到装配位置。

(5) 删除爆炸图。该选项是删除一存在的爆炸视图。

(6) 隐藏组件。该选项是用来隐藏选择的组件。
(7) 显示组件。该选项与隐藏组件选项作用相反。
(8) 创建跟踪线。该选项是用来创建跟踪线。
(9) 显示工具条。该选项用来显示爆炸视图工具条。

7.3.3 创建爆炸视图

创建爆炸视图的操作方法如下。

(1) 在菜单栏中选择【装配】|【爆炸视图】|【创建爆炸视图】命令，或者单击【爆炸视图】工具条中【创建爆炸视图】图标 ，打开如图 7.45 所示的【创建爆炸视图】对话框。

图 7.45 【创建爆炸视图】对话框

(2) 在【创建爆炸视图】对话框的【名称】文本框中输入视图名，默认名称为 Explosion1。

注意： 如果装配部件中已经创建爆炸视图，则将默认名称为 Explosion 后面的数字改为 2，变成 Explosion2 的形式。

7.3.4 编辑爆炸视图

编辑爆炸视图是对组件在爆炸视图中的爆炸位移值进行编辑，操作方法如下。

(1) 在菜单栏中选择【装配】|【爆炸视图】|【编辑爆炸视图】命令，或者单击【爆炸视图】工具条中【编辑爆炸视图】图标 ，打开如图 7.46 所示的【编辑爆炸视图】对话框。

图 7.46 【编辑爆炸视图】对话框

(2) 在【编辑爆炸视图】对话框中选中【选择对象】单选按钮，在装配部件中选择要爆炸的组件。

(3) 在【编辑爆炸视图】对话框中选中【移动对象】单选按钮，用鼠标拖动移动手柄，组件也一起移动，如果选中【只移动手柄】单选按钮，则用鼠标拖动移动手柄时，组件不移动。

> **注意：** 移动手柄的位置确定通过选择点来实现。默认的移动手柄的位置在组件的几何中心。

7.3.5 爆炸视图及组件可视化操作

爆炸视图及组件可视化操作包括自动爆炸视图、取消爆炸组件、删除爆炸图、显示爆炸图、隐藏爆炸图、隐藏组件、显示组件以及爆炸视图的保存等操作功能。

1. 自动爆炸视图

自动爆炸视图是把组件沿一配对条件的矢量方向自动建立爆炸视图。在菜单栏中选择【装配】|【爆炸视图】|【自动爆炸视图】命令，或者在【爆炸视图】工具条中单击【自动爆炸视图】图标，在装配部件中选择自动爆炸的组件，打开如图 7.47 所示的【爆炸距离】对话框。在此对话框中，【距离】文本框表示组件的爆炸位移；【添加间隙】复选框表示是否添加间隙偏置，选中该复选框表示自动生成一间隙。自动爆炸视图操作的结果如图 7.48 所示。

图 7.47 【爆炸距离】对话框

图 7.48 爆炸视图

2. 取消爆炸组件

取消爆炸组件操作是恢复组件的装配位置，在菜单栏中选择【装配】|【爆炸视图】|【取消爆炸组件】命令，或者单击【爆炸视图】工具条中【取消爆炸组件】图标，选择要恢复的组件即可。

3. 删除爆炸图

在菜单栏中选择【装配】|【爆炸视图】|【删除爆炸图】命令，或者单击【爆炸视

图】工具条中【删除爆炸图】图标，打开【删除爆炸图】对话框，如图 7.49(a)所示。如果爆炸视图处于显示的状态，则不能删除，系统会打开如图 7.49(b)所示的【删除爆炸图】提示信息。

图 7.49 删除爆炸图操作

4．显示爆炸图

显示爆炸图操作非常简单，可以在【爆炸视图】工具条的【工作视图爆炸】下拉列表中选择要显示的视图名称，也可以在菜单栏中选择【装配】|【爆炸视图】|【显示爆炸图】命令，打开显示爆炸视图的对话框，如图 7.50 所示。

工具条的显示爆炸图　　　　　　　菜单命令的显示爆炸图

图 7.50 显示爆炸图操作

5．隐藏爆炸图

在菜单栏中选择【装配】|【爆炸视图】|【隐藏爆炸图】命令完成隐藏爆炸图操作，也可以在【爆炸视图】工具条的【工作视图爆炸】下拉列表框中选择【无爆炸】选项完成操作。

6．爆炸视图的保存

在菜单栏中选择【视图】|【操作】|【另存为】命令，输入爆炸视图名称保存。

7．隐藏组件

在菜单栏中选择【装配】|【爆炸视图】|【隐藏组件】，或者单击【爆炸视图】工具条中【隐藏组件】图标，在装配部件中选择要隐藏的组件完成操作。

8．显示组件

此操作与隐藏组件操作相对立，它要求装配部件中包含隐藏组件。在菜单栏中选择【装配】|【爆炸视图】|【显示组件】命令，或者单击【爆炸视图】工具条中【显示组件】

图标▶ ，打开如图 7.51 所示的【选择要显示的隐藏组件】对话框，在列表框中选择要显示的组件，单击【确定】按钮完成操作。

图 7.51　【选择要显示的隐藏组件】对话框

7.4　组 件 阵 列

组件阵列是利用配对条件对成阵列组件的一种快速装配方式，它是一种用对应的配对条件快速生成多个组件的方法。如图 7.52 所示为一盘形装配部件的组件阵列实例，其孔的装配采用组件阵列的方式。

进行组件阵列前，必须要创建一模板组件。模板组件是用来定义添加组件的基本特性，如组件部件及名称、颜色、图层等。任何一个组件都可以定义为模板组件，当一个模板组件变化时，已经创建好的组件阵列不发生变化。

组件阵列的创建方法是：在菜单栏中选择【装配】|【组件】|【创建阵列】命令，或者在【装配】工具条中单击【创建组件阵列】图标 ，打开【创建组件阵列】对话框，如图 7.53 所示。

图 7.52　组件阵列实例

图 7.53　【创建组件阵列】对话框

组件阵列的类型有 3 种，基于特征的阵列、线性阵列和圆形阵列，分别对应组件阵列创建的 3 种方式：从实例特征、线性和圆的。其中基于实例特征的阵列也称作特征引用集阵列；线性阵列和圆形阵列属于主组件阵列。

7.4.1　基于特征的阵列

这种组件阵列是根据模板组件的配对条件生成阵列组件的配对条件，它要求模板组件和起参考作用的原有组件配对的特征按实例特征的阵列方式产生的。

基于特征的阵列主要用于螺栓、孔等组件的装配。

💡 **注意**：基于特征的组件阵列与原有组件具有关联性，当原有组件发生变化时，组件阵列也跟着变化。

创建基于实例特征的阵列过程如下。

(1) 在菜单栏中选择【装配】|【组件】|【创建阵列】命令，打开【选择组件】工具栏，如图 7.54 所示。

图 7.54 选择组件工具栏

(2) 在装配部件中选择按配对方式装配好的模板组件，打开【创建组件阵列】对话框。

(3) 在【创建组件阵列】对话框的【阵列定义】选项中选中【从实例特征】单选按钮，在【组件阵列名】文本框中输入组件阵列名称，单击【确定】按钮完成操作，如图 7.55 所示是基于特征的阵列实例。

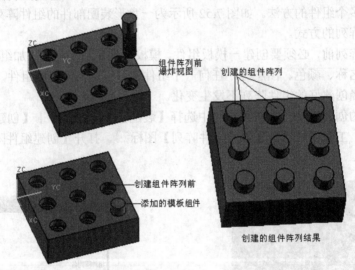

图 7.55 基于特征的阵列实例

7.4.2 线性阵列

线性阵列属于主组件阵列类型。主组件阵列也是按照配对条件定位组件阵列的，在创建主组件阵列的同时创建它的配对条件。

创建线性阵列的过程如下。

(1) 添加模板组件到装配部件中，并创建其配对条件。

(2) 在【创建组件阵列】对话框中选择【阵列定义】选项的【线性】单选按钮，单击【确定】按钮，打开如图 7.56 所示的【创建线性阵列】对话框。

在【创建线性阵列】对话框中，主要的选项是【方向定义】，它包括 4 种方式：面的法向、基准平面法向、边缘和基准轴。

① 面的法向。该选项通过选择表面的法向方向作为阵列的方向。

图 7.56　【创建线性阵列】对话框

② 基准平面法向。该选项通过选择基准平面的法线方向作为阵列的 XC、YC 方向。
③ 边缘。该选项通过选择边缘线确定阵列方向。
④ 基准轴。该选项通过选择基准轴确定阵列方向。

(3) 按用户要求选择【方向定义】，选择一个 XC 方向作为参考，输入 XC 方向的阵列数和偏置值。

(4) 选择一个 YC 方向作为参考，输入 YC 方向的阵列数和偏置值，单击【确定】按钮完成操作，图 7.57 显示创建线性阵列过程中【方向定义】和参数输入实例。

图 7.57　创建线性阵列实例

7.4.3　圆形阵列

圆形阵列也属于主组件阵列类型。创建圆形阵列的过程如下。
(1) 添加模板组件到装配部件中，并创建其配对条件。
(2) 在对话框的【阵列定义】选项中选中【圆的】单选按钮，打开如图 7.58 所示的【创建圆周阵列】对话框。

图 7.58　【创建圆周阵列】对话框

在【创建圆周阵列】对话框中,【轴定义】选项包含 3 类:圆柱面、边缘和基准轴。

(3) 在上面对话框中选择适当的轴定义类型。

(4) 输入参数值:组件阵列总数和偏置角度,单击【确定】按钮完成操作。其中,图 7.59 所示为创建一圆周阵列的实例。

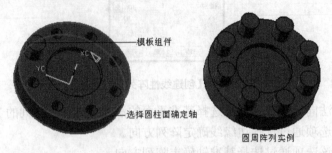

图 7.59　创建圆周阵列实例

7.5　装配顺序

装配顺序是用来控制装配部件的装配和拆卸次序的功能模块。通过 UG NX 4.0 的装配顺序功能,用户可以建立和回放装配的次序信息,并建立动画步骤来仿真装配的组件在装配和拆卸过程中的移动情况。

装配顺序的每一步由一个或多个帧构成,在创建动画时,用户所看到的任何运动都由特定的帧来完成。

在菜单栏中选择【装配】|【顺序】命令,或者在【装配】工具条单击【装配序列】图标,系统进入装配序列应用环境中,如图 7.60 所示。

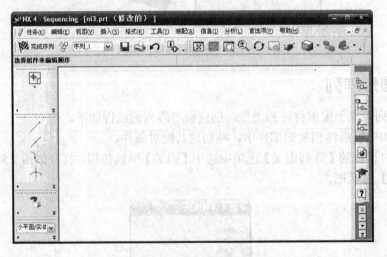

图 7.60　装配序列应用环境

7.5.1　应用环境介绍

UG NX 4.0 装配序列应用环境简洁,它是从属于装配模块的子模块。装配序列模块在资源条区域增加了序列导航器。序列导航器显示了各序列的基本信息，如图 7.61 所示。

图 7.61　装配导航器

装配顺序的建立是从新建任务开始的，即从选择【任务】|【新建】命令开始的。

退出 UG NX 4.0 装配序列应用环境采用的方式：单击窗口顶部的【标准】工具条【完成序列】图标，完成装配序列操作，或者在菜单栏中选择【任务】|【完成序列】命令也可退出装配序列操作。

装配序列应用模块包括的工具条有【装配次序回放】工具条、【装配次序和运动】工具条、【动态碰撞检测】工具条等，分别如图 7.62、图 7.63 和图 7.64 所示。

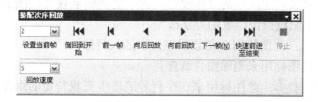

图 7.62　【装配次序回放】工具条

图 7.63　【装配次序和运动】工具条

图 7.64　【动态碰撞检测】工具条

1. 【装配次序和运动】工具条

此工具条提供了快速建立装配次序和运动的相关功能按钮和图标。默认打开的工具条并没有全部显示所有的工具图标，用户可以针对自身要求按照第 1 章所介绍的工具条定制操作重新定制工具条。

【装配次序和运动】工具条包括的装配次序和运动的操作功能图标很多，下面将对它们分别介绍。

(1) 完成序列：此图标用来完成和退出装配顺序应用环境。

(2) 创建新序列：此图标用来建立新的装配序列。

(3) 【设置关联序列】下拉列表：在此下拉列表中选择序列设置为关联序列。

(4) 插入运动：此图标用来在装配序列中创建运动。选择该图标，打开如图 7.65 所示的【插入运动】工具栏。

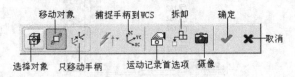

图 7.65 【插入运动】工具栏

(5) 装配：此图标用来为组件在关联序列创建装配步骤。如果选择的组件有多个，则按组件的选择次序来创建步骤。

(6) 一起装配：此图标是用来在一步序列中完成一些子装配件或组件的装配。

(7) 拆卸：此图标用来对选择组件创建拆卸步骤。

(8) 一起拆卸：此图标是对同一次序步骤内的装配组件或子装配件同时拆卸。

(9) 记录摄像位置：此图标用来建立一摄像步骤。它在次序回放视图中能改变观看位置和方向。如在回放装配次序的某步骤时，为了更清晰展现比较细小的组件，需要改变观察方位，可以采用记录摄像位置的方法改变。

(10) 插入暂停：此图标用来在装配序列中插入暂停。

(11) 删除：此图标用来删除组件或序列。

(12) 在序列中查找：此图标用来在序列导航器中查找特定的组件。

(13) 显示所有序列：此图标用来显示所有的序列。

(14) 捕捉布置：此图标用来捕捉当前装配组件的位置作为一种布置。单击此图标，打开如图 7.66 所示的【捕捉布置】对话框。

图 7.66 【捕捉布置】对话框

2．【装配次序回放】工具条

【装配次序回放】工具条是用来回放和显示装配次序和运动的命令集。当系统中无可播放的装配序列时，【装配次序回放】工具条呈灰色，没被激活。当在【装配次序和运动】

工具条的【设置关联序列】下拉列表选择要回放的装配序列时,【装配次序回放】工具条就激活并可以进行回放。下面对此工具条图标分别进行介绍。

(1) 倒回到开始 ：此图标是指装配序列回放时倒回到最开始状态。

(2) 前一帧 ：此图标是指装配序列倒回到前面一帧。

(3) 向后回放 ：此图标是指装配序列回放时向后播放。

(4) 向前回放 ：此图标是指装配序列回放时向前播放。

(5) 下一帧 ：此图标是指向装配序列当前帧的下面一帧。

(6) 快速前进至结束 ：此图标是快速回放装配序列至最后一帧。

(7) 停止 ：此图标是在回放序列时暂时停止。

(8)【设置当前帧】列表：用来设置序列回放时起始的帧。

(9)【回放速度】下拉列表：用来设定回放速度,如图 7.67 所示。

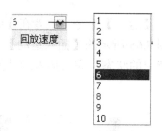

图 7.67　【回放速度】下拉列表

3.【动态碰撞检测】工具条

当移动和选择装配组件时,某些组件可能与其他组件相碰撞或抵触。为了在装配时及早发现这些问题,可以利用【动态碰撞检测】工具条中的命令来检验。如图 7.68 所示。

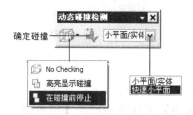

图 7.68　【动态碰撞检测】工具条图标及下拉列表

【动态碰撞检测】工具条包括 No Checking(不检测)图标、【高亮显示碰撞】图标、【在碰撞前停止】图标、【确定碰撞】图标和【检查类型】下拉列表。

(1) No Checking ：选择该选项是忽略系统的动力学检测,即系统忽略任何碰撞。

(2) 高亮显示碰撞 ：发生碰撞后仍能移动组件,只是系统以高亮度的形式显示碰撞部位。

(3) 在碰撞前停止 ：发生碰撞后停止移动。

(4) 确定碰撞 ：如果组件由于发生碰撞而停止移动,选择该选项可以使移动继续。如可以把组件拖动到远离碰撞对象的范围。

(5)【检查类型】下拉列表：包括两类选项,【小平面/实体】和【快速小平面】。

7.5.2 创建装配序列

装配顺序是以序列的形式显示出来。序列中包括许多操作，如运动、装配、拆卸等，用户可以按自身要求新建装配序列。

创建装配序列的主要操作如下。

1. 新建

在菜单栏中选择【任务】|【新建】命令，或者在【装配次序和运动】工具条中单击【创建新序列】图标，创建一新序列并命名为【序列 1】，则在【装配次序和运动】工具条的【设置关联序列】下拉列表中显示为【序列1】。

2. 插入运动

在菜单栏中选择【插入】|【运动】命令，或者在【装配次序和运动】工具条中单击【插入运动】图标，打开如图 7.65 所示的【插入运动】工具栏，按用户要求和状态栏的提示操作把组件拖动或旋转成特定的状态，完成插入运动操作。如图 7.69 所示。

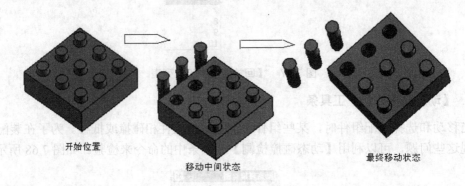

图 7.69　插入运动

3. 记录摄像位置

把视图调整到较好的观察位置并进行放大，在菜单栏中选择【插入】|【摄像位置】命令，或者在【装配次序和运动】工具条中单击【记录摄像位置】图标，完成记录摄像位置操作，如图 7.70 所示。

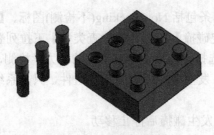

图 7.70　记录摄像位置

4. 拆卸

在菜单栏中选择【插入】|【拆卸】命令，或者在【装配次序和运动】工具条中单击

【拆卸】图标 ，选择要拆卸的组件，单击【确定】按钮后完成拆卸操作，如图 7.71 所示。

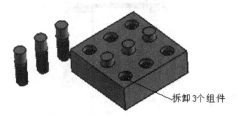

图 7.71　拆卸

5. 装配

在装配序列中，装配是相对拆卸而言的。其操作方法与拆卸操作类似。在菜单栏中选择【插入】|【装配】命令，或者在【装配次序和运动】工具条中单击【装配】图标 ，打开【选择组件】工具条，通过【类选择】图标选择拆卸过的组件，单击【确定】按钮完成装配操作。如图 7.72 所示。

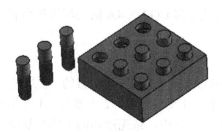

图 7.72　装配

装配序列中还可以添加一些运动步骤，如一起拆卸、一起装配等操作。

7.5.3　回放装配序列

回放装配序列是按照【装配次序回放】工具条的命令图标完成。回放装配序列操作方法如下。

(1) 在【装配次序回放】工具条的【设置关联序列】下拉列表中设置要回放的装配序列为关联序列。

(2) 在【装配次序回放】工具条中单击【向前回放】图标 ，装配序列开始回放，直到结束为止。

注意：① 在装配序列的回放过程中，【设置当前帧】列表值会发生变化，直到回放完成为止。

② 在装配序列中，每一个运动步骤可以由多个帧构成，而一个装配序列也是这些帧的集合。

7.5.4　删除序列

删除序列操作方法是：在资源条的序列导航器中选定要删除的序列名，用鼠标右键单击，打开如图 7.73 所示的快捷菜单，选择【删除】命令即可完成序列的删除操作。

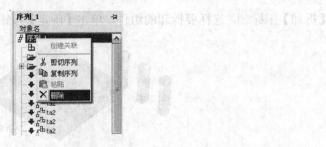

图 7.73 删除序列

7.6 设 计 范 例

本章节将通过一个设计范例的操作过程来说明 UG NX 4.0 的装配基本功能，包括从底向上的装配设计方法、配对条件、引用集操作、组件阵列、爆炸视图、装配顺序等装配操作。当然，设计范例的操作不能包括所有的 UG NX 4.0 装配操作功能，但通过实例模型的详细介绍，可以使读者更好地掌握 UG NX 4.0 的装配操作内容。

7.6.1 模型分析

本节设计范例是针对 UG NX 4.0 装配操作而言的。它是指一机械臂的设计、装配过程，由 1 个机械手臂、1 个支撑臂、4 个定位销、2 个螺钉、1 个基座装配而成。它们的装配方法是从底向上的装配设计方法，其中，最先添加的组件为基座，并以基座为参考的原有组件，以配对约束的方式创建配对条件，添加支撑臂、螺钉、定位销组件，再以支撑臂为参考的原有组件，添加机械手臂组件。在创建这些零部件时，可以对包含非实体数据(如草图等)的零部件模型创建实体引用集。在装配完成后创建装配模型的爆炸图和装配顺序回放序列。

7.6.2 设计步骤

机械臂装配模型有 5 个零部件，如图 7.74 所示。机械臂装配设计包括这些零部件的设计以及它们的装配过程，具体步骤如下。

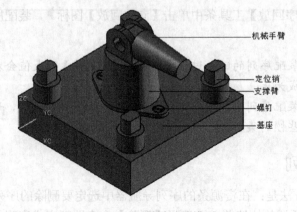

图 7.74 机械臂装配模型

1. 基座设计

基座的设计比较简单，它利用实体建模的一些操作方法完成，一些具体的操作过程这里就不再赘述了。

(1) 新建基座文件。打开 UG NX 4.0，选择【文件】|【新建】，在新建对话框中输入文件名 slfx1，选择单位为毫米，单击 OK 按钮，进入建模环境。

(2) 创建长方体。输入长 80、宽 80、高 2，采用原点、边长度的创建方式，选择坐标原点为创建原点，创建一长方体，如图 7.75 所示。

图 7.75 创建一长方体

(3) 创建定位孔。创建一定位孔：按照孔的创建步骤创建一沉头通孔，输入参数为沉头直径 14、沉头深度 5、孔直径 8，定位尺寸是距离两边缘分别为 10。创建定位孔矩形阵列：利用实例特征操作创建定位孔的矩形阵列操作，如图 7.76 所示为定位孔的矩形阵列操作的参数输入和结果显示。

图 7.76 创建定位孔

(4) 移动坐标系。移动坐标系，各方向的移动距离 XC 为 40、YC 为 40、ZC 为 20，操作结果如图 7.77 所示。

(5) 绘制草图。进入草图环境，在 XC-YC 平面绘制如图 7.78 所示形状和尺寸的草图。

图 7.77 移动坐标系　　　　　　　　　　图 7.78 绘制草图

(6) 拉伸草图曲线。单击【拉伸】图标,选择上步绘制的草图曲线,在【拉伸】对话框设置如图 7.79 所示的参数,单击【确定】按钮,完成草图曲线的拉伸操作。

图 7.79 拉伸草图曲线

(7) 创建螺栓孔。在拉伸草图后出现的凹槽处创建 2 螺纹孔。先创建一直径为 5 的通孔,定位方式为点到点定位,即孔的中心与凹槽侧面半径为 5 的拐角圆弧的圆心重合,如图 7.80 所示。创建通孔后可以进行螺纹孔的创建,按第 5 章所介绍的方法,螺纹参数见图 7.81。创建完螺纹孔后,可以按照实例特征的镜像特征操作方式在凹槽的另一对称的拐角处镜像一螺纹孔,如图 7.81 所示的螺纹孔结果。

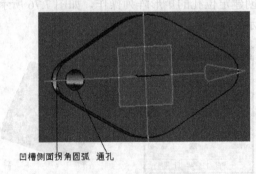

图 7.80 创建通孔

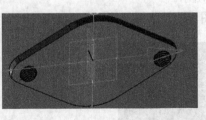

图 7.81 螺纹孔参数及螺纹孔结果

此时,基座零件模型完成创建操作。基座模型的整体结构如图 7.82 所示。

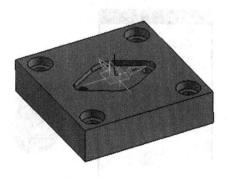

图 7.82 基座模型

2. 定位销设计

定位销由 3 个圆柱体组成,其中一个圆柱体被两基准平面进行修建体操作,图 7.83 所示为定位销模型。

(1) 新建文件【定位销】,创建 3 个圆柱。按照圆柱的创建方式如图 7.84 所示的 3 个圆柱。3 个圆柱都采用【直径,高度】的创建方式,它们的参数值分别为:第一个圆柱,直径 10、高度 8;第二个圆柱,直径 14、高度 15;第三个圆柱,直径 8、高度 10。3 个圆柱都是沿 ZC 的负方向作为轴线方向。第一个圆柱的基点为坐标原点;第二个圆柱的基点在第一个圆柱的顶部圆心点;第三个圆柱的基点在第二个圆柱的顶部圆心点。

 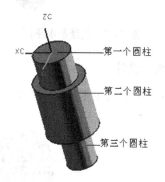

图 7.83 定位销模型　　　　　图 7.84 创建 3 个圆柱

(2) 创建基准面。在【成形特征】工具条中单击【基准平面】图标![图标],打开【基准平面】对话框。在【固定方法】选择 YC-ZC plane 图标![图标],在【偏置】文本框中输入偏置参数 3.5,其他选项设置为默认值不变,如图 7.85 所示,单击【确定】按钮,创建一平行于 YC-ZC 面、偏置值为 3.5 的基准平面。用同样的方法创建一平行于 YC-ZC 面、偏置值为 −3.5 的基准平面,如图 7.86 所示。

(3) 修剪体操作。在【特征操作】工具条中单击【修剪体】图标![图标],打开【修剪体】操作对话框,按修剪体的操作方法利用上一步创建的基准平面把第一个圆柱体修剪成如图 7.87 所示的几何外形。

(4) 相加运算。通过布尔操作对 3 个圆柱体进行求和运算。

此时完成定位销模型的设计。

图 7.85　创建基准平面对话框及参数输入

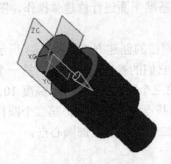

图 7.86　创建基准平面

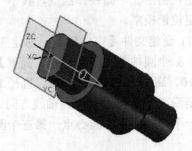

图 7.87　修剪体操作

3. 螺钉设计

螺钉是用来固定基座与支撑臂的连接结构，如图 7.88 所示。

图 7.88　螺钉

(1) 新建文件 luowen，创建圆柱体。圆柱体参数为：长为 20mm、直径为 6mm，基点为坐标原点，轴线方向按 ZC 方向。操作结果如图 7.89 所示。

图 7.89　创建圆柱体

(2) 创建矩形键槽。采用创建矩形键槽的方法创建螺钉的公称。在【成形特征】工具条中单击【键槽】图标，选择键槽类型为矩形，选择圆柱体的一个端面为键槽放置面，输入键槽参数值：长度为 20mm、宽度为 1mm、深度为 3mm，选择水平定位方式，如图 7.90 所示，输入定位尺寸 10，单击【确定】按钮，得到如图 7.91 所示的结果。

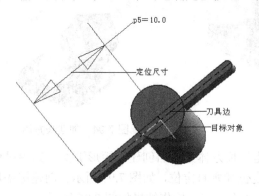
图 7.90　矩形键槽定位

图 7.91　创建矩形键槽

(3) 倒斜角。它是指在圆柱体的另一端倒斜角。在【特征操作】工具条中单击【倒斜角】图标，打开【倒斜角】对话框，采用【单偏置】方式，输入偏置值 1.5，最后单击【确定】按钮。

(4) 攻螺纹。对圆柱攻螺纹，螺纹的参数为：长度为 18.5mm、螺距为 1mm、角度为 60。

此时，螺纹模型已经设计完成。

4．支撑臂设计

支撑臂是用来起支撑机械手臂的作用。

(1) 按照前面介绍的方法创建图 7.78 所示的草图，并对其进行拉伸操作，参数为：起始值 0，结束值 5，拉伸方向为 ZC 方向。结果如图 7.92 所示。

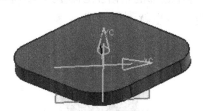
图 7.92　拉伸操作

(2) 创建圆柱体并进行拔锥操作。在上一步创建的拉伸体上表面创建一直径 30，高 25 的圆柱体，圆柱体基点在上表面中心位置，并把它相加到原有实体上去。完成后对圆柱体进行拔锥，拔锥角为 5，如图 7.93 所示。

(3) 创建长方体。先把坐标系移动到一定的距离：XC 为-9；YC 为-8；ZC 为 30，再以新的坐标系原点为原点创建一长 18、高 16、宽 16 的长方体，并把它相加到原有实体上去。如图 7.94 所示。

图 7.93 创建圆柱及拔锥　　　　　图 7.94 创建长方体

(4) 创建键槽及倒圆角。在上一步创建的长方体上表面创建一矩形键槽。其中键槽长度 40，宽度 8，深度 14，定位方式有水平定位和垂直定位，如图 7.95 所示。创建键槽后对长方体上表面键槽方向的边缘倒圆角，倒角半径为 8，操作结果如图 7.96 所示。

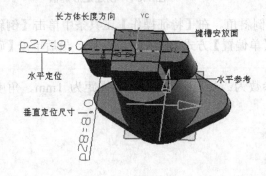 

图 7.95 键槽定位　　　　　图 7.96 创建键槽及倒圆角

(5) 创建安装孔。先在长方体的前、后表面创建一通孔，孔直径为 8，定位于前表面的中心位置，如图 7.97 所示；再在底部的台阶上创建两装配通孔，孔直径为 8，定位方式和定位尺寸同前面的螺纹孔一样，这里就不再赘述。

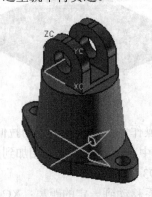

图 7.97 创建安装孔

5. 机械手臂设计

机械手臂的设计比较简单，这里只介绍创建机械手臂主要的几个步骤。

(1) 草图绘制。按照前面介绍的方法绘制如图 7.98 所示的草图。

(2) 拉伸草图。按照前面的拉伸步骤进行拉伸操作，参数值为：起始值-4；结束值 4，结果如图 7.99 所示。

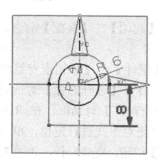 

图 7.98　绘制草图　　　　　　　　图 7.99　拉伸草图

(3) 改变坐标系。先按照前面步骤中的方法改变坐标系位置。把坐标系移动距离：XC、ZC 不变，YC 为-8。再旋转坐标系：按照坐标系旋转的方法绕+XC 轴，把 YC 转为 ZC。

(4) 最后创建圆柱体及其拔锥，如图 7.100 所示。

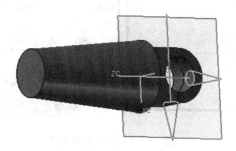

图 7.100　创建圆柱体及其拔锥

6. 创建引用集

在装配前对某些零部件创建实体引用集，这对装配来说非常有用。

创建机械手臂的引用集。在菜单栏中选择【格式】|【引用集】命令，打开【引用集】对话框，单击【新建】按钮，打开【创建引用集】对话框，输入引用集名称 shiti，如图 7.101 所示。

图 7.101　【创建引用集】对话框

其他零部件引用集的创建方法一样，这里就不再赘述。

注意：由于不同零部件的引用集可以同名，所以为了简单起见，把所有的引用集都命名为 shiti。

7. 机械臂的装配

本实例采用从底向上装配设计方法完成机械臂的装配操作。从底向上装配设计方法是从添加现有组件命令开始的。

(1) 新建文件 jixieshou，在【标准】工具条中选择【起始】|【装配】命令，进入装配环境。

(2) 添加基座组件。在菜单栏中选择【装配】|【组件】|【添加现有组件】命令，或者在【装配】工具条单击【添加现有的组件】图标，打开【选择部件】对话框，在列表框中选择 jizuo.prt，单击【确定】按钮，打开【添加现有部件】对话框，在 Reference Set 下拉列表中选择 MODEL；在【定位】下拉列表中选择绝对方式进行定位，单击【确定】按钮，在打开的点构造器中默认坐标值，再单击【确定】按钮，完成操作，如图 7.102 所示。

图 7.102 添加基座组件

(3) 添加和装配定位销组件。上一步添加的基座组件是用来装配时起参考作用的，因此以后添加的组件必须采用配对的方式进行。添加定位销组件时需要创建配对条件。添加定位销的步骤前部分跟添加基座类似，只是当打开【添加现有部件】对话框时，在【定位】下拉列表中选择配对方式进行定位。这时打开配对条件对话框，先选择【中心】配对方式，选择定位销上的圆柱面和基座的定位孔内表面进行配对，如图 7.103 所示；再选择【配对】方式，选择定位销上台阶面和上基座的定位孔的台阶面进行配对，如图 7.104 所示。单击【确定】按钮，完成添加和装配定位销组件，如图 7.105 所示。

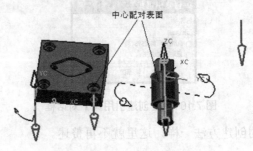

图 7.103 定位销的【中心】配对

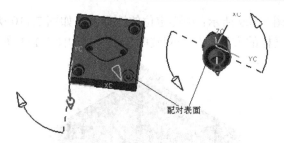

图 7.104 定位销的【配对】方式

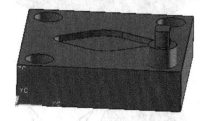

图 7.105 添加和装配定位销

(4) 添加和装配支撑臂组件。支撑臂组件的添加也是采用配对的方式定位，操作方法跟上一步类似，只是在创建配对条件时，配对约束和对象选择不同。在支撑臂添加和装配时，先进行【配对】方式定位，再进行【对齐】方式配对，如图 7.106、图 7.107 所示。图 7.108 显示此步操作的结果。

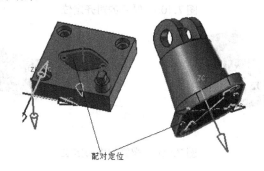

图 7.106 支撑臂的配对定位

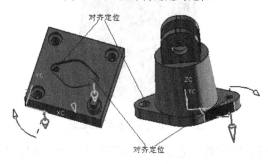

图 7.107 支撑臂的对齐定位

(5) 添加和装配螺钉组件。它的操作方法跟上面类似，在创建配对条件时，配对约束和对象选择不同。在螺钉添加和装配过程中，要选择对齐和中心定位两种方式，其中，对齐定位的选择对象如图 7.109 所示；中心定位的选择对象如图 7.110 所示。在完成一个螺钉的添加和装配后，按同样的方法在另一侧装配一螺钉。如图 7.111 所示为操作结果。

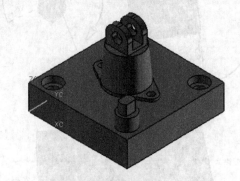

图 7.108　添加和装配支撑臂

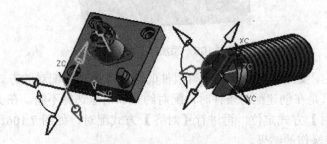

图 7.109　螺钉的对齐定位

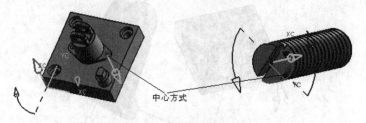

图 7.110　螺钉的中心定位

图 7.111　添加和装配螺钉

(6) 添加和装配机械手臂组件。它的操作过程跟上一步类似，只是在创建配对条件时，配对约束和对象选择不同。本步操作的约束类型有平行、配对和中心定位 3 种，配对对象选择如图 7.112 所示。添加和装配机械手臂组件的操作结果如图 7.113 所示。

(7) 创建组件阵列。在菜单栏中选择【装配】|【组件】|【创建阵列】命令，或者在【装配】工具条中单击【创建组件阵列】图标，打开【选择组件】工具条，在装配部

件中选择装配好的定位销组件,单击【确定】图标✓,打开【创建组件阵列】对话框,在【阵列定义】选项中选中【线性】单选按钮,组件阵列名按默认不变(默认时与文件名相同),单击【确定】按钮,打开【创建线性阵列】对话框,在【方向定义】选项中选中【边缘】单选按钮,输入如下参数:总数-XC 为 2;偏置-XC 为-60;总数-YC 为 2;偏置-YC 为-60,单击【确定】按钮完成操作,如图 7.114 所示。

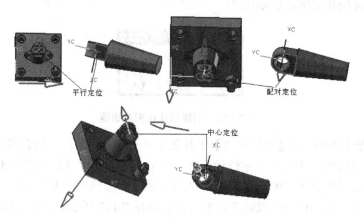

图 7.112 机械手臂的配对约束

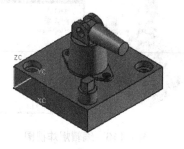

图 7.113 添加和装配机械手臂

图 7.114 创建组件阵列

8. 机械臂的爆炸视图

(1) 创建爆炸视图。在菜单栏中选择【装配】|【组件】|【爆炸视图】|【显示工具条】命令，打开【爆炸视图】工具条。在工具条中单击【创建爆炸视图】图标，打开【创建爆炸视图】对话框，默认的爆炸视图名称为 Explosion 1，如图 7.115 所示，单击【确定】按钮，完成爆炸视图创建操作。

图 7.115 创建爆炸视图对话框

(2) 编辑爆炸视图。在【爆炸视图】工具条上单击【编辑爆炸视图】图标，打开【编辑爆炸视图】对话框，选择 4 个定位销组件，在对话框中选中【移动对象】单选按钮，用鼠标拖动选择的组件到爆炸的位置，如图 7.116 所示。按同样的方法把除基座组件外的所有组件全部移开，移动位置可以随意定制，得到如图 7.117 所示的爆炸视图结果。

图 7.116 编辑爆炸视图

图 7.117 机械臂的爆炸视图

9. 机械臂的装配顺序

(1) 创建装配序列。在菜单栏中选择【装配】|【顺序】命令，或者在【装配】工具条中单击【装配序列】图标，进入装配顺序应用环境，选择【任务】|【新建】命令，或者在【装配次序和运动】工具条单击【创建新序列】图标。

(2) 插入定位销运动。在【装配次序和运动】工具条中单击【插入运动】图标，打开【插入运动】工具条,选择一个定位销组件,在工具条中单击【移动对象】图标,用鼠标拖动已选择的定位销,单击【确定】图标,形成插入运动,如图 7.118 所示。

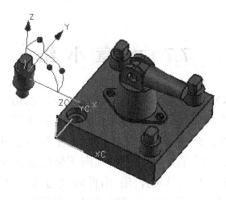

图 7.118　插入定位销运动

(3) 拆卸机械手臂组件。在【装配次序和运动】工具条中单击【拆卸】图标,打开【选择组件】工具条,选择机械手臂组件,单击【确定】图标,如图 7.119 所示。

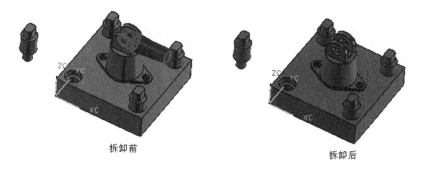

图 7.119　拆卸机械手臂组件

(4) 装配机械手臂组件。在【装配次序和运动】工具条中单击【装配】图标,打开【选择组件】工具条,通过类选择方式选择上一步拆卸的机械手臂组件,名称为 jixieshoubi,单击【确定】图标,完成机械手臂组件的装配操作,如图 7.120 所示。

图 7.120　装配机械手臂组件

此时，已经完成一装配序列的创建，命名为【序列1】。

(5) 装配次序回放。在【装配次序回放】工具条中单击【向前回放】图标▶，序列就开始回放，直到完成为止。

7.7 本章小结

本章主要介绍了 UG NX 4.0 的装配功能和操作命令，包括装配的基本术语、引用集、配对条件、装配方法、爆炸视图操作。组件阵列和装配顺序等。其中引用集内容包括引用集的创建、使用和替换操作；配对条件的基本内容包括配对条件树、配对类型和操作步骤等方面；装配方法分为从底向上装配设计和自顶向下装配设计两种方法；爆炸视图包括爆炸视图的创建、编辑等操作以及工具条介绍；组件阵列内容主要包括组件的 3 种创建方式；装配顺序主要内容是装配顺序应用环境介绍以及对装配顺序的创建、回放等操作的介绍。最后，本章通过一个设计范例来对 UG NX 4.0 的装配功能和操作命令进行详细介绍。

第 8 章　工程图设计基础

本章讲解的内容是工程图设计基础，即 UG NX 4.0 的制图功能。UG NX 4.0 的制图功能非常强大，它可以生成各种视图，如俯视图、前视图、右视图、左视图、一般剖视图、半剖视图、旋转剖视图、展开视图、局部放大图、阶梯剖视图和断开视图等。UG NX 4.0 制图功能的另外一大特点是二维工程图和几何模型的关联性，即二维工程图随着几何模型的变化而自动变化，不需要用户再手动进行修改。

本章首先介绍 UG NX 4.0 的制图功能和操作界面及其工程图的管理，然后详细讲解各种视图的生成方法。在此基础上，我们又讲解了尺寸标注和注释、表格和零件明细表的插入等。最后本章还讲述了一个设计范例，设计范例讲述了一个零件图制图的全部过程。通过这个设计范例的讲解，读者将更加深刻地领会一些基本概念，掌握工程图的分析方法、设计过程、制图的一般方法和技巧。

本章主要内容：
- 工程图概述
- 视图操作
- 编辑工程图
- 尺寸标注、注释
- 设计范例

8.1　工程图概述

8.1.1　UG NX 4.0 的制图功能

UG NX 4.0 的制图功能包括图纸页的管理、各种视图的管理、尺寸和注释标注管理以及表格和零件明细表的管理等。这些功能中又包含很多子功能，例如在视图管理中，它包括基本视图(俯视图、前视图、右视图和左视图等)的管理、剖视图(一般剖视图、半剖视图和旋转剖视图等)的管理、展开视图的管理、局部放大图的管理等；在尺寸和注释标注功能中，它包括水平、竖直、平行、垂直等常见尺寸的标注，也包括水平尺寸链、竖直尺寸链的标注，它还包括形位公差和文本信息等的标注。

因此 UG NX 4.0 的制图功能非常强大，可以满足用户的各种制图功能。此外，UG NX 4.0 的制图功能生成的二维工程图和几何模型之间是相互关联的，即模型发生变化以后，二维工程图也自动更新。这给用户修改模型和修改二维工程图带来了同步的好处，节省了不少时间，提高了工作效率。当然，如果用户不需要这种关联性，还可以对它们的关联性进行编辑。因此可以适应各种用户的要求。

8.1.2　进入【制图】功能模块

启动 UG NX 4.0，进入 UG NX 4.0 的基本操作界面后，如图 8.1 所示，单击【起始】图标，在下拉菜单中选择【制图】菜单命令，即可进入【制图】功能模块。

图 8.1　进入【制图】功能模块

此时工具栏中显示的图标除了一些常用的图标外，还显示了一些有关【制图】功能模块的图标，它们包括【尺寸】工具栏、【制图注释】工具栏、【表格与零件明细表】工具栏和【制图编辑】工具栏等。这些工具栏的功能和操作方法我们将在后续内容中介绍。

> 注意：如果用户是第一次进入【制图】功能模块，除了显示这些和【制图】功能模块相关的图标外，还将打开【插入图纸页】对话框，要求用户新建一个工程图。关于【插入图纸页】对话框的详细内容我们将在下面介绍。

8.1.3　工程图的管理

工程图的管理包括【新建图纸页】、【打开图纸页】和【删除图纸页】等操作，下面将分别介绍这 3 个操作。

1. 新建图纸页

在【图纸布局】工具栏中单击【新建图纸页】图标，打开如图 8.2 所示的【插入图纸页】对话框，系统提示用户输入新图纸的名称。

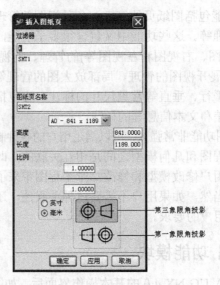

图 8.2　【插入图纸页】对话框

【插入图纸页】对话框各选项的说明如下：

(1) 过滤器

在【过滤器】文本框中输入图纸的名称，该图纸的名称将显示在【过滤器】文本框下方的名称列表框中。用户还可以使用"*"和"？"进行模糊过滤，系统将在名称列表框中显示所有和用户输入字符相关的图纸名称。

(2) 图纸页名称

【图纸页名称】文本框用来输入新建图纸的名称。用户直接在文本框中输入图纸的名称即可。如果用户不输入图纸名称，系统将自动为新建的图纸指定一个名称。

(3) 图纸规格

图纸规格是指用户新创建图纸的大小。根据用户选择单位的不同，图纸规格下拉选项中的选项也不相同。如图 8.3 所示，当用户选择【毫米】为单位时，图纸规格下拉选项显示如图 8.3(a)所示；当用户选择【英寸】为单位时，图纸规格下拉选项显示如图 8.3(b)所示。系统默认的选项以【毫米】为单位。

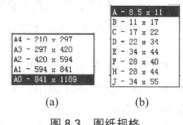

(a)　　　　(b)

图 8.3　图纸规格

当用户在图纸规格下拉选项中指定图纸规格后，该规格的高度和长度分别显示在【高度】和【长度】文本框中。如果用户对标准的图纸规格不满意，可以在【高度】和【长度】文本框中直接输入图纸规格的高度和长度。

(4) 比例

该选项用来指定图纸中视图的比例值。系统默认的比例值为 1∶1。

(5) 投影方式

投影方式包括【第三象限角投影】和【第一象限角投影】两种。系统默认的投影方式为【第三象限角投影】。

2．打开图纸页

用户创建图纸页以后，有时需要打开图纸页编辑或者修改图纸。在【图纸布局】工具栏中单击【打开图纸页】图标 ，打开如图 8.4 所示的【打开图纸页】对话框，系统提示用户输入要打开的图纸的名称。

【打开图纸页】对话框中的选项和【插入图纸页】对话框中的选项含义相同，这里不再赘述。用户在【打开图纸页】对话框中输入打开图纸的名称，然后单击【确定】按钮，即可打开该图纸。

3．删除图纸页

在【图纸布局】工具栏中单击【删除图纸页】图标 ，同样打开类似图 8.4 所示的【打开图纸页】对话框。删除图纸的操作方法和打开图纸的方法相同，这里不再赘述。

图 8.4 【打开图纸页】对话框

8.2 视图操作

用户新建一个图纸页后,最关心的是如何在图纸页上生成各种类型的视图,如生成基本视图、剖面图或者其他视图等,这就是我们本节要讲解的视图操作。视图操作包括生成基本视图、部件视图、投影视图、剖视图(包括一般剖视图、半剖视图和旋转剖视图)、局部放大图和断开视图等。

在 UG NX 4.0 制图环境中,用鼠标右键单击非绘图区,从弹出的快捷菜单中选择【图纸布局】命令,添加【图纸布局】工具栏到制图环境用户界面的工具栏。添加所有的图标后,【图纸布局】工具栏显示如图 8.5 所示。

它包含工程图的管理命令,如【新建图纸页】、【打开图纸页】和【删除图纸】等命令,这 3 个命令我们已经在上一节做了介绍。

【图纸布局】工具栏还包含视图操作命令,如【基本视图】、【剖视图】、【移动/复制视图】和【对齐视图】等命令。这些命令我们将在本节做详细介绍。

图 8.5 【图纸布局】工具栏

8.2.1 基本视图

基本视图包括俯视图、前视图、右视图、后视图、仰视图、左视图、正等测视图和正二测视图等。用户可以任意选取其中的一种或者几种基本视图将其生成在新创建的图纸页上。系统默认的基本视图为俯视图。

在【图纸布局】工具栏中单击【基本视图】图标,打开如图 8.6 所示的【基本视图】

工具栏。工具栏中各图标的含义及其下拉选项已经标记在图上了。生成各种基本视图的方法说明如下。

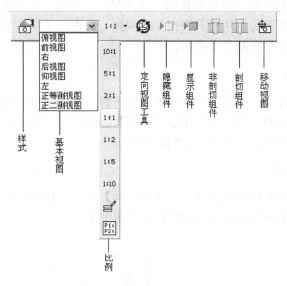

图 8.6 【基本视图】工具栏

1. 指定视图样式

指定视图样式的方法包括自动和手动两种。自动指定视图样式的方法是指使用系统默认的一些参数。如果基本视图不能满足用户的设计要求，还可以采用手动方式指定视图样式。手动指定视图样式是指用户自定义系统的视图样式，自定义系统的视图样式通过修改系统默认的一些参数来实现。

在【基本视图】工具栏中单击【式样】图标，打开如图 8.7 所示的【视图样式】对话框。【视图样式】对话框包括【一般】、【隐藏线】、【可见性】、【光顺边】、【虚拟交线】、【跟踪线】、【剖面】、【螺纹】、【透视】和【基本】等选项。用户在【视图样式】对话框单击相应的标签即可切换到该选项的参数设置。图 8.7 所示为【基本】标签的显示情况。

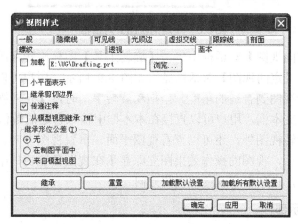

图 8.7 【视图样式】对话框

2. 选择基本视图

如图 8.6 所示，基本视图包括俯视图、前视图、右视图、后视图、仰视图、左视图、正等测视图和正二测视图等。用户只要在基本视图工具栏的【基本视图】下拉列表框中选择相应的选项即可生成对应的基本视图。

3. 指定视图比例

用户可以直接选择【比例】下拉列表框中比例值，也可以自己定制比例值，还可以使用表达式来指定视图比例。用户单击【定制比例】图标 即可自己定制比例值。用户单击【按表达式定比例】图标 即可自己定制比例值。

4. 设置视图的方向

在【基本视图】工具栏中单击【定向视图工具】图标，打开如图 8.8 所示的【定向视图】对话框。对话框中各图标的含义已经标记在图中了。

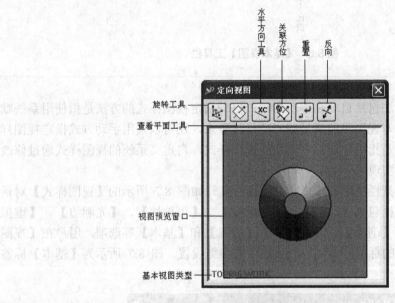

图8.8 【定向视图】对话框

用户可以在【定向视图】对话框中单击【旋转工具】图标旋转视图到某一角度。单击【旋转工具】图标，【定向视图】对话框显示如图 8.9 所示。用户可以按住鼠标左键不放拖动旋转手柄来旋转视图到合适的角度。当拖动旋转手柄时，【定向视图】对话框中显示【角度】和【捕捉】文本框，用户可以直接在本本框中输入合适的数值即可。

用户除了可以旋转视图外，还可以查看视图平面、重置视图方向、反向视图方向等。当用户执行某个操作后，视图的操作效果图立即显示在视图预览窗口中，方便用户观察视图的方向并不断调整，直到用户满意的视图方向。

5. 指定隐藏/显示部件

如果用户不想某个部件出现在视图中时，可以单击【隐藏部件】图标，然后选择需要隐藏的部件即可隐藏该部件。隐藏后该部件将不出现在视图中。

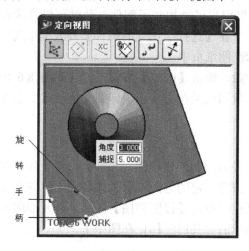

图 8.9　旋转视图

6．移动视图

当用户指定视图样式、选择基本视图、指定视图比例和设置视图方向后，如果觉得视图在图纸页中的位置不合适时，可以在【基本视图】工具栏中单击【移动视图】图标，然后移动光标到合适的位置，视图随着光标移动，单击鼠标左键即可确定视图在图纸页中的位置。

8.2.2　部件视图

【部件视图】操作可以把当前制图环境中不存在的部件引进来，在图纸页中生成该引进部件的视图。【部件视图】操作一般在用户创建新的图纸页后使用。

在【图纸布局】工具栏中单击【部件视图】图标，打开如图 8.10 所示的【选择部件】对话框，系统提示用户选择要在视图中显示的部件。

图 8.10　【选择部件】对话框

选择部件分为以下两种情况。

(1) 新加载部件。如果以前没有加载部件或者需要重新加载部件，用户可以单击【选择组件】按钮，此时打开一个对话框，要求用户指定加载部件的路径和部件名称。

(2) 已加载部件。如果用户已经加载了部件，此时可以直接在【选择已加载的部件】列表框中选择部件。当用户在【选择已加载的部件】列表框中选中某个部件后，该部件以前生成的视图高亮度显示在图纸页中。

选择需要加载的部件后，单击【确定】按钮，打开如图 8.6 所示的【基本视图】工具栏。【基本视图】工具栏我们已经在上文作了详细介绍，这里不再赘述。

8.2.3 投影视图

投影视图可以生成各种方位的部件视图。该命令一般在用户生成基本视图后使用。该命令以基本视图为基础，按照一定的方向投影生成各种方位的视图。

在【图纸布局】工具栏中单击【投影视图】图标，打开如图 8.11 所示的【投影视图】工具栏。工具栏中各个图标的含义已经标记在图中了。

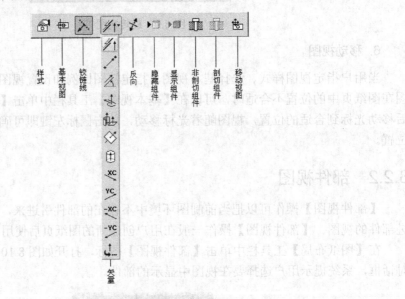

图 8.11　【投影视图】工具栏

由于【样式】、【隐藏组件】、【显示组件】、【非剖切组件】、【剖切组件】和【移动视图】等已经在【基本视图】工具栏中介绍过了，这里不再介绍，下面仅对【投影视图】工具栏不同的几个图标做一些介绍。

1．基本视图

单击【基本视图】图标，系统提示用户选择父视图。系统将以用户选择的父视图为基础，按照一定的矢量方向投影生成投影视图。

2．铰链线

单击【铰链线】图标，系统提示用户定义铰链线，同时【自动判断的矢量】图标被激活。用户可以在图纸页中选择一个几何对象，系统将自动判断矢量方向。用户也可以自己手动定义一个矢量作为投影方向。

3. 矢量

单击【自动判断的矢量】图标，系统提供多种定义矢量的方法。用户可以选择其中的一种方法来定义一个矢量作为投影矢量。

4. 反向

当用户对投影矢量的方向不满意时，可以单击【反向】按钮，则投影矢量的方向变为原来矢量的相反方向。

8.2.4 剖视图

剖视图包括一般剖视图、旋转剖视图、半剖视图和其他剖视图。下面将分别介绍这几种剖视图及其操作方法。

1. 一般剖视图

在【图纸布局】工具栏中单击【剖视图】图标，打开如图 8.12 所示的【剖视图】工具栏，系统提示用户选择父视图。

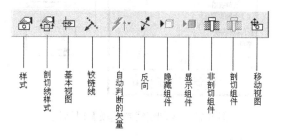

图 8.12　【剖视图】工具栏

(1)【剖视图】工具栏

由于【剖视图】工具栏中的一些图标和【投影视图】工具栏中的图标相同，这里不再赘述。下面仅介绍几个不相同的图标。

① 剖切线样式

剖切线样式可以允许用户根据自己的需要，改变系统的一些默认参数设置剖切线样式。单击【剖切线样式】图标，打开如图 8.13 所示的【剖切线首选项】对话框。【剖切线首选项】对话框各选项的含义图中已经使用示意图标注出来了，这里不再作详细介绍。

② 非剖切组件

当系统提示选择父视图时，用户可以单击【非剖切组件】图标，这样用户可以只选择非剖切组件，而剖切组件则不可选。

单击【非剖切组件】图标，打开如图 8.14 所示的【类选择】工具栏。用户在图纸页中选择一个非剖切组件后，单击【确定】按钮，即可选择一个剖切组件的视图作为剖视图的父视图。

③ 剖切组件

【剖切组件】图标和【非剖切组件】图标的作用是相对的，即用户单击【剖切组件】图标后，可以只选择剖切组件，而非剖切组件则不可选。【剖切组件】图标的操作方法和

【非剖切组件】图标的操作方法相同，这里不再赘述。

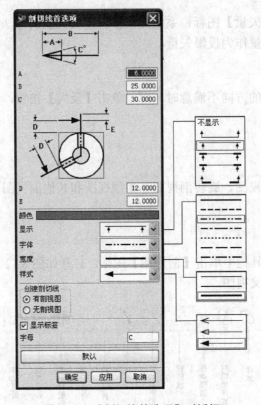

图 8.13　【剖切线首选项】对话框

(2) 一般剖视图的操作步骤

① 在【图纸布局】工具栏中单击【剖视图】图标，打开如图 8.12 所示的【剖视图】工具栏，在图纸页中选择一个视图作为剖视图的父视图。

图 8.14　类选择工具栏

② 定义剖切位置。用户可以使用自动地判断的点指定剖切位置，也可以单击制图环境左侧的【点构造器】图标，选择合适的点来指定剖切位置。

③ 指定片体上剖面视图的中心。用户在图纸页中选择一个合适的位置后，单击鼠标左键即可指定剖面视图的中心。

2. 半剖视图

在【图纸布局】工具栏中单击【半剖视图】图标，仍打开如图 8.12 所示的【剖视图】工具栏，因此这里不再介绍。下面仅介绍生成半剖视图的操作方法。

(1) 在图纸页中选择父视图并定义剖切位置。这两步的操作方法和一般剖视图的操作方法相同，这里不作详细介绍。

(2) 定义剖切位置后，还需要定义折弯位置。用户可以使用自动地判断的点或者制图环境左侧的【点构造器】图标来指定折弯位置。

(3) 指定片体上剖面视图的中心。

3. 旋转剖视图

在【图纸布局】工具栏中单击【选择剖视图】图标，仍打开如图 8.12 所示的【剖视图】工具栏。生成旋转剖视图的操作方法如下。

(1) 打开【剖视图】工具栏后，在图纸页中选择父视图。

(2) 定义旋转点。可以使用自动判断的点来定义旋转点，也可以用【点构造器】来定义旋转点。

(3) 定义段的两个新位置。定义旋转点后，用户还需要定义两个点以确定两个段的位置。指定点的方法同上。

(4) 指定片体上剖面视图的中心。

4. 其他剖视图

其他剖视图包括展开剖、折叠剖和阶梯剖等。在【图纸布局】工具栏中单击【其他剖视图】图标，打开如图 8.15 所示的【其它剖视图】对话框。

【其它剖视图】对话框顶部的 4 个图标用来指定剖视图类型，剖视图类型包括【展开剖】、【折叠剖】、【图视图中的全局剖/阶梯剖】和【图视图中的半剖】4 种。由于生成这 4 种剖面的操作方法基本相同，下面将以生成【展开剖】剖面类型为例，介绍生成【展开剖】剖面类型的操作方法。

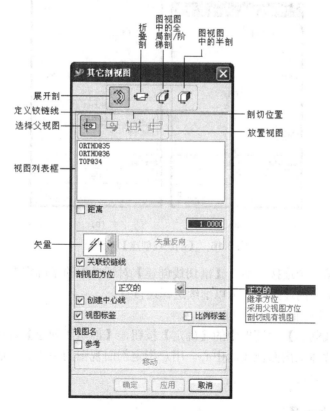

图 8.15　【其它剖视图】对话框

(1) 选择父视图。

选择一个视图作为【展开剖】剖面类型的父视图。用户可以在图纸页中选择视图，也可以在视图列表框中选择一个视图作为父视图。

(2) 定义铰链线。

当用户选择父视图后，系统自动激活【定义铰链线】图标，提示用户选择一个对象来判断矢量。用户可以在视图中选择一个对象然后系统自动判断矢量方向，也可以在【其它剖视图】对话框中单击【矢量】图标，然后自己定义一个矢量。

当用户选择一个对象或者自己定义一个矢量后，矢量将以箭头形式高亮度显示在图纸页中，同时【其它剖视图】对话框中的【应用】按钮被激活。

(3) 定义连接点。

单击在【其它剖视图】对话框中的【应用】按钮，打开如图 8.16(a)所示的【剖切线创建】对话框，系统提示用户定义连接点。

用户在视图中选择一个连接点后，【剖切线创建】对话框中增加【展开剖的剖切线】选项和【角度】文本框，如图 8.16(b)所示。

图 8.16　【剖切线创建】对话框

当用户选择第二个连接点后，【剖切线创建】对话框中的【确定】按钮被激活。用户如果还需要定义更多的连接点，可以继续选择连接点。

(4) 指定片体上剖面视图的中心。

单击【剖切线创建】对话框中的【确定】按钮，【剖切线创建】对话框自动关闭，系统提示用户指定片体上剖面视图的中心。用户指定剖面视图的中心后，展开剖视图就生成在用户指定的位置处。

8.2.5　局部放大图

有时为了更清晰地观察一些小孔或者其他特征，需要生成该特征的局部放大图。

在【图纸布局】工具栏中单击【局部放大图】图标，打开如图 8.17 所示的【局部放大图】工具栏。图中只标注了以前没有遇到的图标含义，其他图标的含义用户参考图 8.11 所示的【投影视图】工具栏。

生成局部放大图的操作方法说明如下。

1. 指定局部放大图的中心位置

当用户打开如图 8.17 所示的【局部放大图】工具栏后，系统提示用户选择必须在父视图中指定局部放大图的中心位置。用户在父视图中选择放大区域的中心位置即可。

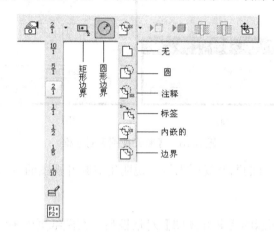

图 8.17　【局部放大图】工具栏

2. 设置放大比例值

单击比例值按钮，选择放大比例值即可。

3. 设置边界形状

系统默认的边界形状为圆形边界，用户还可以设置为矩形边界。

4. 指定放大区域的大小

如果用户设置的边界类型为圆形边界，则系统提示用户定义圆形局部放大图的半径；如果用户设置的边界类型为矩形边界，则系统提示用户定义局部放大图的拐点。

5. 指定局部放大图的中心位置

当用户指定局部放大图的大小后，系统提示用户指定局部放大图的中心位置。在图纸页中选择一点作为局部放大图的中心位置即可。局部放大图就生成在用户指定的位置。

8.2.6　断开视图

在【图纸布局】工具栏中单击【断开视图】图标，打开如图 8.18(a)所示的【断开视图】对话框。系统提示用户选择成员视图。用户选择一个成员视图后，【断开视图】对话框显示如图 8.18(b)所示。图中各个图标的含义已经标注在图中了。

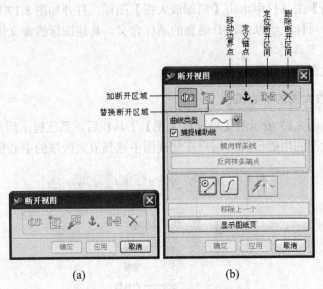

图 8.18 【断开视图】对话框

下面将以生成一个轴的断开视图为例,说明生成断开视图的方法。

1. 选择成员视图

打开如图 8.18(a)所示的【断开视图】对话框后,在图纸页中轴的一个视图作为成员视图。成员视图选中后,该视图自动充满整个屏幕,便于用户观察。

2. 定义第一个封闭线框

如图 8.19 所示,依次选择边界上的两个点,然后用直线或者曲线定义一个封闭线框。当封闭线框定义好之后,【断开视图】对话框的【应用】按钮被激活,同时自动生成一个锚点。系统提示用户单击【应用】按钮接受边界。

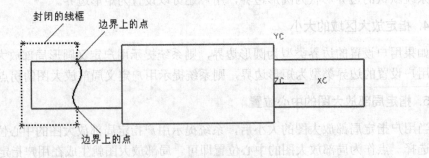

图 8.19 定义第一个封闭线框

3. 定义第二个封闭线框

在轴的另一端定义第二个封闭线框,方法和步骤(2)相同,这里不再赘述。当第二个封闭线框定义好之后,系统自动生成另一个锚点。再次单击【断开视图】对话框的【应用】按钮,显示如图 8.20 所示。

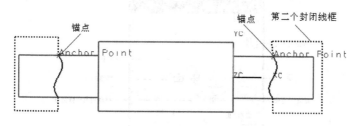

图 8.20 定义第二个封闭线框

4. 观察断开视图

单击【断开视图】对话框的【取消】按钮,此时系统自动恢复到创建断开视图的图纸页状态。断开视图显示如图 8.21 所示。其中图(a)为轴最初的视图,图(b)为该视图生成的断开视图。

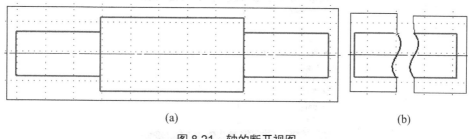

图 8.21 轴的断开视图

8.3 编辑工程图

工程图创建以后,用户有时可能还需要修改或者编辑工程图。编辑工程图包括移动/复制视图、对齐视图、视图边界、剖切线、视图中的剖切组件、视图关联编辑和更新视图等。下面将分别介绍这些编辑工程图的操作方法。

8.3.1 移动/复制视图

1. 执行【移动/复制视图】命令的方法

视图生成以后,用户有时可能需要移动或者复制视图。执行【移动/复制视图】命令的方法有以下两种。

(1) 在【图纸布局】工具栏中单击【移动/复制视图】图标,打开如图 8.22 所示的【移动/复制视图】对话框。

(2) 如图 8.23 所示,选择【编辑】|【视图】|【移动/复制视图】菜单命令,同样可以打开如图 8.22 所示的【移动/复制视图】对话框。

移动/复制一个视图的方式有 5 种,它们是【至一点】、【水平】、【竖直的】、【垂直于直线】和【移动到另一张图纸】。

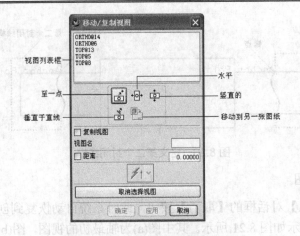

图 8.22 【移动/复制视图】对话框

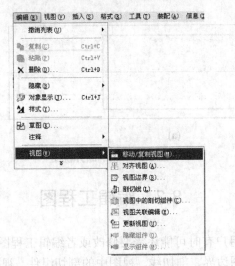

图 8.23 选择【移动/复制视图】菜单命令

2. 移动/复制视图的方法

移动/复制视图的方法如下。

(1) 选择视图

在图纸页中或者【移动/复制视图】对话框的视图列表框中选择要移动的视图即可。

(2) 是否复制

如果用户需要复制选择的视图,那么可以选中【移动/复制视图】对话框中的【复制视图】复选框,如果只是移动,这个步骤可以跳过。

(3) 设置移动方式

在移动方式选项中单击其中的一个图标即可设置视图的移动方式。

(4) 指定移动距离或者移动目的地

用户选择视图后,可以通过移动鼠标到合适的位置来指定视图的移动距离。也可以选中【移动/复制视图】对话框中的【距离】复选框,然后在【距离】文本框中输入视图的移动距离即可。

当用户的移动方法为【垂直于直线】时,【移动/复制视图】对话框中的【矢量构造器】下拉列表框被激活,用户可以利用【矢量构造器】下拉列表框构造矢量。

8.3.2 对齐视图

1. 选择【对齐视图】命令

在【图纸布局】工具栏中单击【对齐视图】图标,或者如图 8.23 所示选择【编辑】|【视图】|【对齐视图】菜单命令,打开如图 8.24 所示的【对齐视图】对话框。系统提示用户定义静止的点。

2. 对齐视图的操作方法

对齐视图的操作方法说明如下。

(1) 定义静止的点

打开如图 8.24 所示的【对齐视图】对话框后,在视图中选择一个点作为静止的点或者选择一个视图作为基准视图。

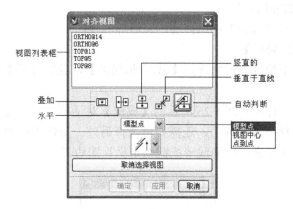

图 8.24 【对齐视图】对话框

(2) 选择要对齐的视图

定义静止的点后,在图纸页中或者在【对齐视图】对话框的视图列表框中选择要对齐的视图。

(3) 指定对齐方式

如图 8.24 所示,对齐方式有 5 种,它们分别是【叠加】、【水平】、【竖直的】、【垂直于直线】和【自动判断】。单击其中的一个图标即可指定对齐方式。

当用户指定对齐方式后,视图自动以静止的点或者视图为基准对齐。

8.3.3 定义视图边界

在【图纸布局】工具栏中单击【视图边界】图标,或者如图 8.23 所示选择【编辑】|【视图】|【视图边界】菜单命令,打开如图 8.25 所示的【视图边界】对话框。系统提示用户选择要定义边界的视图。

如图 8.25 所示,定义视图边界的方式有 4 种,这 4 种方式的说明如下。

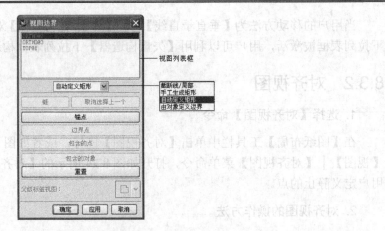

图 8.25 【视图边界】对话框

1. 截断线/局部

该方式要求用户指定【链】来定义视图边界。定义该类型的方法说明如下。

(1) 选择要定义边界的视图

在图纸页中或者视图列表框中选择要定义边界的视图。

(2) 选择【截断线/局部】

在视图边界类型下拉列表框中选择【截断线/局部】，此时【链】按钮被激活。

(3) 形成链

单击【链】按钮，打开如图 8.26 所示的【成链】对话框，系统提示用户选择链的起始曲线。用户在图中选择一条曲线后，还需要再选择另外一条作为链的结束曲线。系统将自动把起始曲线和结束曲线之间的曲线形成链以定义视图边界。

图 8.26 【成链】对话框

(4) 生成视图边界

选择成链曲线后，单击【确定】，完成视图边界的定义。

2. 手工生成矩形

该方式要求用户指定矩形的两个点来定义视图边界。因为【手工生成矩形】方式定义视图边界和【截断线/局部】方式定义视图边界基本类似，这里不再详细说明了，仅说明它们的不同之处。

用户在视图边界类型下拉列表框中选择【手工生成矩形】，系统提示用户通过单击并拖动鼠标可定义一个手工矩形的视图边界。用户在视图的适当位置单击鼠标左键，指定矩形的一个点，然后按住鼠标左键不放拖动直到另一个合适的点位置，放开鼠标左键，则鼠标形成的矩形成为视图的边界。

3. 自动定义矩形

该选项是系统默认的定义视图边界的方式。该选项只要用户选择需要定义边界的视图后，单击【应用】按钮就可自动定义矩形作为视图的边界。

4. 由对象定义边界

当用户在视图边界类型下拉列表框中选择【由对象定义边界】后，系统提示用户选择/取消要定义边界的对象。对象可以是实体上的边或者点。

8.3.4 编辑剖切线

编辑剖切线包括增加剖切线段、删除剖切线段、移动剖切线段、移动旋转点、重新定义铰链线、改变切削角、重新定义剖切矢量和重新定义箭头矢量等。

执行【编辑剖切线】命令的方法有以下两种。

(1) 在制图环境中添加【制图编辑】工具栏，显示如图 8.27。添加【制图编辑】工具栏的方法与添加【图纸布局】工具栏的方法类似，这里不再赘述。在【制图编辑】工具栏中单击【编辑剖切线】图标，打开如图 8.28 所示的【剖切线】对话框。

图 8.27　【制图编辑】工具栏

(2) 如图 8.23 所示，在菜单栏中选择【编辑】｜【视图】｜【剖切线】命令，同样打开如图 8.28 所示的【剖切线】对话框。

图 8.28　【剖切线】对话框

当用户打开【剖切线】对话框后，系统提示用户选择需要编辑的剖切线。用户选择剖切线后，【剖切线】对话框中的部分选项被激活。用户可以根据这些选项，如【增加段】、【删除段】、【移动段】和【重新定义铰链线】等选项来编辑选取的剖切线段。

> **注意：** 随着用户选取的剖切线的不同，【剖切线】对话框中被激活的选项也不相同。例如用户选取的剖切线是一个旋转剖切线时，【增加段】、【删除段】、【移动段】、【移动旋转点】和【重新定义铰链线】5个选项被激活。

8.3.5 视图关联编辑

视图关联性是指当用户修改某个视图的显示后，其他相关的视图也随之发生变化。视图关联编辑允许用户编辑这些视图之间的关联性，当视图的关联性被用户定义后，用户修改某个视图的显示后，其他视图可以不受修改视图的影响。用户可以擦除对象，可以编辑整个对象，还可以编辑对象的一部分。

在【视图编辑】工具栏中单击【视图关联编辑】图标，或者如图8.23所示在菜单栏中选择【编辑】|【视图】|【视图关联编辑】命令，打开如图8.29所示的【视图关联编辑】对话框。系统提示用户选择要编辑的视图。

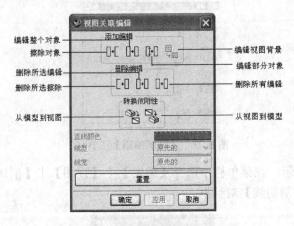

图 8.29 【视图关联编辑】对话框

【视图关联编辑】对话框中的图标分为3个部分，它们分别是【添加编辑】、【删除编辑】和【转换依附性】，各个图标说明如下。

1. 添加编辑

(1) 擦除对象

单击【擦除对象】图标，用户可以从选取的视图中擦除几何对象，如曲线、边和样条曲线等。这些几何对象擦除后不再显示在视图中。

> **注意：** ① 擦除对象并不等于删除对象，只是暂时隐藏这些对象，使这些对象不再显示在视图中。用户还可以利用稍后讲到的【删除所选擦除】图标再次显示擦除的对象。
> ② 如果该对象已经标注了尺寸，则不能擦除。

(2) 编辑整个对象

该选项允许用户编辑整个对象的直线颜色、线型和线宽等。单击【编辑整个对象】后,【直线颜色】、【线型】和【线宽】3 个选项被激活。

单击【直线颜色】选项,打开如图 8.30 所示的【颜色】对话框,用户在该对话框中选择一种颜色即可指定直线颜色。

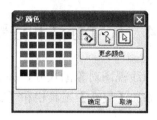

图 8.30 【颜色】对话框

【线型】和【线宽】两个下拉选项如图 8.31 所示,用户在下拉选项中选择相应的线型和线宽即可指定对象的线型和线宽。

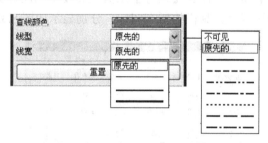

图 8.31 【线型】和【线宽】下拉选项

(3) 编辑部分对象

该选项允许用户编辑对象选取部分的直线颜色、线型和线宽等。方法同编辑整个对象相同,这里不再赘述。

(4) 编辑视图背景

该图标允许用户保留或者删除视图背景。

2. 删除编辑

(1) 删除所选擦除

该图标可以使擦除的对象再次显示在视图中。

(2) 删除所选编辑

该图标可以删除用户对对象的一些编辑。

(3) 删除所有编辑

该图标删除用户所做的所有编辑。

3. 转换依附性

(1) 从模型到视图

将模型关联的模型对象转换到一个单一视图中,成为视图关联对象。单击【从模型到视图】图标后,打开【类选择】工具栏,系统提示用户选择模型对象以转换为视图关联的对象。

(2) 从视图到模型

将视图关联的视图对象转换到模型中,成为模型关联对象。单击【从视图到模型】图标后,同样打开【类选择】工具栏。

8.4 尺寸标注和注释

当用户生成视图后,还需要标注视图对象的尺寸,并给视图对象注释。在讲述尺寸标注和注释方法之前,我们首先来添加【尺寸】工具栏和【制图注释】工具栏。

8.4.1 两个工具栏

在 UG NX 4.0 制图环境中,用鼠标右键单击非绘图区,从弹出的快捷菜单中选择【尺寸】命令和【制图注释】命令,添加【尺寸】工具栏和【制图注释】工具栏到制图环境用户界面的工具栏。添加这两个工具栏的所有图标,分别显示如图 8.32 和图 8.33 所示。

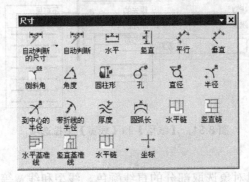

图 8.32 【尺寸】工具栏

图 8.33 【制图注释】工具栏

8.4.2 尺寸类型

尺寸标注用来标注视图对象的尺寸大小和公差值。UG NX 4.0 为用户提供了多种尺寸类型,如自动判断的、水平、竖直、角度、直径、半径、圆弧长、水平链和竖直链等。下面将分别介绍这些尺寸类型的含义。

1. 自动判断

该类型的尺寸类型根据用户的鼠标位置或者用户选取的对象自动判断生成相应的尺寸类型。例如当用户选择一个水平直线后，系统自动生成一个水平尺寸类型；当用户选择一个圆后，系统自动生成一个直径尺寸类型。

2. 水平和竖直

该类型的尺寸在选取的对象上生成水平和竖直尺寸。一般用于标注水平或者竖直直线。

3. 平行和垂直

该类型的尺寸在选取的对象上生成平行和垂直尺寸。平行尺寸一般用来标注斜线，垂直尺寸一般用来标注两个对象之间的垂直距离或者几何对象的高。

4. 直径和半径

该类型的尺寸在选取的对象上生成直径和半径尺寸。直径尺寸一般用来标注圆的直径，半径用来标注圆弧或者倒角的半径。

5. 倾斜角

该类型的尺寸在选取的对象上生成倾斜角尺寸。倾斜角尺寸一般用来标注某个倾斜角的角度大小。

6. 角度

该类型的尺寸在选取的对象上生成角度尺寸。角度尺寸一般用来标注两直线之间的角度。选择的两条直线可以相交也可以不相交，还可以是两条平行线。

7. 圆柱形

该类型的尺寸在选取的对象上生成圆柱形尺寸。圆柱形尺寸将在圆柱上生成一个轮廓尺寸，如圆柱的高和底面圆的直径。

8. 孔

该类型的尺寸在选取的对象上生成孔尺寸。孔尺寸一般用来标注孔的直径。

9. 到中心的半径

该类型的尺寸在选取的对象上生成半径尺寸。半径尺寸从圆的中心引出，然后延伸出来，在圆外标注半径的大小，如图 8.34(a)所示。

10. 带折线的半径

该类型的尺寸在选取的对象上生成半径尺寸。与到中心的半径不同的是，该类型的半径尺寸用来生成一个极大半径尺寸，即该圆的半径非常大，以至于不能显示在视图中，因此我们假想一个圆弧用折线来标注它的半径，如图 8.34(b)所示。

11. 厚度

该类型的尺寸在选取的对象上生成厚度尺寸。厚度尺寸一般用来标注两条曲线(包括样条曲线)之间的厚度。该厚度将沿着第一条曲线上选取点的法线方向测量,直到法线与第二条曲线之间的交点为止。

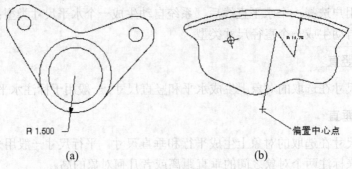

图 8.34 到中心的半径和带折线的半径

12. 圆弧长

该类型的尺寸在选取的对象上生成圆弧长尺寸。圆弧长尺寸将沿着选取圆弧测量圆弧的长度。

13. 水平链

该类型的尺寸在选取的一系列对象上生成水平链尺寸。水平链尺寸是指一些首尾彼此相连的水平尺寸,如图 8.35(a)所示。

14. 竖直链

该类型的尺寸在选取的对象上生成竖直链尺寸。竖直链尺寸是指一些首尾彼此相连的竖直尺寸,如图 8.35(b)所示。

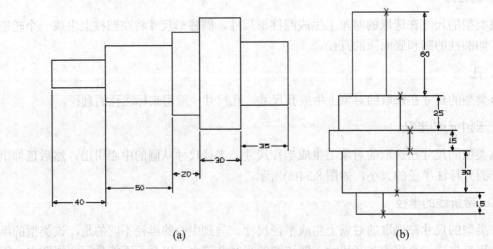

图 8.35 水平链和竖直链

15. 水平基准线

该类型的尺寸在选取的一系列对象上生成水平基准线尺寸。水平基准线是指当用户指定某个几何对象为水平基准后,其他的尺寸都以该对象为基准标注水平尺寸,这样生成的尺寸是一系列相关联的水平尺寸，如图8.36(a)所示。

16. 竖直基准线

该类型的尺寸在选取的一系列对象上生成竖直基准线尺寸。竖直基准线是指当用户指定某个几何对象为竖直基准后，其他的尺寸都以该对象为基准标注竖直尺寸，这样生成的尺寸是一系列相关联的竖直尺寸，如图8.36(b)所示。

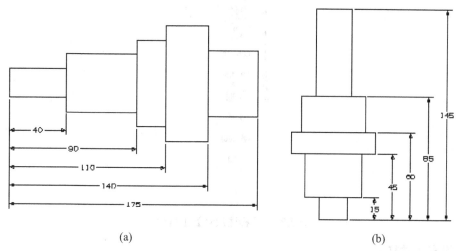

图 8.36　水平基准线和竖直基准线

17. 坐标

该类型的尺寸在选取的对象上生成坐标尺寸。坐标尺寸是指用户选取的点与坐标原点之间的距离。坐标原点是两条相互垂直直线或者坐标基准线的交点。当用户自己构建一条坐标基准线后，系统将自动生成另外一条与之垂直的坐标基准线。

8.4.3　标注尺寸的方法

前面讲解了尺寸的类型，本节将介绍尺寸的标注方法。尺寸的标注一般包括选择尺寸类型、设置尺寸样式、选择名义精度、指定公差类型和编辑文本等。下面将详细介绍各个步骤的操作方法。

1. 选择尺寸类型

前面已经介绍了尺寸的所有类型，用户可以根据标注对象的不同，选择不同的尺寸类型。例如标注对象是圆时，用户可以选择【直径】或者【半径】尺寸类型，如果需要标注尺寸链时，可以选择【水平链】、【数值链】、【水平基准线】和【数值基准线】尺寸类型来生成尺寸链。在图8.32所示的【尺寸】工具栏中单击【直径】图标，打开如图8.37所示的【标注尺寸】工具栏。标注尺寸工具栏包含【尺寸样式】、【名义精度】、【公差】、【注释编辑器】和【重置】等图标。

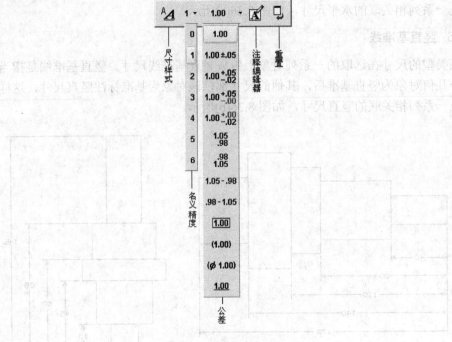

图 8.37 【标注尺寸】工具栏

2. 设置尺寸样式

在图 8.37 所示的【标注尺寸】工具栏中单击【尺寸样式】图标，打开如图 8.38 所示的【尺寸样式】对话框。

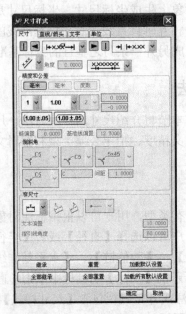

图 8.38 【尺寸样式】对话框

【尺寸样式】对话框包含 4 个标签，它们分别是【尺寸】、【直线/箭头】、【文字】和【单位】。单击其中的一个标签，即可切换到相应的选项卡中。

在【尺寸】选项卡中，用户可以设置尺寸标注的精度和公差、倒斜角的标注方式、文本偏置和指引线的角度等。

在【直线/箭头】选项卡中，用户可以设置箭头的样式、箭头的大小和角度、箭头和直线的颜色、直线的线宽及其线型等。

在【文字】选项卡中，用户可以设置文字的对齐方式、对齐位置、文字类型、字符大小、间隙因子、宽高比和行间距因子等。

在【单位】选项卡中，用户可以设置线形尺寸格式及其单位、角度格式、双尺寸格式和单位、转换到第二量纲等。

3. 选择名义精度

该图标允许设置基本尺寸的名义精度，即小数点的位数。如图 8.37 所示，用户最多可以设置 6 位小数精度。系统默认的小数精度为 1。

4. 指定公差类型

如图 8.37 所示，公差类型多达 10 余种。用户只要在【公差】下拉选项中选择一种类型即可。当用户把鼠标靠近【公差】下拉选项中选择一种类型时，系统自动显示该公差的类型。当用户在【公差】下拉选项中选择一种公差类型后，【标注尺寸】工具栏新增一个图标，供用户选择公差的名义精度，即公差的小数点位数。其方法和选择名义精度的方法相同，这里不再赘述。

5. 编辑文本

当用户需要修改尺寸的文本格式，如字体的大小和颜色等，可以在如图 8.37 所示的【标注尺寸】工具栏中单击【注释编辑器】图标，打开如图 8.39 所示的【注释编辑器】对话框，系统提示用户输入附加文本。

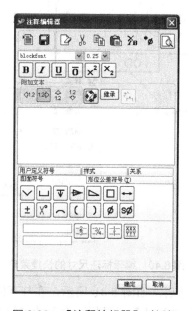

图 8.39 【注释编辑器】对话框

【注释编辑器】对话框由以下 5 部分组成。

第一部分是用来编辑文本的一些图标，如保存、清空文本、剪切、复制、粘贴、删除和预览等。预览图标可以使用户在退出【注释编辑器】对话框之前预览文本的效果，这样可以在文本框中多次编辑文本，直到满意再退出【注释编辑器】对话框。

第二部分是用来指定字体、字体大小、是否粗体或者斜体、字体下是否加下划线和数字的上下标等参数。

第三部分是附加文本。附加文本是指在原文本的基础上新增其他的文本。【附加文本】选项中的前 4 个箭头图标用来表示附加文本相对原文本的位置，它们分别表示在原文本之前、之后、之上和之下。【继承】按钮用来指定附加文本继承其他附加文本的属性和位置。例如，原来的附加文本在原文本下方，此次编辑的附加文本也在下方。

第四部分是编辑文本框。该文本框用来输入和显示文本。

第五部分是 5 种标签。这 5 种标签分别是【用户定义符号】、【样式】、【关系】、【图面符号】和【形位公差符号】。用户可以单击这些标签，切换到相应的选项卡，然后单击选项卡中的图标，这些图标符号将以代码的形式显示在文本框中。单击【确定】按钮退出【注释编辑器】对话框后，这些代码转换成符号显示在视图中。

8.4.4　编辑标注尺寸

用户在视图中标注尺寸后，有时可能需要编辑标注尺寸。编辑标注尺寸的方法有以下两种方法。

(1) 在视图中双击一个尺寸，打开如图 8.37 所示的【标注尺寸】工具栏。在该工具栏中单击相应的图标来编辑尺寸，或者如图 8.40 所示，用鼠标右键单击该尺寸，在弹出的快捷菜单中选择相应的命令来编辑尺寸。

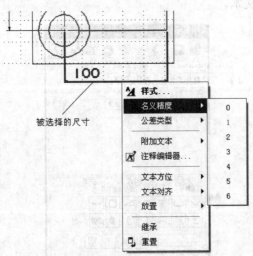

图 8.40　编辑标注尺寸的快捷菜单

(2) 在视图中选择一个尺寸后，如图 8.41 所示，在打开的快捷菜单中选择【编辑】命令，打开如图 8.37 所示的【标注尺寸】工具栏。余下的步骤和(1)相同，这里不再赘述。

第 8 章 工程图设计基础

图 8.41 选择【编辑】命令

8.4.5 插入表格和零件明细表

注释除了我们上文讲过的形位公差和文本外，还包括表格和零件明细表。表格和零件明细表对制图来说是必不可少的。下面我们将介绍插入表格和零件明细表的方法。

在 UG NX 4.0 制图环境中，用鼠标右键单击非绘图区，从弹出的快捷菜单中选择【表格与零件明细表】命令，添加【表格与零件明细表】工具栏到制图环境用户界面的工具栏。添加这个工具栏所有的图标，显示如图 8.42。

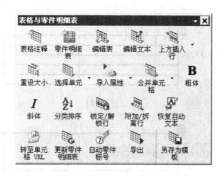

图 8.42 【表格与零件明细表】工具栏

【表格与零件明细表】工具栏中包含【表格注释】、【零件明细表】、【编辑文本】、【上方插入行】、【合并单元格】、【粗体】、【斜体】、【分类排序】和【自动零件标号】等。下面将分别介绍这些图标的含义及其操作方法。

1. 表格注释

该图标用来在图纸页中增加表格，系统默认增加的表格为 5 行 5 列。用户可以利用其他图标增加或者删除单元格。用户还可以调整单元格的大小。

在如图 8.42 所示的【表格与零件明细表】工具栏中，单击【表格注释】图标，系统提示用户指明新表格注释的位置，同时在图纸页中以一个矩形框代表新的表格注释。当用户在图纸页中选择一个位置后,表格注释显示如图 8.43 所示。

图 8.43 表格注释

在新表格注释的左上角有一个移动手柄,用户可以按住鼠标左键不放拖动移动手柄,表格注释将随着鼠标移动。用户移动到合适的位置后,释放鼠标左键,表格注释就放置到图纸页的合适位置了。用户还可以选择一个单元格作为当前活动单元格,当单元为当前活动单元格时,将高亮度显示在图纸页中。

用户还可以选择调整单元格的大小。把光标移动到两个单元之间的交界线处,光标将变成两个方向相反的箭头形式。用户可以按住鼠标左键不放拖动来调整单元格的大小。

如图 8.44(a)所示为调整单元格宽度的例子。用户把光标放在单元格 1 和单元格 2 之间的交界线处,然后按住鼠标左键不放拖动,此时图纸页中显示 Column Width=15,此信息显示列的宽度为 15mm。用户可以继续按住鼠标左键不放拖动,直到单元格的宽度满足自己的设计要求为止。

图 8.44(b)所示为调整单元格高度的例子。图纸中显示 Row Height=24,此信息显示行的高度为 24mm。其他的操作方法和调整列的宽度方法相同,这里不再赘述。

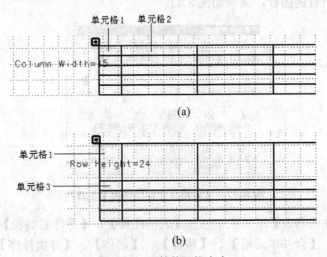

图 8.44 调整单元格大小

> **注意:** 当用户自己手动调整行的大小后,系统将打开如图 8.45 所示的【调整行大小警告】对话框,提示用户手动调整行大小后自动调整大小的功能将从这些单元格中消除,询问用户是否继续该操作。这是因为系统默认地会根据表格中的文本信息调整行的大小,如果用户手动调整行的大小后,被调整的单元格将丧失自动调整的功能。用户单击【是】按钮,则系统保留用户调整的行

大小，但是这些单元格将丧失自动调整行大小的功能；用户单击【全部】按钮，用户此次调整的行大小将保留，当用户下次调整行大小时，系统不再打开【调整行大小警告】对话框，系统默认地保留用户手动调整的行大小，并且这些单元格都丧失自动调整行大小的功能；用户单击【否】按钮，系统取消用户此次手动调整的行大小，保持原来的行大小并保留单元自动调整行大小的功能。

图 8.45　【调整行大小警告】对话框

2. 零件明细表

在如图 8.42 所示的【表格与零件明细表】工具栏中，单击【零件明细表】图标，系统提示用户指明新零件明细表的位置，同时在图纸页中以一个矩形框代表新的零件明细表。当用户在图纸页中选择一个位置后，零件明细表显示如图 8.46 所示。零件明细表包括【部件号】、【部件名称】和【数量】3 个部分。

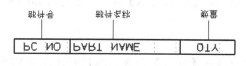

图 8.46　零件明细表

> 注意：零件明细表与表格注释不同，表格注释可以创建多个，但是零件明细表只能创建一个，当图纸页中已经存在一个零件明细表，如果用户再次单击【表格与零件明细表】工具栏的【零件明细表】图标，系统将打开如图 8.47 所示的【多个零件明细表错误】对话框。提示用户不能创建多个零件明细表。

图 8.47　【多个零件明细表错误】对话框

3. 其他操作

用户在插入表格注释和零件明细表之后，将首先选择单元格，然后在单元格中输入文本信息。有时可能还需要合并单元格。这些操作的中心都可以通过快捷菜单来完成。

在表格注释中选择一个单元格，然后用鼠标右键单击单元格，打开如图 8.48 所示的表格注释快捷菜单。

(1) 编辑

在表格注释快捷菜单中选择【编辑】命令，将在该单元格附加打开一个文本框，用户可以在该文本框中输入表格的文本信息。

> **注意**: 用户在表格注释中双击一个单元格,也可以打开一个文本框供用户输入单元格的文本信息。

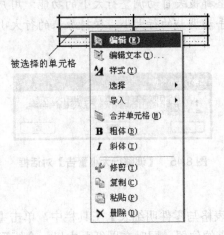

图 8.48 表格注释快捷菜单

(2) 编辑文本

在表格注释快捷菜单中选择【编辑文本】命令,将打开如图 8.39 所示的【注释编辑器】对话框,这里不再赘述。

(3) 样式

在表格注释快捷菜单中选择【样式】命令,将打开如图 8.38 所示的【尺寸样式】对话框,这里不再赘述。

(4) 选择

在表格注释快捷菜单中选择【选择】命令,打开子菜单。子菜单包含【行】、【列】和【表格部分】3 个命令,如图 8.49(a)所示。这 3 个命令分别用来选择整行单元、整列单元和部分单元。

(5) 导入

在表格注释快捷菜单中选择【导入】命令,打开子菜单。子菜单包含【属性】、【表达式】和【电子表格】3 个命令,如图 8.49(b)所示。

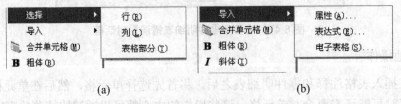

图 8.49 【选择】子菜单和【导入】子菜单

在表格注释快捷菜单中选择【导入】|【属性】菜单命令,打开如图 8.50 所示的【导入属性】对话框。导入属性的方法说明如下。

① 选择导入的属性类型

可以导入的属性包括部件属性、一个对象的属性、所有对象的属性以及部件和所有对象的属性 4 种,用户只要在【导入】下拉列表框中选择其中的一种类型,所有满足该类型的属性都显示在【属性】列表框中。

② 选择要导入的属性

用户在【属性】列表框中选择一个或者多个属性,或者直接单击【全选】按钮选择【属性】列表框中所有的属性。

图 8.50 【导入属性】对话框

③ 导入属性

单击【确定】按钮,被选择的属性就可以导入单元格中了。

导入表达式和电子表格的方法与导入属性的方法基本相同,这里不再赘述。

(6) 合并单元格

该命令可以将多个单元格合并为一个。合并单元格的方法说明如下。

① 选择要合并的单元格

在表格注释中选择一个单元格后,按住鼠标左键不放拖动刚才选取的单元格,拖动的范围应该包括用户合并的单元格。

② 选择【合并单元格】命令

选择好合并的单元格后,用鼠标右键单击单元格,在打开的表格注释快捷菜单中选择【合并单元格】命令,此时单元格就可以合并了。

如图 8.51 所示,其中图(a)为合并前的 3 个单元格,图(b)为合并后的一个单元格。

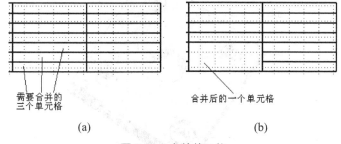

图 8.51 合并单元格

💡 注意: ① 用户可以向上或者向下选择需要合并的单元格,也可以向左或者向右选择需要合并的单元格。

② 当表格注释中存在已合并的单元格时，快捷菜单中才显示【拆分单元格】命令，如图 8.52 所示。用户可以使用该命令拆分一些单元格。

图 8.52　【拆分单元格】命令

8.5　设 计 范 例

本小节我们将介绍一个零件图的制图设计范例，通过这个范例的学习，用户将对一个零件图的制图全过程，包括制图前的零件分析、设计思路、新建图纸页、生成各种视图、编辑工程图、标注尺寸和注释、插入表格和零件明细表等有更深刻的认识和理解。下面我们将详细介绍这个零件的制图过程。

8.5.1　零件设计分析

我们首先来分析这个零件的特征，然后再介绍它制图的大概思路。

1．零件分析

零件图如图 8.53 所示。零件上有 5 个孔，其中孔 2 是通孔，孔 1 和孔 4 等半径等深，都是沉头孔，孔 3 和孔 5 等半径等深，都是埋头孔。由于埋头孔和沉头孔的俯视图相同，因此除了要生成俯视图以外，我们还需要生成剖视图。为了更形象地表示零件，我们还可以生成正等测视图。

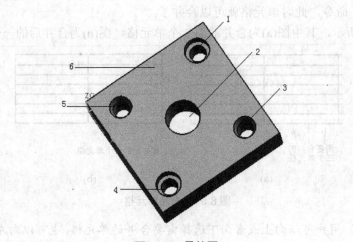

图 8.53　零件图

2. 制图大概思路

前面我们分析了零件的一些特征,由这些特征我们可以决定需要生成什么视图。接下来我们将介绍制图的大概思路。

(1) 新建一个图纸页,用来生成各种视图。
(2) 生成基本视图、正等测视图和剖视图。
(3) 标注尺寸和注释。
(4) 插入表格。

8.5.2 零件制图过程

完成零件的分析和了解了制图的大概思路,我们就可以开始制图了。下面我们将详细介绍这个零件的详细过程。

1. 新建图纸页

(1) 启动 UG NX 4.0 后,单击【打开】图标,在【打开部件文件】对话框中选择 Drafting.prt 部件文件,进入 UG NX 4.0 的基本操作界面。

(2) 单击【起始】图标,在下拉菜单中选择【制图】菜单命令,进入【制图】功能模块,同时打开【插入图纸页】对话框。

> **注意:** 因为我们是第一次进入【制图】功能模块,所以系统会自动打开【插入图纸页】对话框,要求用户新建一个过程图。

(3) 在【插入图纸页】对话框中【图纸页名称】文本框中输入图纸页的名称 Paper1,在【图纸规格】下拉列表框中选择 A3,【比例】为 1:1,单位为【毫米】,其他使用默认选项,如图 8.54 所示。

图 8.54 新建图纸页

(4) 单击【确定】按钮,完成新图纸页的创建。

2. 生成视图

上一步我们新建了一个图纸页,下一步我们将在新创建的图纸页上生成基本视图、正等测视图和旋转剖视图。生成正等测视图的目的是为了更形象地观察零件的外形,而生成旋转剖视图是为了观察零件中 3 种不同类型的孔。

首先我们来生成 3 个基本视图:俯视图、右视图和前视图。

(1) 在【图纸布局】工具栏中单击【基本视图】图标,打开【基本视图】工具栏。

(2) 当打开【基本视图】工具栏后,俯视图将自动出现在图纸页中,如图 8.55 所示。此时系统提示用户指示片体上视图的中心。用户在图纸左上角的位置选择一个位置,单击鼠标左键,俯视图就放置在图纸页的左上角了。

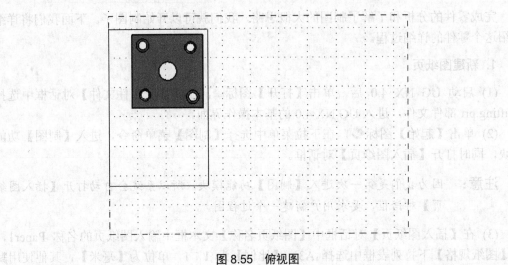

图 8.55 俯视图

(3) 当用户生成俯视图后,移动鼠标指针到俯视图的右侧,图纸页显示如图 8.56 所示。这是因为,此时系统自动激活了【图纸布局】工具栏中的【投影视图】图标,打开【投影视图】工具栏。图中以箭头的形式显示了视图的投影方向及其投影后的视图,即右视图。

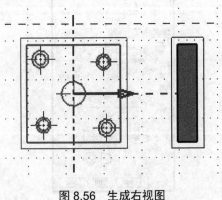

图 8.56 生成右视图

(4) 在俯视图的右侧指定一个合适的位置作为右视图的视图中心。这样右视图就在图纸页中生成了。

注意：视图中心不要太靠近图纸页的右侧，要留出一定的空间，稍后将在此处生成正等测视图。

(5) 生成右视图后，移动鼠标指针到俯视图的下面，生成前视图。方法和生成俯视图相同。

(6) 按 Esc 键，结束投影视图的操作。

这样我们就生成了 3 个基本视图：俯视图、右视图和前视图，如图 8.57 所示。

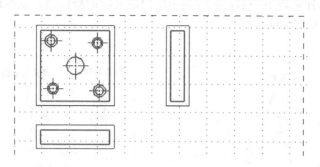

图 8.57 3 个基本视图

接下来我们将生成零件的正等测视图。

(7) 在【图纸布局】工具栏中 单击【基本视图】图标，打开如图 8.58 所示的【基本视图】工具栏。

图 8.58 【基本视图】工具栏

(8) 在【基本视图】工具栏中的【基本视图】下拉列表框中选择【正等测视图】，然后在右视图的右侧选择一个合适的位置作为正等测视图的视图中心。这样正等测视图就在图纸页中生成了。

(9) 按 Esc 键，结束正等测视图的操作。结果显示如图 8.59 所示。

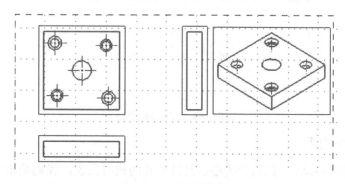

图 8.59 正等测视图

上述步骤完成了 4 个视图,接下来我们将来完成最后一个视图:旋转剖视图。

(10) 在【图纸布局】工具栏中单击【旋转剖视图】图标,打开【旋转剖视图】工具栏。此时系统提示用户选择父视图。

(11) 在图纸页中选择俯视图作为旋转剖视图的父视图。

(12) 当用户选择父视图后,系统提示用户选择旋转中心,并显示两条虚线,如图 8.60 所示。选择通孔的圆心作为旋转中心,如图 8.60(a)所示。

(13) 当用户选择旋转中心后,系统提示用户定义段的新位置。依次选择沉头孔的圆心和埋头孔的圆心,如图 8.60(b)所示。

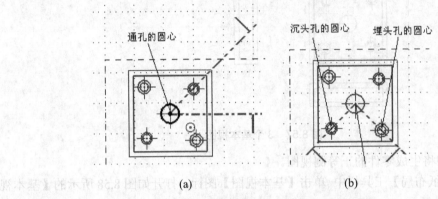

图 8.60 选择旋转中心和定义段的新位置

(14) 选择好旋转中心,定义段的位置后,最后还需要我们指定剖视图的中心位置。在前视图的下方选择一个合适位置作为旋转剖视图的位置。

(15) 按 Esc 键,结束旋转剖视图的操作。结果显示如图 8.61 所示。

上述步骤完成了全部视图的生成,接下来我们将标注尺寸和注释。

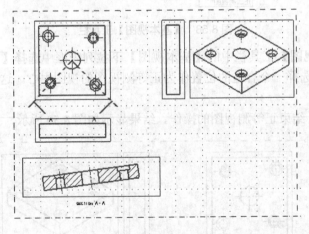

图 8.61 旋转剖视图

3. 标注尺寸和注释

在标注尺寸和注释时,我们最关心的是几个孔的相对位置,我们采用竖直基准的方法来确定几个孔的相对位置。因此我们将着重讲解竖直基准尺寸的操作方法。

首先我们来生成水平尺寸，然后生成竖直尺寸。

(1) 在如图 8.32 所示的【尺寸】工具栏中单击【自动判断】图标，打开【标注尺寸】工具栏。

> **提示：** 自动判断类型的尺寸可以自动判断标注何种类型的尺寸，因此单击【自动判断】图标后，我们既可以标注水平尺寸，也可以标注竖直尺寸。就不需要分别去单击【水平】图标和【竖直】图标了。

(2) 在【标注尺寸】工具栏中单击【尺寸样式】图标，打开如图 8.62 所示的【尺寸样式】对话框。

(3) 单击【文字】标签，切换到【文字】选项卡。在【文字】选项卡的【字符大小】文本框中输入 6，如图 8.62 所示。

图 8.62　【尺寸样式】对话框

(4) 在俯视图中选择第一条边，如图 8.63 所示。移动鼠标到适当的位置，然后单击鼠标左键，水平尺寸就显示在俯视图中了，如图 8.63 所示。

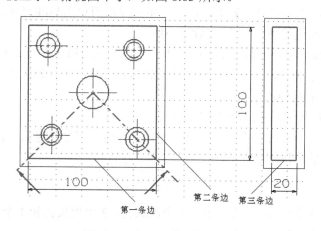

图 8.63　水平尺寸和竖直尺寸

(5) 然后选择第二条边标注零件的长。再选择第三条边，标注零件的厚度。最后显示如图 8.63 所示。

> 提示：自动选择第二条边以后，在生成竖直尺寸时，把竖直尺寸与边之间的距离适当拉大一点，这样就可以为后来生成竖直基准尺寸留下空间。当然也可以暂时不用顾及这么多，生成竖直尺寸后再单独用鼠标拖动来改变竖直尺寸与边之间的距离。这样显然就麻烦了一些。因此用户应该养成好的习惯，在做前一步时就应该想到下一步或者后几步怎么做，这些步骤之间有什么影响。这样考虑就会减少许多不必要的麻烦，修改或者重复操作的次数就减少很多。

生成水平尺寸和竖直尺寸后，我们下面将生成竖直基本尺寸，用来确定各个孔之间的相对位置。这一点在加工零件时非常重要。

(6) 在如图 8.32 所示的【尺寸】工具栏中单击【竖直基准线】图标，打开如图 8.64 所示的【标注尺寸】工具栏。

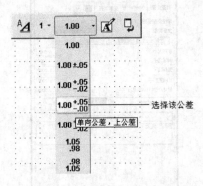

图 8.64　【标注尺寸】工具栏

(7) 在【标注尺寸】工具栏中单击【公差】图标，在打开的公差选项中选择【单向公差，上公差】。

> 提示：对一些较重要的尺寸，我们常常要标出它们的公差以控制它们的制造误差，像孔的相对位置尺寸等。

(8) 当用户打开【标注尺寸】工具栏后，系统提示用户为基准尺寸选择一个对象。在俯视图中选择第二条边的竖直尺寸为基准尺寸。

(9) 选择好基准尺寸后，再一次选取一点、二点、三点和四点，如图 8.65 所示。

(10) 选择四个点之后，移动鼠标到合适的位置，然后单击鼠标左键，此时竖直基准尺寸就生成了。效果如图 8.65 所示。

(11) 按 Esc 键，结束竖直基准尺寸的操作。

上述步骤完成了全部尺寸标注，包括水平尺寸、竖直尺寸和竖直基准尺寸。接下来我们将介绍插入表格的操作方法。

4. 插入表格

这个零件一共 4 个部分：1 个通孔、2 个沉头孔、2 个埋头孔和 1 个基体。因此只要 5 行就可以了，即插入一次注释表格就可以了。

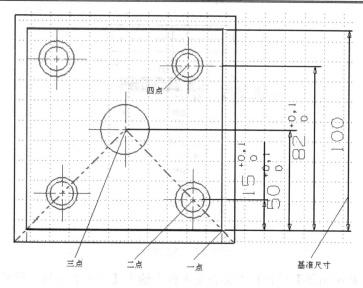

图 8.65 竖直基准尺寸

(1) 在【表格与零件明细表】工具栏中,单击【表格注释】图标,在图纸页的右下角选择一个位置,然后单击鼠标左键,表格注释显示如图 8.66 右上方所示。

从图 8.66(a)可以看到,这个表格大了,已经不能完全容纳进来了,因此我们需要手动来调整列之间的距离。

(2) 用户将鼠标移动到列与列之间,等鼠标变为双向箭头时,按住鼠标左键不放向左拖动,此时显示 Column Width=49,表明当前的列单元格的宽度为 49mm,注意显示的数字,当数字为 30 时释放鼠标左键即可。

(3) 按照步骤(2),依次调整这五列单元格,直到全部为 30 为止。然后把注释表格放到图纸页的右下角,如图 8.66 右下方所示。

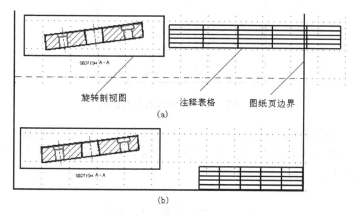

图 8.66 调整注释表格

单元格设置完毕后,下面我们将在单元格中输入文本信息。

(4) 如图 8.67 所示,选择左下角的第一单元格,然后用鼠标右键单击该单元格,在弹出的快捷菜单中选择【编辑文本】命令,打开如图 8.68 所示的【注释编辑器】对话框。

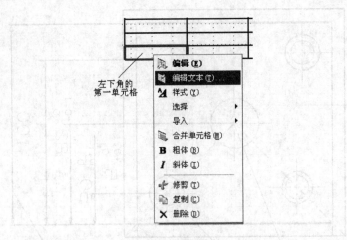

图 8.67 编辑文本

(5) 在【注释编辑器】对话框的编辑文本框中输入【编号】字样。然后在字体大小下拉列表框中选择1。编辑文本框中显示如图 8.68 所示。

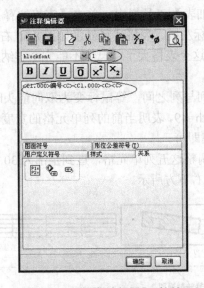

图 8.68 【注释编辑器】对话框

其他单元格文本信息的输入方法和步骤(4)、(5)相同,这里不再赘述。

至此,我们完成了零件图制图的整个过程,包括新建图纸、生成各种视图、标注尺寸和注释以及插入表格。

8.6 本章小结

本章讲解了工程图设计基础,它包括图纸页的管理、生成各种视图、尺寸和注释的标注以及表格和零件明细表的管理等。这些内容中,生成各种视图是制图的重点,在设计范例中我们用到了基本视图、正等测视图和旋转剖视图,用户可以根据自己的设计需要,增加其他的视图,如半剖视图、局部放大图、展开图和断开视图等。

尺寸和注释标注样式的设置也要根据自己的设计需要来修改系统默认的一些参数。插入表格和零件明细表的操作相对来说比较简单，但是用户需要注意的是，在输入文本信息时，应该从注释表格的最下端开始输入零件的文本信息，这样如果在输入时遗漏了某个零件，可以方便地添加到表格的最上方，而不用修改其他的零件文本信息。

第 9 章　UG NC 加工基础

当用户完成一个零件的模型创建后,就需要加工生成这个零件,如车加工、磨加工、铣加工、钻孔加工和线切割加工等。UG NX 4.0 为用户提供了数控编程功能模块,可以满足用户的各种加工要求并生成数控加工程序。数控编程功能模块可以供用户交互式编制数控程序,处理车加工、磨加工、铣加工、钻孔加工和线切割加工等的刀具轨迹。

本章主要介绍 UG NC 加工基础的相关内容,包括数控编程功能模块的概述、UG NX 4.0 加工环境和 NC 加工的基本操作。在 NC 加工的基本操作中将详细介绍创建程序、创建刀具、创建几何体和创建操作的方法,最后还讲解一个设计范例,使用户对创建程序、创建刀具、创建几何体和创建操作的概念及其操作方法有一个更深的理解和掌握。

本章主要内容:

- 数控编程概述
- NC 加工环境
- NC 加工的基本操作
- 设计范例

9.1　数控编程概述

9.1.1　数控编程功能概述

UG NX 4.0 提供的数控编程功能模块可以进行交互式编程,处理各种加工类型的刀具轨迹。用户化配置文件定义了用户可以选用的加工处理器、刀具库、后处理器和其他特殊参数的处理器,如模具参数处理器等。模板文件允许用户根据自己的加工要求,用户化加工环境和加工参数,如加工刀具、加工方法、加工几何体和加工顺序等。

此外,操作导航器提供了各种视图,如程序顺序视图、机床视图、几何视图和加工方法视图等。这些视图有利于用户观察和管理各种操作、刀具、几何体和加工方法之间的关系。操作导航器还可以设置一组参数为共享参数,使其他操作也可以使用已经创建好的参数,这样就避免了重复参数的设置,节省了用户创建参数的时间。

数控编程功能提供了多种加工类型的数控编程功能,包括车削加工数控编程(Lathe)、固定轴铣削加工数控编程(Fixed-Axis Milling)、可变轴铣削加工数控编程(Variable-Axis Milling)、顺序铣削加工数控编程(Sequential Milling)、清根切削加工数控编程(Flow Cut)、腔型铣加工数控编程(Core & Cavity Milling)、线切割加工数控编程(Wire EDM)、刀具轨迹编辑(Toolpath Editor)、切削过程仿真(VeriCut)、机床仿真(Unisim)和通用后置处理(Post Processing)等。

这些加工类型的选择一般在初始化加工环境时完成,当用户选择某一种加工类型后,加工环境中的对话框选项和工具栏等都会发生相应的变化,以适应该加工类型生成数控加工程序和刀具轨迹。

9.1.2 数控编程的一般步骤

数控编程是指系统根据用户指定的加工刀具、加工方法、加工几何体和加工顺序等信息来创建数控程序，然后把这些数控程序输入到相应的数控机床中。数控程序将控制数控机床自动加工生成零件。因此在编制数控程序之前，用户需要根据图纸的加工要求和零件的几何形状确定加工刀具、加工方法和加工顺序。

数控编程的一般步骤如下。
(1) 图纸分析和零件几何形状的分析。
(2) 创建零件模型。
(3) 确定加工刀具、加工方法、加工顺序等，生成刀具轨迹。
(4) 后置处理。
(5) 输出数控程序。

9.2 NC 加工环境

由于每个 UG NX 4.0 功能模块的操作环境都不相同，因此在学习 NC 加工基本操作之前，我们首先介绍 NC 加工环境，它包括初始化 NC 加工环境的方法、NC 加工环境简介和 NC 加工的操作导航器等。

9.2.1 初始化加工环境

1. 初始化 NC 加工环境的方法

初始化 NC 加工环境的方法如下。

(1) 启动 UG NX 4.0，新建一个文件或者打开一个文件后，进入 UG NX 4.0 的基本操作界面。基本操作界面在第 2 章中已经介绍了，这里不再赘述。

(2) 如图 9.1 所示，单击【起始】图标，在下拉菜单中选择【加工】菜单命令，打开如图 9.2 所示的【加工环境】对话框。

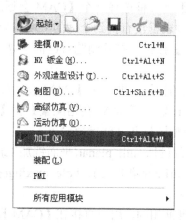

图 9.1　进入【加工】功能模块

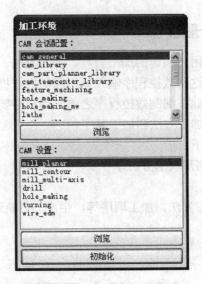

图9.2 【加工环境】对话框

> **注意**：【加工环境】对话框仅在用户第一次进入加工环境时才打开。如果一个部件文件已经进入过加工环境，第二次进入加工环境时不再打开【加工环境】对话框。这是因为系统将默认地使用用户第一次设置的加工模板。

2．【加工环境】对话框说明

【加工环境】对话框中包括【CAM 会话配置】列表框和【CAM 设置】列表框，这两个列表框的说明如下。

(1) CAM 会话配置

该列表框用来设置加工环境的模板。加工环境的模板包括 cam_general(通用加工配置)、cam_library(库加工配置)、hole_making(孔加工配置)、Lathe(车削加工配置)、Lathe_mill(车铣加工配置)、mill_contour(型腔铣加工配置)、mill_multi_axis(多轴铣加工配置)、mill_planar(平面铣加工配置)、wire edm(线切割加工配置)等。

用户在【CAM 会话配置】列表框选择一个【CAM 会话配置】即可指定加工模板。如果用户在【CAM 会话配置】列表框没有找到合适的 CAM 会话配置，可以单击【CAM 会话配置】列表框下方的【浏览】按钮，打开浏览对话框，寻找合适的加工模板。

(2) CAM 设置

当用户选择一个加工环境的模板，即一个【CAM 会话配置】后，还需要在【CAM 设置】列表框中选择一个 CAM 设置。【CAM 会话配置】和【CAM 设置】将共同决定加工环境中各种对话框中的加工类型图标和其他参数设置。

如图 9.2 所示，CAM 设置包括 mill_planar(平面铣加工)、mill_contour(型腔铣加工)、mill_multi_axis(多轴铣加工)、drill(钻孔加工)、hole_making(孔加工)、turning(车削加工)和 wire edm(线切割加工)等。

和【CAM 会话配置】列表框相同，用户直接在【CAM 设置】列表框中选择一个 CAM 设置即可指定 CAM 设置。如果用户在【CAM 设置】列表框中没有找到自己满意的 CAM

设置，也可以单击【CAM 设置】列表框下方的【浏览】按钮来寻找合适的 CAM 设置。方法和【CAM 会话配置】的选择相同，这里不再赘述。

> **注意：** ① 当用户在【CAM 会话配置】列表框中选择不同的加工模板时，【CAM 设置】列表框中显示的 CAM 设置也不相同。图 9.2 中的【CAM 设置】列表框中显示的 CAM 设置是用户选择 cam_general 会话配置，即通用加工模板后的情况。
> ② 【CAM 设置】可以在对话框中的【加工类型】选项中重新选择，而【CAM 会话配置】，即加工模板只能在刚进入加工环境前设置，一旦设置好就不能再重新设置。

当用户指定【CAM 会话配置】和【CAM 设置】后，单击【初始化】按钮即可初始化加工环境。

9.2.2 NC 加工环境简介

用户初始化加工环境后，将进入如图 9.3 所示的 NC 加工环境。NC 加工环境包括标题栏、菜单栏、工具栏、提示栏、状态栏、绘图区和对话框等。

图 9.3　加工环境

加工环境的各个部分和 UG NX 4.0 基本环境大致相同，只是显示的工具栏不相同，用户可以参看 UG NX 4.0 基本环境，这里不再详细介绍加工环境各个部分的作用。

9.2.3 操作导航器

操作导航器是一个图形用户界面，它方便用户管理当前部件的操作和操作参数，还可以指定一组参数作为其他参数的共享参数。操作导航器使用树形结构来表示参数组和各个操作之间的关系。

如图 9.4 所示，【操作导航器】工具栏提供了显示各种视图，如程序顺序视图、机床视图、几何视图和加工方法视图等快捷方式。这些视图有利于用户根据对象的不同来观察和管理各种操作、刀具、几何体和加工方法之间的关系。

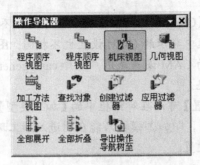

图 9.4　【操作导航器】工具栏

程序顺序视图、机床视图、几何视图和加工方法视图的说明如下。

1. 程序顺序视图

在如图 9.4 所示的【操作导航器】工具栏中单击【程序顺序视图】图标，然后在加工环境的右侧单击【操作导航器】按钮，打开如图 9.5 所示的程序顺序视图。

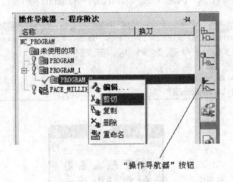

图 9.5　程序顺序视图

程序顺序视图用来显示各个加工程序在机床生产零件的加工过程中的先后顺序。系统默认地按照用户创建程序的时间顺序来执行加工程序，用户也可以自己调整程序的先后顺序，调整程序顺序的方法如下。

(1) 如图 9.5 所示，在程序顺序视图中选择一个需要调整顺序的程序，然后用鼠标右键单击该程序，从弹出的快捷菜单中选择【剪切】命令。

(2) 在程序顺序视图中选择另外一个程序，即调整程序前面的那个程序，然后用鼠标右键单击该程序，从弹出的快捷菜单中选择【粘贴】命令。

2. 机床视图

在如图 9.4 所示的【操作导航器】工具栏中单击【机床视图】图标，然后在加工环境的右侧单击【操作导航器】按钮，打开如图 9.6 所示的机床视图。

机床视图用来显示所有从刀具库中调出来的刀具或者用户自己创建的刀具。显示的刀具既可以是使用过的刀具，也可以是没有使用过的刀具。如果刀具已经在某个操作中使用过，则该刀具后将显示一个操作；如果刀具没有使用过，则不会显示操作。

如图 9.6 所示，在刀具 MILL 后显示了 FACE_MILLING_AREA 操作，表明 MILL 刀具在 FACE_MILLING_AREA 操作中使用过。刀具 T_CUTTER 后面没有显示操作名，表明刀具 T_CUTTER 还没有使用过。

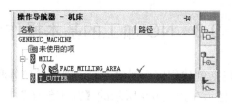

图 9.6　机床视图

3. 几何视图

在如图 9.4 所示的【操作导航器】工具栏中单击【几何视图】图标，然后在加工环境的右侧单击【操作导航器】按钮，打开如图 9.7 所示的几何视图。

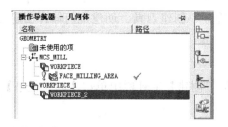

图 9.7　几何视图

几何视图将根据几何对象来分组显示所有的操作。当几何对象被加工后，将在几何对象后显示一个操作。几何对象分为父组几何和子组几何。子组几何可以继承父组几何的属性，从而可以在其他操作中直接引用。

如图 9.7 所示，WORKPIECE_1 为父组几何，WORKPIECE_2 为子组几何。几何 WORKPIECE_2 将继承几何 WORKPIECE_1 的属性。

4. 加工方法视图

在如图 9.4 所示的【操作导航器】工具栏中单击【加工方法】图标，然后在加工环境的右侧单击【操作导航器】按钮，打开如图 9.8 所示的加工方法视图。

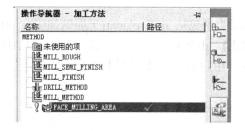

图 9.8　加工方法视图

加工方法视图用来显示所有的加工方法，视图将按照某种方式，如粗加工

(MILL_ROUGH)、半精加工(MILL_SEMI_FINISH)和精加工(MILL_ FINISH)等来分组显示这些加工方法。

如果某种加工方法在操作中使用过，则在该操作方法后显示操作的名称。如图9.8所示，MILL_METHOD加工方法在FACE_MILLING_AREA操作中使用过。

9.3 NC加工的基本操作

NC加工的基本操作包括创建程序、创建刀具、创建几何体和创建操作等操作方法。这些操作方法的快捷方式都显示在如图9.9所示的【加工创建】工具栏中。

图9.9 【加工创建】工具栏

下面将详细介绍创建程序、创建刀具、创建几何体、创建方法和创建操作的方法。

9.3.1 创建程序

在如图9.9所示的【加工创建】工具栏中单击【创建程序】图标，打开如图9.10所示的【创建程序】对话框。

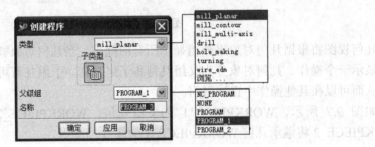

图9.10 【创建程序】对话框

创建程序的方法说明如下。

1. 选择加工类型

如图9.10所示，加工类型包括 mill_planar(平面铣加工)、mill_contour(型腔铣加工)、mill_multi_axis(多轴铣加工)、drill(钻孔加工)、hole_making(孔加工)、turning(车削加工)和wire_edm(线切割加工)等。用户只要在【类型】下拉列表框中选择一个选项即可指定加工类型。

2. 指定父级组

指定父级组是指定新创建程序的父级组，新创建的程序将继承父级组的属性。如图9.10所示，父级组包括 NC_PROGRAM、NONE、PROGRAM_1 和 PROGRAM_2 等。用户在【父级组】下拉列表框中选择一个选项即可指定新创建程序的父级组。

3. 输入程序名称

在【名称】文本框中输入程序的名称。如果用户不输入程序的名称，系统将自动生成一个程序名，命名规则为 PROGRAM_n，其中 n 为自然数。

9.3.2 创建刀具

在如图 9.9 所示的【加工创建】工具栏中单击【创建刀具】图标 ，打开如图 9.11 所示的【创建刀具】对话框。

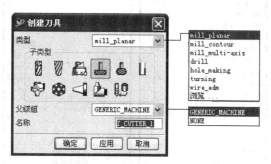

图 9.11 【创建刀具】对话框

创建刀具的方法说明如下。

1. 指定刀具类型及其名称

(1) 选择刀具类型

如图 9.11 所示，刀具类型包括平面铣加工、型腔铣加工、多轴铣加工、钻孔加工、孔加工、车削加工、线切割加工等。这些类型在介绍创建程序的方法时已经介绍了，这里不再赘述。

(2) 选择子类型

如图 9.11 所示，刀具的子类型包括铣刀、球形铣刀、平面铣刀、T 型铣刀、用户自定义刀具和刀具库等，这些刀具子类型都是用形象的图标表示的。用户按照加工要求选择相应的刀具子类型即可。

> **注意：** 当用户选择的刀具类型不同时，【子类型】选项中显示子类型刀具图标也不相同。【子类型】选项中显示的子类型刀具图标和刀具类型相匹配。

(3) 指定父级组

如图 9.11 所示，刀具的父级组包括 GENERIC_MACHINE 和 NONE 两个。用户在【父级组】下拉列表框中选择一个选项即可指定新创建刀具的父级组。

(4) 输入刀具名称

在【名称】文本框中输入刀具的名称或者使用系统自动创建的刀具名称即可。

2. 设置刀具参数

当用户指定刀具类型(本例以选择【平面铣加工】类型中的【铣刀】为例)和刀具名称后，在如图 9.11 所示的【创建刀具】对话框中单击【应用】按钮，打开如图 9.12(a)所示的

Milling Tool-5 Parameters 对话框,即 5 参数铣刀对话框。

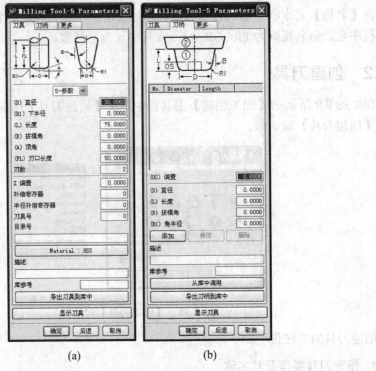

图 9.12　Milling Tool-5 Parameters 对话框

(1) 选择刀具参数个数

如图 9.13 所示,刀具参数个数下拉列表框中包括 4 种刀具参数类型,它们分别是【5-参数】、【7-参数】、【10-参数】和【球形铣】。系统默认的刀具参数为【5-参数】,即 5 参数铣刀。

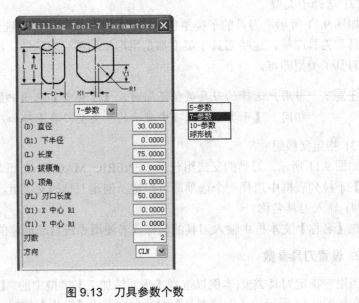

图 9.13　刀具参数个数

当用户选择不同的刀具参数个数后,刀具参数对话框中的选项也不完全相同。如图 9.13 所示为选择【7-参数】后的刀具参数对话框。与图 9.12(a)中的 5 参数铣刀对话框相比,参数选项中增加了【(X1)X 中心 R1】、【(Y1)Y 中心 R1】和【方向】3 个选项。增加的 3 个选项可以更详细地按照用户的加工要求设置刀具参数。

(2) 输入刀具参数值

刀具参数包括直径(D)、下半径(R1)、长度(L)、拔模角(B)、顶角(A)、刃口长度(FL)和刃数等,这些参数的含义已经标注在对话框中的示意图中了,这里不再重复,用户只要在相应的文本框中输入参数值即可。

(3) 其他相关参数的设置

其他相关参数包括 Z 偏置、补偿记录器、半径补偿寄存器、刀具号和目录号等。

【Z 偏置】文本框用来输入刀具轨迹在 Z 轴的偏移量;

【补偿记录器】文本框用来输入长度补偿记录器的编号;

【半径补偿寄存器】文本框用来输入半径补偿寄存器的编号;

【刀具号】文本框用来输入创建刀具在刀具库中的编号;

【目录号】文本框用来输入创建刀具的标示符号,该标示符号由数字和字母组成,输入刀具的目录号后便于用户以后查找刀具。

(4) 选择刀具材料

在图 9.12 所示对话框中单击 Material 按钮,打开如图 9.14 所示的【搜索结果】对话框。【搜索结果】对话框的【刀具材料】列表框中列出了可以选用的各种刀具材料,包括高速钢(HSS)、涂层高速钢(HSS Coated)、碳素钢(Carbide)等。

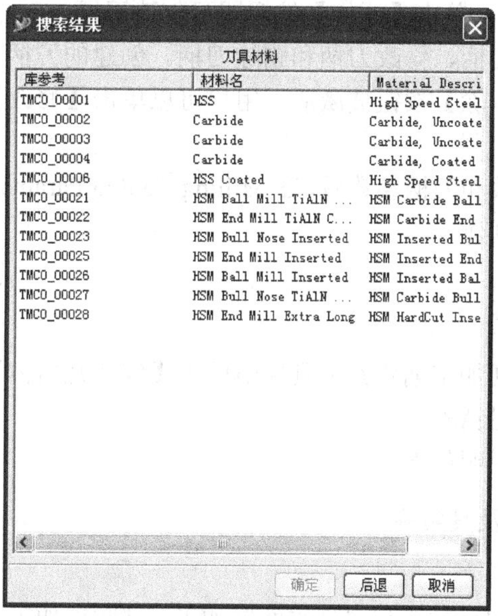

图 9.14　【搜索结果】对话框

用户在【刀具材料】列表框中选择一种刀具材料后,【搜索结果】对话框中的【确定】按钮被激活。单击【确定】按钮,返回到 Milling Tool-5 Parameters 对话框就可指定创建刀具的材料。

(5) 显示刀具

当用户单击【显示刀具】按钮后，创建的刀具将显示工作坐标系的原点。如图9.15所示为设置刀具参数和刀柄参数后显示的刀具。

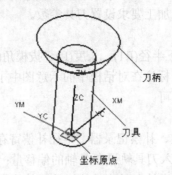

图9.15 显示刀具

3. 设置刀柄参数

在如图9.12(a)所示的Milling Tool-5 Parameters对话框中单击【刀柄】标签，切换到【刀柄】选项卡中，显示如图9.12(b)所示。

(1) 输入刀柄参数值

如图9.12(b)所示，刀柄参数包括直径(D)、长度(L)、拔模角(B)和角半径(R1)等，各个参数的含义已经标注在Milling Tool-5 Parameters对话框中的示意图中了，这里不再赘述。用户在相应的文本框中输入参数值即可。

(2) 编辑刀柄参数后，单击【添加】按钮即可创建刀柄。

编辑刀柄是指添加刀柄、修改刀柄和删除刀柄。创建的刀柄将显示在【刀柄】列表框中，同时【修改】和【删除】按钮被激活。用户可以单击【修改】或者【删除】按钮来修改或者删除创建的刀柄。

当用户设置刀具参数和刀柄参数后，在Milling Tool-5 Parameters对话框中单击【确定】按钮，完成加工刀具的创建。

9.3.3 创建几何体

在如图9.9所示的【加工创建】工具栏中单击【创建几何体】图标，打开如图9.16所示的【创建几何体】对话框。

创建几何体的方法说明如下。

1. 指定几何体类型及其名称

(1) 选择几何体类型

如图9.16所示，几何体的类型包括平面铣加工、型腔铣加工、多轴铣加工、钻孔加工、孔加工、车削加工、线切割加工等。

(2) 指定几何体的子类型

几何体的子类型是指用户需要创建的几何体类型，它包括工件、加工边界、文本信息、加工几何、加工区域和坐标系等，这些几何体类型都以图标的形式显示在【子类型】选项中，用户只要单击相应的图标即可指定几何体的子类型。

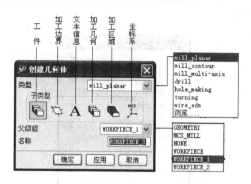

图 9.16 【创建几何体】对话框

(3) 指定父级组

如图 9.11 所示，几何体的父级组包括 GEOMETRY、MSC_MILL、NONE、WORKPIECE、WORKPIECE_1 和 WORKPIECE_2。用户在【父级组】下拉列表框中选择一个选项即可指定几何体的父级组。

(4) 输入几何体名称

在【名称】文本框中输入几何体的名称或者使用系统自动创建的几何体名称即可。

2. 选择加工几何体

当用户指定几何体类型及其名称后，单击【确定】按钮，打开如图 9.17 所示的【工件】对话框。

图 9.17 【工件】对话框

(1) 选择几何体类型

如图 9.17 所示，几何体类型包括部件几何体、隐藏几何体和检查几何体 3 种。

① 部件几何体

当用户在【几何体】选项组中单击【部件】图标，然后单击【几何体】选项下方的【选择】按钮，打开如图 9.18 所示的【工件几何体】对话框，系统提示用户选择工件几何体。用户在绘图区选择需要加工的工件即可指定部件几何体。

当用户指定部件几何体后，【几何体】选项下方的【编辑】按钮和【显示】按钮被激活。单击【编辑】按钮可以对指定的部件几何体进行编辑；单击【显示】按钮后，部件几何体将高亮度显示在绘图区。

图 9.18　【工件几何体】对话框

② 隐藏几何体

当用户在【几何体】选项中单击【隐藏】图标，然后单击【几何体】选项下方的【选择】按钮，打开如图 9.19 所示的【毛坯几何体】对话框时，系统提示用户选择毛坯几何体。用户在绘图区选择一个几何体作为毛坯几何体即可。

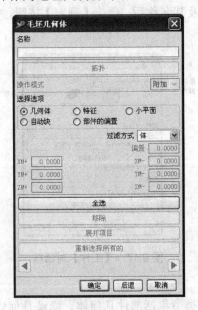

图 9.19　【毛坯几何体】对话框

③ 检查几何体

当用户在【几何体】选项中单击【部件】图标，然后单击【几何体】选项下方的【选择】按钮，打开如图 9.20 所示的【检查几何体】对话框，系统提示用户选择检查几何体。

图 9.20 【检查几何体】对话框

(2) 指定几何体的材料

在如图 9.17 所示对话框中单击 Material 按钮，打开如图 9.21 所示的【搜索结果】对话框。【搜索结果】对话框的【部件材料】列表框中列出了各种部件材料，包括碳素钢(CARBON STEEL)、合金钢(ALLOY STEEL)、不锈钢(STAINLESS STEEL)、高速钢(HS STEEL)、工具钢(TOOL STEEL)、铝(ALUMINUM)和铜(COPPER)等。

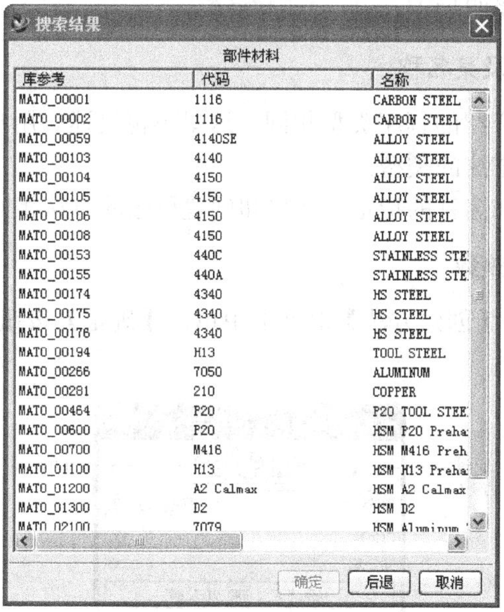

图 9.21 【搜索结果】对话框

用户在【部件材料】列表框中选择一种部件材料后，【确定】按钮被激活。单击【确定】按钮，即可指定几何体的材料。

(3) 设置布局/图层

① 布局名

用户可以直接在如图 9.17 所示对话框的【布局名】文本框中输入布局的名称或者使用系统自动生成的布局名称。一般直接使用系统自动生成的布局名称即可。

② 保存布局/图层

在如图 9.17 所示对话框中单击【保存布局/图层】按钮，系统将自动保存用户设置的布局/图层设置。

选择加工几何体后，单击【确定】按钮，即可完成几何体的创建。

9.3.4 创建方法

在如图 9.9 所示的【加工创建】工具栏中单击【创建方法】图标，打开如图 9.22 所示的【创建方法】对话框。

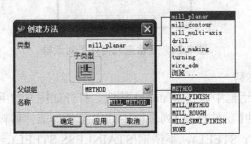

图 9.22 【创建方法】对话框

对创建方法的操作说明如下。

1. 指定方法的类型及其名称

方法的类型和前面介绍的程序类型相同，这里不再赘述。用户只要在类型下拉列表框选择一个选项即可指定方法的类型。

加工方法的父级组和名称的指定方法也和创建程序的方法相同，这里不再赘述。

2. 设置加工方法的参数

在如图 9.22 所示的【创建方法】对话框中单击【确定】按钮，打开如图 9.23 所示的 MILL_METHOD 对话框。

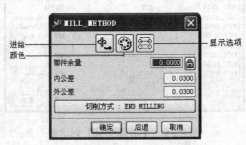

图 9.23 MILL_METHOD 对话框

在 MILL_METHOD 对话框中用户可以设置加工方法的【进给】、【颜色】和【显示选项】等参数的设置，只要单击相应的图标即可设置这些参数。

此外，用户还可以在 MILL_METHOD 对话框设置部件余量、内公差、外公差和切削方法等。

3. 结束创建

单击【确定】按钮，完成加工方法的创建。

9.3.5 创建操作

在如图 9.9 所示的【加工创建】工具栏中单击【创建操作】图标 ，打开如图 9.24 所示的【创建操作】对话框。

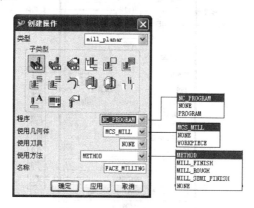

图 9.24 【创建操作】对话框

创建操作的操作方法说明如下。

1. 指定操作类型及操作的名称

(1) 类型

操作的类型和前面介绍【程序】的类型相同，用户只要在类型下拉列表框选择一个选项即可指定操作的类型。

(2) 子类型

操作的子类型用来指定操作的加工，如平面铣加工、区域铣加工、表面铣加工、手动铣加工、往复式粗铣加工、单向粗铣加工、精铣底面加工和精铣侧壁加工等方式。

(3) 引用参数

引用参数是指用户已经创建好的程序、刀具、几何体和方法等。分别在【程序】、【使用刀具】、【使用几何体】和【使用方法】等下拉列表框中选择已经存在，或者用户自己创建的程序、刀具、几何体和方法即可引用这些参数。

(4) 名称

操作的名称可以在【名称】文本框中直接输入操作的名称，也可以使用系统自动指定的操作方法，系统自动根据用户指定的加工方式来命名操作。

2. 设置操作参数

当用户指定操作类型及操作的名称后，单击【确定】按钮，打开如图 9.25 所示的 FACE_MILLING_AREA 对话框。

(1) 几何体

几何体包括部件、切削区域、壁几何和检查体 4 个，这 4 个图标的含义已经标注在对话框中了,用户单击其中的一个图标后,然后单击【几何体】选项下方的【选择】按钮,在绘图区选择相应的几何体即可。

(2) 切削方式

如图 9.25 所示,切削方式包括往复式切削、单向切削、沿轮廓的单向切削、沿外轮廓切削、沿零件切削、摆线式零件切削、标准驱动铣和自定义。

图 9.25 FACE_MILLING_AREA 对话框

(3) 其他参数

其他参数包括步进、百分比、毛坯距离、每一刀的深度、最终底面余量等。

步进是指刀具切削时的步进距离;百分比是指步进距离与刀具直径的百分比;毛坯距离是指切削时保留的毛坯距离;每一刀的深度是指刀具切削工件时每一刀的切削深度;最终底面余量是指加工毛坯后的底面余量。用户在相应的文本框中按照工件的加工要求输入相应的参数值即可。

(4) 进刀/退刀

指定进刀/退刀方式的方法有两种,一种是用户自己设置进刀/退刀方式,还有一种是系统自动生成进刀/退刀方式。

(5) 切削参数

【切削】按钮用来设置切削方向、切削余量、检查余量和内外公差等。

(6) 刀轨

该选项有两个图标,一个是编辑刀轨,另一个是设置刀轨显示的参数。

(7) 操作选项

对话框最下方的 4 个图标为操作选项,它们分别是生成刀轨、重新生成刀轨、确认刀轨和列表显示刀轨。

完成以上操作参数的设置后，单击【确定】按钮，即可完成操作的创建。

9.4 设 计 范 例

本节将介绍一个设计范例，通过这个设计范例，用户将对 NC 加工的基本操作有更深刻的理解和掌握，同时对 NC 加工的一般过程也会有初步的了解。

9.4.1 模型介绍及其设计思路

本范例介绍的模型如图 9.26 所示。模型中有一个凹槽部分，凹槽的底部是平面。

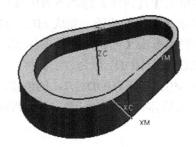

图 9.26 零件模型

从零件的分析中得知，凹槽的底部是平面，因此可以采用平面铣加工方式来创建一个操作生成刀具轨迹，加工生成这个模型。

设计思路大致如下。

(1) 创建各种参数，包括创建程序、刀具、几何体和方法等。
(2) 创建操作，在操作中引用已经创建好的程序、刀具、几何体和方法。
(3) 设置操作参数，如切削方式、进给量等。
(4) 生成刀具轨迹。

9.4.2 操作步骤

1. 初始化加工环境

本设计范例从进入加工环境讲起，部件文件 nc.prt 中已经包含创建好了的零件模型，并且该部件文件已经打开。

(1) 如图 9.1 所示，单击【起始】图标 ，在下拉菜单中选择【加工】菜单命令，打开【加工环境】对话框。

(2) 在【加工环境】对话框中的【CAM 会话配置】列表框中选择 cam_general，在【CAM 设置】列表框中选择 mill_planar。

(3) 单击【初始化】按钮，进入 UG NX 4.0 的加工环境。

2. 创建各种参数

(1) 在【加工创建】工具栏中单击【创建程序】图标 ，打开【创建程序】对话框。

在【名称】文本框中输入 PROGRAM1 作为程序名称，其他使用系统默认参数，单击【确定】按钮，完成 PROGRAM1 程序的创建。

(2) 在【加工创建】工具栏中单击【创建刀具】图标，打开【创建刀具】对话框。在【名称】文本框中输入 MILL1 作为刀具名称，其他使用系统默认参数，单击【确定】按钮，打开 Milling Tool-5 Parameters 对话框。

(3) 在 Milling Tool-5 Parameters 对话框中，设置刀具直径为 20，长度为 50，刃口长度为 30，其他使用系统默认参数，单击【确定】按钮，完成 MILL1 刀具的创建。

(4) 在【加工创建】工具栏中单击【创建几何体】图标，打开【创建几何体】对话框。在【子类型】选项中单击【加工几何】图标，在【名称】文本框中输入 MILL_GEOM1 作为几何体名称，其他使用系统默认参数，单击【确定】按钮，打开【工件】对话框。

(5) 在【工件】对话框中单击【几何体】选项下方的【选择】按钮，然后在绘图区选择零件模型，然后连续两次单击【确定】按钮，完成 MILL_GEOM1 几何体的创建。

(6) 在【加工创建】工具栏中单击【创建方法】图标，打开【创建方法】对话框。在【名称】文本框中输入 MILL_METHOD1 作为方法名称，其他使用系统默认参数，连续两次单击【确定】按钮，完成 MILL_METHOD1 方法的创建。

至此完成了程序、刀具、几何体和方法的创建，下面将创建一个操作引用这些已经创建好的参数。

3. 创建操作

(1) 在【加工创建】工具栏中单击【创建操作】图标，打开如图 9.27 所示的【创建操作】对话框。在【子类型】选项中单击【平面铣加工方式】图标。

(2) 如图 9.27 所示，在【程序】下拉列表框中选择 PROGRAM1，在【使用几何体】下拉列表框中选择 MILL_GEOM1，在【使用刀具】下拉列表框中选择【MILL1】，在【使用方法】下拉列表框中选择 MILL_METHOD1，引用已经创建好的程序、刀具、几何体和方法。

图 9.27 【创建操作】对话框。

(3) 在【名称】文本框中输入 PLANAR_MILL1 作为操作名称，其他使用系统默认参数，单击【确定】按钮，打开如图 9.28 所示的 PLANAR_MILL 对话框。

图 9.28 PLANAR_MILL 对话框

在 PLANAR_MILL 对话框中首先需要指定部件几何体和底面，系统将根据用户选择的指定部件几何体和底面来确定零件的切削区域和切削深度。完成几何体的指定后，还需要指定切削方式和进给量等参数。

(4) 在【几何体】选项中单击【部件】图标，然后单击【几何体】选项下方的【选择】按钮，打开【边界几何体】对话框，系统提示用户选择边界几何体。用户在绘图区选择如图 9.29 所示的上表面，这时模型的上表面高亮度显示在绘图区，然后单击【确定】按钮，返回到 PLANAR_MILL 对话框。

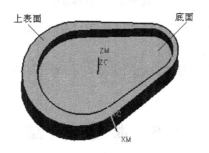

图 9.29 选择部件和底面

(5) 在【几何体】选项中单击【底面】图标，然后单击【几何体】选项下方的【选择】按钮，打开【平面构造器】对话框，系统提示用户选择底平面。用户在绘图区选择如图 9.29 所示的底面，被选中的模型底面高亮度显示在绘图区，然后单击【确定】按钮，返回到 PLANAR_MILL 对话框。

(6) 在【切削方式】下拉列表框中选择【跟随工件】图标，如图 9.28 所示。

(7) 在【步进】下拉列表框中选择【刀具直径】，然后在【百分比】文本框中输入 30，指定刀具的进给距离为刀具直径的 30%。

以上就完成了操作的所有参数设置，下面将生成刀具轨迹。

4. 生成刀具轨迹

创建程序、刀具、几何体、方法和操作的最终目的是生成刀具轨迹，刀具轨迹经过处理后，就可以输入到数控机床中控制数控机床自动加工零件。因此生成刀具轨迹非常重要，它的方法如下。

(1) 在 PLANAR_MILL 对话框中，单击【生成刀轨】图标，打开【显示选项】对话框。在【显示选项】对话框中使用系统默认的显示选项，然后单击【确定】按钮，返回到 PLANAR_MILL 对话框，同时在模型的切削区域显示【跟随工件】切削方式的刀具轨迹，如图 9.30 所示。

(2) 仔细观察刀具轨迹，察看刀具是否切削了部件的非切削区域，如果出现这个问题还需要修改相关的参数，然后重新生成刀具轨迹。

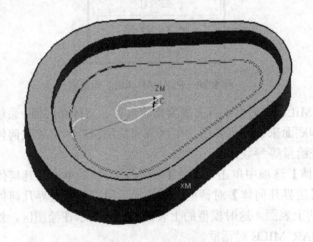

图 9.30 刀具轨迹

(3) 确认刀具轨迹没有错误后，在 PLANAR_MILL 对话框中单击【确定】按钮，完成操作的创建和刀具轨迹的生成。

至此，完成了这个零件的刀具轨迹的生成。生成的刀具轨迹经过处理后，就可以应用在数控机床中加工该零件了。

9.5 本章小结

本章主要介绍了 UG NC 加工的基础知识，因为 UG NC 加工的功能非常强大，提供的加工类型和加工方式非常多，因此本章着重讲解了 UG NC 加工的基础知识，包括 NC 加工的加工环境和 NC 加工的基本操作等。

本章的重点是 NC 加工基本操作，包括创建程序、刀具、几何体和方法，最后创建一个操作来引用这些创建好的参数。在这些内容中有些概念是用户初次接触的,如【父级组】、【加工类型】、【切削方式】、【加工边界】和【切削区域】等,了解这些概念还需要用户有一定的机械制造和机床等相关方面的知识。

此外,为了对创建程序、创建刀具、创建几何体、创建方法和创建操作等的操作方法有一个更深刻的了解和掌握,我们在本章还介绍了一个设计范例。通过这个设计范例的讲解,用户对创建程序、创建刀具、创建几何体、创建方法和创建操作等的操作方法更加熟练,对 UG NC 加工的一般过程也有一个初步的认识。

第 10 章 UG 设计综合范例

本章将详细介绍在 UG NX 4.0 中进行的综合设计应用实例,分别是方箱设计和齿轮设计。在这两个综合设计范例中,作者运用了 UG NX 4.0 的大多数基础操作命令和功能,包括:草图操作、实体建模技术、装配、绘制工程图等。下面将详细介绍两个综合设计范例。

本章主要内容:
- 方箱设计
- 齿轮设计

10.1 方箱设计

方箱设计是指在 UG NX 4.0 环境下对一箱体类模型进行草图操作、建模、装配和工程图设计等操作过程。方箱设计由方箱体、螺钉和方箱盖 3 类部件构成。它包含的操作有:按尺寸进行建模操作、装配、设计工程图等。在建模过程中,将用到草图操作、成形特征和特征操作;在装配中利用从底向上装配的设计方法进行方箱的装配;在工程图设计过程中将用到制图模块中的诸多命令。

10.1.1 模型介绍

方箱由方箱体、方箱盖以及螺钉等装配而成。方箱模型的示意图如图 10.1 所示。

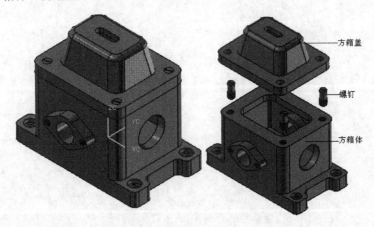

图 10.1 方箱模型及其爆炸图

方箱设计的流程如下:
(1) 底板建模。
(2) 创建台阶孔及其阵列。
(3) 创建方箱体。
(4) 创建凸台。

(5) 创建台阶。
(6) 创建侧面台阶、台阶通孔及螺栓孔。
(7) 创建方箱盖模型。
(8) 创建螺钉。
(9) 装配方箱。
(10) 方箱装配工程图设计。

10.1.2 设计步骤

根据上面的方箱设计流程,我们对它的整个设计过程进行详细介绍,主要包括 3 大部分,方箱零部件建模、装配和工程图设计。

1. 方箱体建模

方箱体建模设计是本设计范例中重要的设计过程,它是指方箱体模型的创建过程。图 10.2 所示为方箱体的模型示意图。

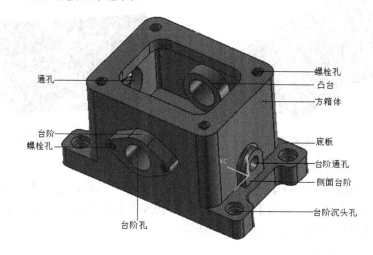

图 10.2 方箱体模型

方箱体模型由 1 个底板、4 台阶孔、3 个通孔、2 个凸台、3 个台阶、1 个台阶通孔、1 个方箱体、8 个螺栓孔等构成。其中底板由草图和拉伸操作完成;台阶孔、台阶通孔、通孔由孔成形特征构成;凸台由圆台特征完成;螺栓孔由孔成形特征和螺纹特征操作完成;箱体由长方体通过布尔运算完成。

(1) 新建模型文件。在菜单栏中选择【文件】|【新建】命令,输入文件名 fangxiangti,选择单位为毫米,单击 OK 按钮,创建方箱模型文件。

(2) 进入建模环境。选择下拉菜单命令【起始】|【建模】命令,进入建模环境。

(3) 绘制底板草图。进入草图环境,按图 10.3 所示的底板草图尺寸进行绘制。

(4) 拉伸底板草图。此操作是创建底板实体。在【成形特征】工具条中单击【拉伸】图标,打开【拉伸】对话框,输入参数值:起始值 0、结束值 15,选择-ZC 轴线方箱为拉伸方向,单击【确定】按钮,完成拉伸底板草图操作,如图 10.4 所示。

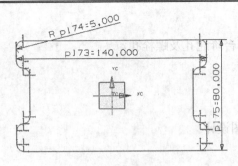

图 10.3　底板草图

(5) 创建底板台阶孔特征。在【成形特征】工具条中单击【孔】图标 ，打开【孔】对话框，选择底板的上表面为放置面，下表面为孔的通过面，输入参数：C-沉头直径 12、C-沉头深度 4、孔直径 8，单击【确定】按钮，打开【定位】对话框，选择垂直定位方式，定位尺寸为 10，如图 10.5 所示的创建底板台阶孔结果。

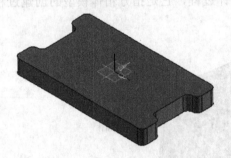

图 10.4　拉伸底板草图

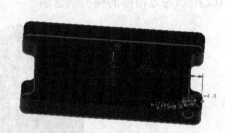

图 10.5　底板台阶孔及其定位尺寸和参数

(6) 创建底板孔特征矩形阵列。运用实例特征的创建底板孔的矩形阵列、在【特征操作】工具条中单击【实例特征】图标 ，打开【实例】对话框，选择【矩形阵列】类型，选取底板台阶孔，在【输入参数】对话框中按图 10.6 所示进行输入，单击【确定】按钮，完成底板孔特征矩形阵列操作，如图 10.7 所示。

图 10.6　【输入参数】对话框

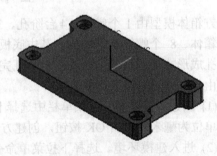

图 10.7　底板孔矩形阵列

(7) 创建方箱体。把坐标系移动到距离基点：XC 为-50、YC 为-40、ZC 为 0 的位置，以新的坐标原点为原点，创建长方体，参数：长为 100，宽为 80，高为 60，并对该长方体进行外壳操作，选择长方体为要抽壳的体，输入厚度参数为 8，完成操作后如图 10.8 所示。

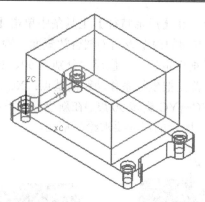

图 10.8　创建方箱体

(8) 方箱体边倒圆操作。按设计要求对方箱体侧面竖向边缘进行倒圆角，倒圆半径为 10，操作结果如图 10.9 所示。

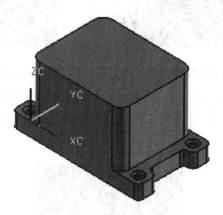

图 10.9　方箱体边倒圆

(9) 在方箱体上表面绘制草图。先把坐标系移动到距离基点：XC 为 50、YC 为 40、ZC 为 60 的位置，再单击【草图】图标 ，以 XC-YC 平面为草图平面，按图 10.10 所示的尺寸要求绘制草图。

(10) 拉伸方箱体上表面绘制草图。通过拉伸操作创建的拉伸体再与方箱体进行相减运算。拉伸参数为：起始值 0，结束值 20。拉伸方向为-ZC 方向，选择相减运算，操作结果如图 10.11 所示。

图 10.10　绘制方箱体上表面草图

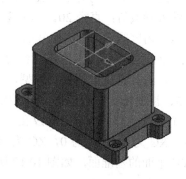

图 10.11　拉伸方箱体上表面绘制草图

(11) 创建方箱内壁圆台。在【成形特征】工具条中单击【圆台】图标，打开【圆台】对话框，选择方箱长度方向的内壁表面为圆台放置面，输入参数值：直径为30，高度为10。圆台的定位方式采用垂直定位，定位尺寸分别为50、30，如图10.12所示。

(12) 绘制一台阶草图。首先把坐标系移动距离基点：XC为0，YC为40，ZC为-30，再旋转坐标系，绕-XC轴，ZC→YC旋转90度。在新坐标系下绘制台阶的草图，以XC-YC平面为草图平面，按图10.13所示的尺寸要求绘制草图。

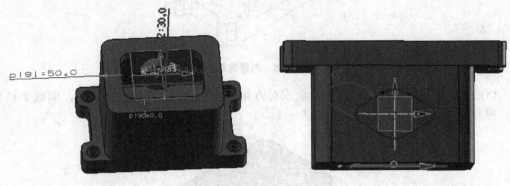

图 10.12　创建方箱内壁圆台　　　　　图 10.13　绘制一台阶草图

(13) 拉伸台阶草图。按与步骤(10)类似的方法对上一步绘制的草图进行拉伸。拉伸参数为：起始值0，结束值10。拉伸方向为+ZC方向，选择相加运算，操作结果为图10.14所示。

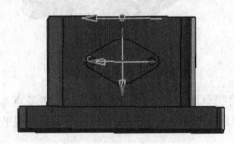

图 10.14　拉伸台阶草图

(14) 创建台阶孔。利用【成形特征】工具条上的孔命令创建台阶上的孔特征。打开【孔】对话框，选择孔类型为简单通孔，以台阶的上表面为放置面，内壁凸台的上表面为孔的通过面，输入参数值：直径20。单击【应用】之后，选择【点到点】的定位方式，即选择孔的中心点与内壁圆台的圆心点重合，完成操作后如图10.15所示。

(15) 创建螺纹。该操作是对台阶上的安装孔攻螺纹。选择【特征操作】工具条中【螺纹】命令，选择螺纹类型为详细型，选择台阶上两个安装孔为攻螺纹对象，螺纹参数为：螺距1.5、长度8、角度60。操作结果如图10.16所示。

(16) 创建台阶、台阶上螺纹孔、台阶孔和内壁圆台的镜像基准面。先把坐标系移动距离基点：XC为0，YC为0，ZC为-40，再用基准面命令在新坐标原点处按固定方法创建-XC-YC平面的基准面，如图10.17所示。

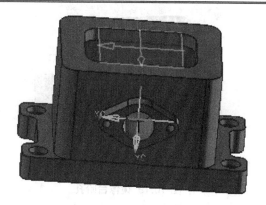

图 10.15　创建台阶孔

图 10.16　创建螺纹

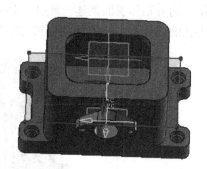

图 10.17　创建基准面

(17) 镜像台阶、台阶上螺纹孔和内壁圆台。单击【特征操作】工具条中的【实例特征】图标，选择【镜像特征】，打开【镜像特征】对话框，选择台阶、台阶上螺纹孔和内壁圆台为要镜像的特征，选择上一步创建的基准面为镜像平面，单击【确定】按钮完成镜像操作，如图 10.18 所示。

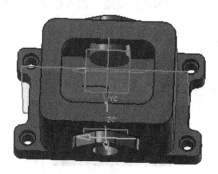

图 10.18　镜像台阶和内壁圆台

(18) 镜像台阶与箱体的相加操作。按布尔操作的相加运算对镜像台阶与箱体求和。

注意：虽然镜像的原有对象是一个实体，但镜像生成的台阶和箱体并不是一个实体。因此，为了后面的操作完成，必须运用相加运算对它们求和。

(19) 镜像台阶孔。用镜像方法对台阶孔进行镜像操作，如图 10.19 所示。

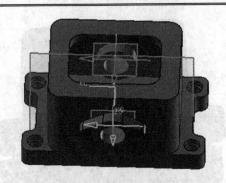

图 10.19 镜像台阶孔

(20) 创建通孔。把坐标系移动到距离基点：XC 为 50，YC 为 0，ZC 为 0，在新坐标原点所在的方箱体表面创建一通孔。其中，孔的直径 30，以方箱体的外表面为放置面，内表面为孔的通过面。孔的定位方式为垂直定位，如图 10.20 所示。

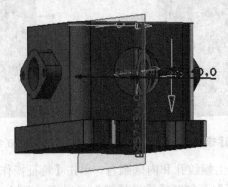

图 10.20 创建通孔及其定位尺寸

(21) 绘制侧面台阶草图。把坐标系移动到距离基点：XC 为-100，YC 为 30，ZC 为 0。进入草图环境，在新坐标系下绘制台阶的草图，以 YC-ZC 平面为草图平面，按图 10.21 所示的尺寸要求绘制草图。

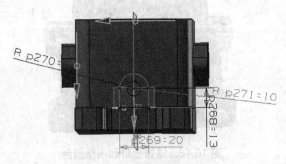

图 10.21 绘制侧面台阶草图

(22) 拉伸侧面台阶草图。按与步骤(10)类似的方法对侧面台阶草图进行拉伸。通过拉伸操作创建的拉伸体再与方箱体进行相加运算。拉伸参数为：起始值 0，结束值 5。拉伸方向为-XC 方向，操作结果如图 10.22 所示。

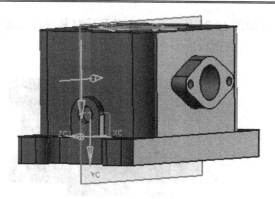

图 10.22　拉伸侧面台阶草图

(23) 侧面台阶边倒圆。该操作是对侧面台阶的边缘进行边倒圆操作，倒圆半径为 3，操作结果如图 10.23 所示。

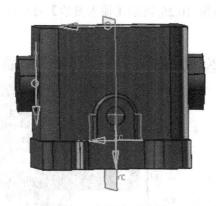

图 10.23　侧面台阶边倒圆

(24) 创建侧面台阶通孔。由(22)拉伸操作形成的台阶孔没有贯通到方箱体壁。因此，运用【成形特征】工具条中的【孔】命令在此位置进行挖孔操作。孔的直径为 5，以方箱体壁的外表面为放置面，内表面为孔的通过面，定位方式为【点到点】定位，即创建的孔中心与步骤(22)创建的孔中心重合。操作结果如图 10.24 所示。

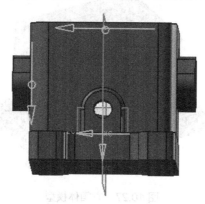

图 10.24　创建台阶通孔

(25) 创建上表面安装螺栓孔。先在方箱体的上表面创建一直径为 8 的通孔，定位方式为垂直定位,定位尺寸如图10.25所示。创建通孔后对其进行攻螺纹,其中螺距为1.5,长度为10,角度为60°,完成操作后即创建一螺栓孔。

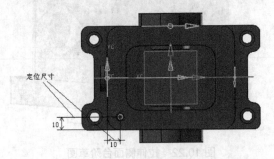

图 10.25 创建上表面安装螺栓孔

(26) 创建上表面安装螺栓孔矩形阵列。运用【实例特征】命令在方箱体上表面对螺栓孔创建矩形阵列。其中,按图 10.26 所示【输入参数】对话框中的参数值输入参数,操作结果为图10.26所示的模型。

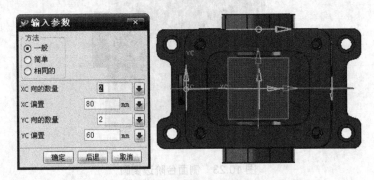

图 10.26 创建螺栓孔矩形阵列对话框及其结果

(27) 底板与方箱体相加运算,隐藏除实体外的所有类型图形元素,完成方箱体建模操作,如图10.27所示。

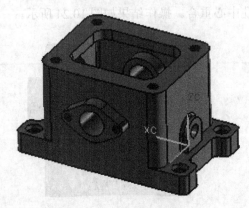

图 10.27 方箱体模型

2. 创建方箱盖

方箱盖的模型比较简单,如图10.28所示。

方箱盖模型由 1 个箱体盖、2 个肋板、4 个安装孔、1 个盖顶和 1 个开口窗构成。其中箱体盖由基本体素命令长方体、拉伸和布尔运算(相减操作)等创建；肋板、开口窗由草图、拉伸操作创建；盖顶由长方体、拔锥和外壳等操作完成；安装孔由成形特征中孔命令完成。

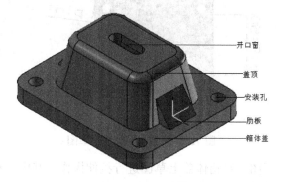

图 10.28　方箱盖模型

(1) 新建文件名为 fangxianggai 的模型文件，进入建模环境，以坐标原点为基准点创建一长方体，其中长 100，宽 80，高 10，如图 10.29 所示。

(2) 创建安装孔。该步操作是在长方体的角上创建通孔特征，孔的直径为 8，定位方式为垂直定位，定位尺寸如图 10.30 所示。

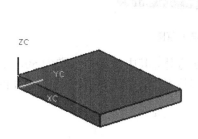　　　　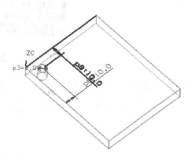

图 10.29　创建长方体　　　　图 10.30　创建安装孔

(3) 创建安装孔矩形阵列。运用【特征操作】工具条中的【实例特征】图标创建安装孔的矩形阵列，输入参数如图 10.31 所示对话框的参数值，操作结果如图 10.31 右图所示。

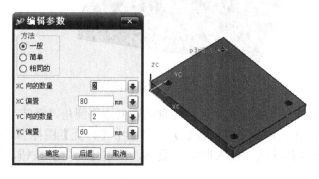

图 10.31　创建安装孔矩形阵列

(4) 绘制箱体盖上草图。把坐标移动到距离基点：XC 为 15、YC 为 15、ZC 为 10 的位置，以 XC-YC 面为草图平面，按如图 10.32 所示的尺寸绘制草图。

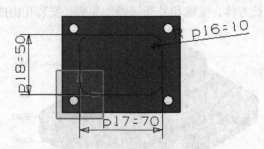

图 10.32　绘制箱体盖上草图

(5) 拉伸箱体盖上草图。对箱体盖上草图进行拉伸操作。其中，拉伸方向为-ZC 方向，拉伸距离为 20，操作结果如图 10.33 所示。

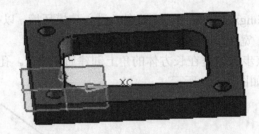

图 10.33　拉伸箱体盖上草图

(6) 创建盖顶。先以坐标原点为基准点创建一长方体，其中长为 70，宽为 50，高为 30，再对长方体进行拔锥操作。其中，拔锥参数如下：拔锥角 10，拔锥方向和固定边如图 10.34 所示。

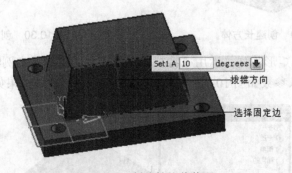

图 10.34　创建箱体盖盖顶

(7) 边倒圆。该步操作是对箱体盖和盖顶的竖向边倒圆角。倒圆半径如图 10.35 所示。

(8) 盖顶外壳操作。单击【成形特征】工具条中【外壳】图标，打开【外壳】对话框，选择盖顶底面为移除面，输入厚度参数 5，单击【确定】按钮，完成外壳操作，如图 10.36 所示。

(9) 绘制盖顶的开口窗草图。先把坐标系移动到距离基点：XC 为 35、YC 为 25、ZC 为 30 的位置，再按前面草图绘制的方法按照图 10.37 的要求绘制盖顶的开口窗草图。

第 10 章 UG 设计综合范例

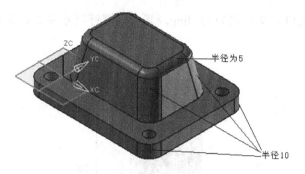

图 10.35 边倒圆

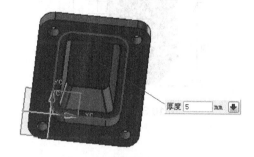

图 10.36 盖顶外壳操作

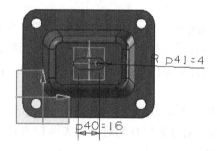

图 10.37 开口窗草图

(10) 拉伸开口窗草图。按前面草图拉伸的方法拉伸开口窗草图。其中，拉伸距离为 20；拉伸方向为-ZC 方向；拉伸体与盖顶进行布尔运算中的相减操作，得到如图 10.38 所示的操作结果。

图 10.38 拉伸开口窗草图

3. 创建螺钉

螺钉是用来固定和连接方向体和方向盖的部件。在本例中，按照第 7 章中详细介绍的螺钉创建方法创建螺钉，文件名为 luoding。其中，螺钉尺寸参数如图 10.39 所示。

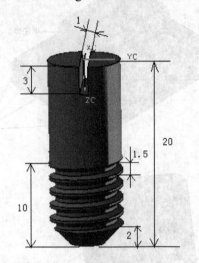

图 10.39　螺钉模型

4. 方箱装配设计

方箱的装配部件由方箱体、方箱盖和螺钉装配而成。方箱的装配是采用从底向上的装配方法。

(1) 创建文件名为 fangxiangzhuangpei 的模型文件，进入装配应用环境。

(2) 添加方箱体组件。单击【添加现有组件】图标，选择 fangxiangti.prt。方箱体的添加是按照绝对定位方式，选择绝对定位的基点为坐标原点，添加方箱体组件到装配文件中，把它作为参考组件。

(3) 添加方箱盖组件。按上面的方法选择 fangxianggai.prt，打开【选择现有组件】对话框，选择【配对】定位方式，配对类型有配对、对齐两种方式，按如图 10.40 所示选择配对对象，操作结果如图 10.41 所示。

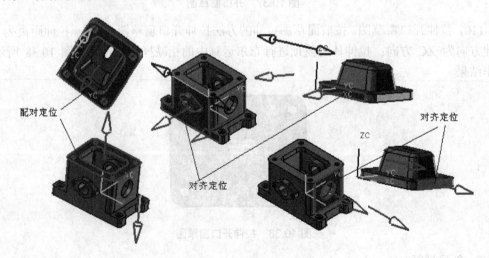

图 10.40　方箱体组件配对方式

图 10.41　添加方箱体组件

(4) 添加螺钉组件。按上面的方法添加 luoding.prt，配对类型有对齐、中心两种方式，按图 10.42 所示选择配对对象，操作结果如图 10.43 所示。

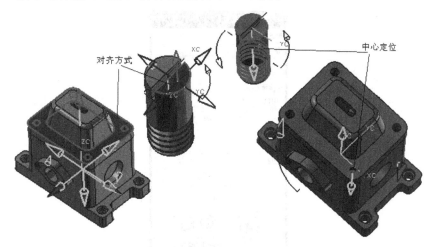

图 10.42　螺钉组件配对方式

图 10.43　添加螺钉结果

(5) 创建螺钉组件阵列。单击【装配】工具条中【创建组件阵列】图标，用鼠标选择螺钉组件，打开【创建组件阵列】对话框，所有选项按默认值不变，单击【确定】按钮，完成螺钉组件阵列的创建，如图 10.44 所示。

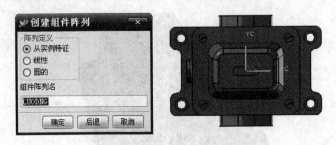

图 10.44 创建螺钉组件阵列

5. 工程图设计

方箱的工程图设计是对方箱模型绘制二维工程图的过程。本实例只绘制模型的装配图，不绘制零件图。方箱的装配图设计包括三视图、剖视图等视图的绘制。

(1) 进入 UG NX 4.0 制图环境，打开【插入图纸页】对话框，输入图纸页名称为 SHT1，选择图纸型号为 A3-297×420，其他参数值不变，如图 10.45 所示，单击【确定】按钮。

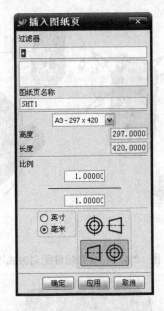

图 10.45 【插入图纸页】对话框

(2) 绘制三视图。在【图纸布局】工具条中单击【基本视图】图标 。此时，打开【基本视图】工具条，如图 10.46 所示。在【样式】下拉列表框中选择【前视图】选项，把鼠标移动到适当的位置，单击后绘制前视图。按如此操作分别绘制左视图、俯视图，操作结果如图 10.47 所示。

图 10.46 【基本视图】工具条

(3) 简单标注方箱三视图。在【尺寸】工具条中选择各尺寸标注命令对方箱三视图进行标注，如图 10.48 所示。

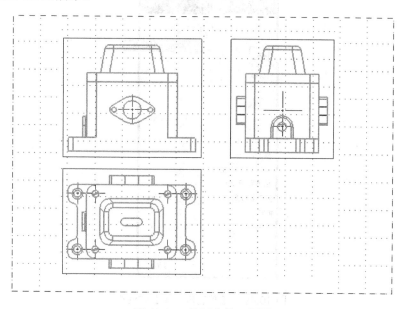

图 10.47　绘制方箱三视图

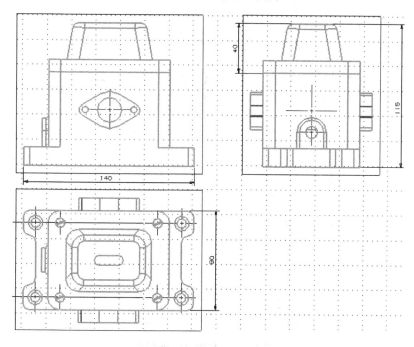

图 4.48　标注方箱三视图

(4) 绘制方箱阶梯剖视图。在【图纸布局】工具条中单击【其他视图】图标，打开【其它剖视图】对话框，如图 10.49 所示选择图标表示阶梯剖类型，选择方箱俯视图作为父视图，定义折页线矢量方向，单击【应用】按钮，打开【剖面线生成】对话框，定义剖视图的切削位置，操作结果如图 10.50 所示。

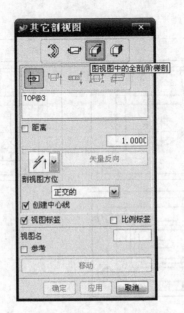

图 10.49 【其它剖视图】对话框

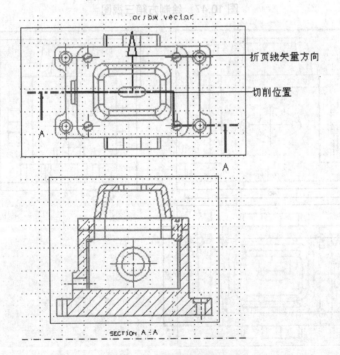

图 10.50 方箱阶梯剖视图

10.2 齿轮设计

齿轮设计包括齿轮轴、盘型齿轮,以及键的建模、装配等设计内容。下面将对其分别介绍。

10.2.1 模型介绍

齿轮轴模数为 5，齿数为 19；盘型齿轮为 5，齿数为 51；键按标准件进行设计。装配部件的模型如图 10.51 所示。

图 10.51 齿轮装配模型

10.2.2 设计步骤

齿轮主要由 3 个零部件装配而成，设计过程主要包括齿轮轴、键和盘型齿轮的创建过程，以及齿轮和齿轮轴的装配过程。

1. 创建齿轮轴

(1) 新建文件 chilunzhou.prt，进入建模环境。在 XC-YC 平面绘制轴截面的草图曲线，按图 10.52 所示的尺寸要求进行绘制。

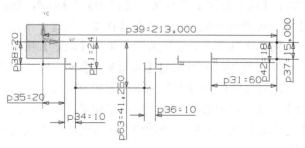

图 10.52 绘制轴截面草图

(2) 旋转轴截面草图。在【成形特征】工具条中单击【回转】图标，打开【回转】对话框，按图 10.53 给定参数输入对话框参数栏，单击【确定】按钮，完成旋转轴截面操作，如图 10.54 所示。

(3) 添加辅助基准面。此步操作是在小轴端表面相切位置创建一辅助基准面，并且使辅助基准面垂直于前面的草图基准面。在【成形特征】工具条中单击【基准面】图标，打开【基准平面】对话框，分别选择小轴端圆柱面和草图基准面，单击【应用】按钮，创建与所选圆柱面相切并与所选基准面垂直的基准平面,如图 10.55 所示。

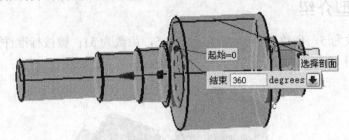

图 10.53 旋转轴截面草图预览

图 10.54 旋转轴截面草图操作结果

图 10.55 创建辅助基准平面

(4) 创建键槽。单击【成形特征】工具条中【键槽】图标，选择矩形键槽类型，以步骤(3)创建的辅助平面为键槽的安放平面，选择【接受默认边】按钮，打开【水平参考】对话框，选择通过轴线的草图基准面为键槽方向，单击【确定】按钮，打开【矩形键槽】对话框，输入键槽参数，如图 10.56 所示的【编辑参数】对话框。单击【确定】按钮打开【定位方式】对话框，选择【线落到线上】的定位方式定位长度方向，依次选择草图基准面和键槽长度方向的中心线，使中心线落在所选的草图基准面上；在小轴端平面创建一基准面，选择【平行】方式定位宽度方向，使键槽宽度方向的中心线与轴端基准面尺寸距离为 31.5，如图 10.57 所示。

图 10.56 【编辑参数】对话框

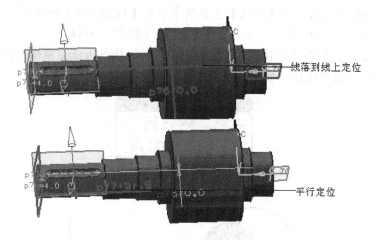

图 10.57 键槽定位方式及定位尺寸

(5) 绘制齿轮的基圆、齿根圆、齿顶圆和分度圆。按如图 10.58 所示的尺寸要求绘制圆曲线。

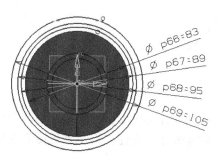

图 10.58 绘制齿轮曲线

(6) 创建齿轮渐开线表达式。在菜单栏中选择【工具】|【表达式】命令，打开【表达式】对话框，按如图 10.59 所示的内容创建渐开线表达式。其中 a，b 表示渐开线的角度范围(0～360°)；m 为模数；r 为基圆半径；s 表示角度变量(0～360°)；Z 表示齿数；xt、yt 和 zt 表示曲线坐标。

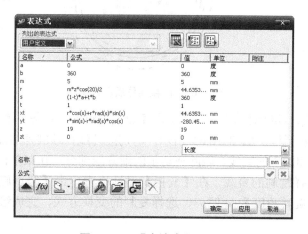

图 10.59 【表达式】对话框

(7) 绘制齿轮渐开线。在【曲线】工具条中单击【规则曲线】图标 XYZ～，打开【规律函数】对话框，如图 10.60 所示。单击【根据方程】图标，在接下来打开的对话框中，两次单击【确定】，再回到【规律函数】对话框中，按上面的方法重复操作两次，依次运行 xt、yt 和 zt 关于 t 的表达式，绘制齿轮渐开线，如图 10.61 所示。

图 10.60　【规律函数】对话框

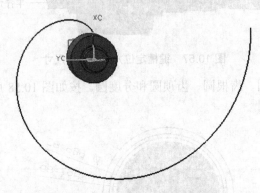

图 10.61　绘制齿轮渐开线

(8) 绘制齿廓曲线。齿廓曲线的绘制比较复杂，分为多个步骤。在进行此步操作前，先把实体隐藏起来，这样绘制起来比较方便，再定制视图为左视图，如图 10.62 所示。

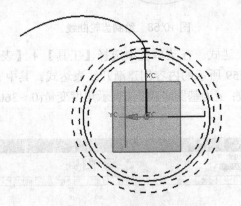

图 10.62　隐藏实体后左视图

(9) 剪切渐开线，绘制对称中心线。单击【曲线编辑】工具条中【修剪曲线】图标，打开【修剪曲线】对话框，如图 10.63 所示，剪切渐开线齿顶圆外的部分；绘制连接分度圆与渐开线的交点和圆心的直线，删除剪切了的渐开线部分；在菜单栏中选择【编辑】｜【变换】命令，选择绘制的直线，在【变换】对话框中单击【绕点旋转】按钮，选择圆心点作为旋转点，旋转角度为 4.7368，选择复制的变换方式，完成绘制对称中心线，如图 10.64 所示。

第 10 章 UG 设计综合范例

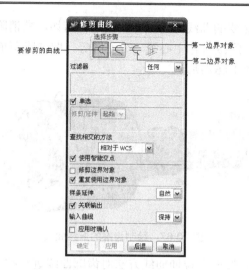

图 10.63 【修剪曲线】对话框

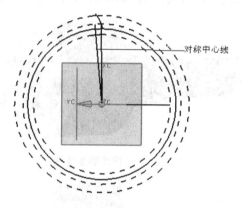

图 10.64 绘制对称中心线

(10) 镜像渐开线。在菜单栏中选择【编辑】|【变换】命令，选择绘制的直线，在【变换】对话框中单击【用直线作镜像】按钮，选择上一步绘制的对称中心线作为镜像用的直线，选择复制的变换方式，完成操作后如图 10.65 所示。

(11) 绘制直线，连接渐开线与基圆交点和基圆圆心，并把它们在齿根圆内部分剪切掉，如图 10.66 所示。

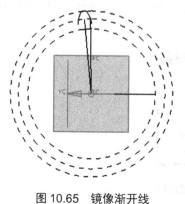

图 10.65 镜像渐开线　　　　　　　　图 10.66 绘制齿根直线

(12) 隐藏、删除不必要的曲线，对某些曲线进行剪切、取消隐藏实体。删除基圆、剪切的齿根圆、齿顶圆等，隐藏对称中心线、分度圆等，取消隐藏前面创建的实体，得到绘制齿廓的最终曲线，如图10.67所示。

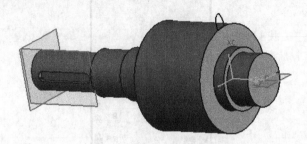

图10.67　绘制齿廓的最终曲线

(13) 拉伸齿廓曲线。按前面拉伸曲线方法对齿廓曲线进行拉伸，拉伸参数如图10.68所示。拉伸完后进行求和运算，得到如图10.69所示的操作结果。

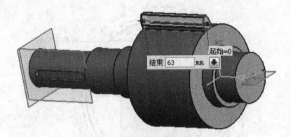

图10.68　拉伸齿廓曲线预览

图10.69　拉伸齿廓曲线结果

(14) 创建齿廓环形阵列。用上一步拉伸的齿廓创建环形阵列，阵列参数如图10.70所示的【实例】对话框，操作的结果如图10.71所示。

图10.70　【实例】对话框

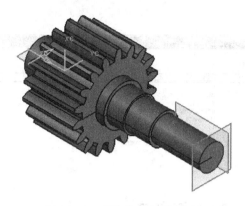

图 10.71 创建齿廓环形阵列

2. 创建盘型齿轮

(1) 新建文件名为 panxingchilun.prt，创建圆柱体。在坐标原点创建一圆柱体直径 242.5，高度 56。

(2) 绘制基圆、分度圆、齿根圆和齿顶圆。基圆直径为 239.62；分度圆直径为 255；齿根圆直径为 242.5；齿顶圆直径为 265，如图 10.72 所示。

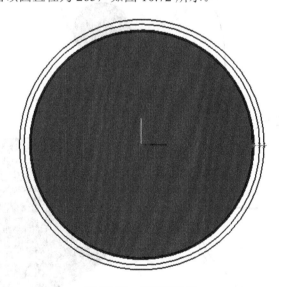

图 10.72 绘制圆曲线

(3) 创建渐开线表达式。按与齿轮轴设计的步骤(6)类似的方法创建如图 10.73 所示的表达式。

(4) 创建渐开线。与齿轮轴设计的步骤(7)的方法类似，结果如图 10.74 所示。

(5) 绘制齿廓曲线。操作方法跟齿轮轴齿廓曲线绘制相同，其中，在绘制对称中心线时旋转角度为 1.764 度，由于盘型齿轮的齿根圆半径大于基圆，所以齿廓线都为渐开线。最终的齿廓曲线如图 10.75 所示。

(6) 拉伸盘型齿轮的齿廓曲线。先把其他曲线隐藏，只留下齿廓曲线，并取消隐藏圆柱体，拉伸操作方法跟前面相同，其中，拉伸长度为 56，拉伸方向为-ZC 方向，操作结果如图 10.76 所示。

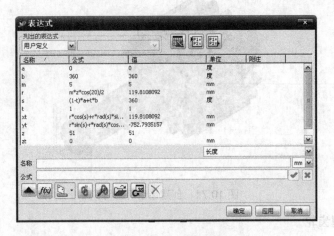

图 10.73　渐开线表达式

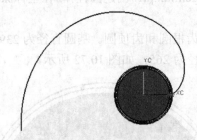

图 10.74　创建渐开线

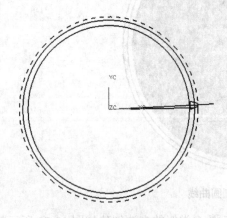

图 10.75　绘制齿廓曲线

图 10.76　拉伸盘型齿轮的齿廓曲线

（7）创建盘型齿轮的齿廓环形阵列。与齿轮轴设计的步骤(14)操作方法相同，阵列的参数如图 10.77 所示的【实例】对话框，齿廓环形阵列的操作结果如图 10.78 所示。

（8）盘型齿轮中心孔特征操作。孔的直径为 30，孔的定位方式为【点到点】定位方式，即孔中心与齿轮齿根圆中心重合，操作结果如图 10.79 所示。

（9）绘制键槽草图。在 XC-YC 平面绘制如图 10.80 所示的草图。

（10）创建键槽。利用拉伸命令对键槽草图进行拉伸操作，并与盘型齿轮进行相减操作。其中，拉伸距离为 56，拉伸方向为-ZC 方向，操作结果为 10.81 所示。

图 10.77 【实例】对话框

图 10.78 齿廓环形阵列

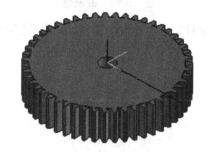
图 10.79 创建中心孔特征

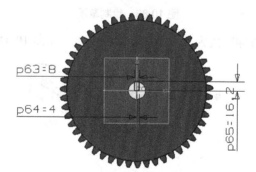
图 10.80 键槽草图

图 10.81 创建键槽

3. 创建键

键的模型简单，如图10.82所示。

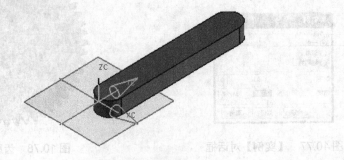

图 10.82 键模型

(1) 新建文件名 jian.prt 文件，在 XC-YC 面上绘制如图10.83所示的草图。

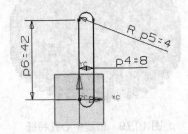

图 10.83 绘制草图

(2) 拉伸键草图。拉伸距离为5，方向为+ZC方向，如图10.84所示的拉伸预览。

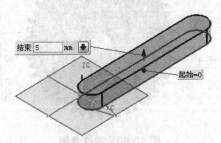

图 10.84 键草图的拉伸预览

4. 装配

把齿轮轴、盘型齿轮和键等部件装配起来，完成齿轮设计。

(1) 新建文件名为 chilun.prt 的文件，按方箱设计实例中方箱装配设计的步骤(2)的方法添加组件 chilunzhou.prt。

(2) 添加键组件。单击【装配】工具条中【添加现有组件】图标，打开【选择部件】对话框，选择 jian.prt，添加方式为【配对】；配对类型为【配对】方式，配对对象选择如图10.85所示。添加键组件的操作结果如图10.86所示。

(3) 添加盘型齿轮组件。按与步骤(2)类似的方法添加此组件；配对类型包括配对、中心和平行3种类型，如图10.87所示。添加盘型齿轮组件的操作结果如图10.51所示。

第 10 章 UG 设计综合范例

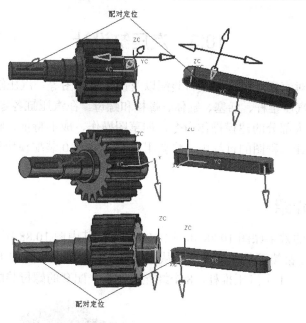

图 10.85 键组件配对约束对象选择

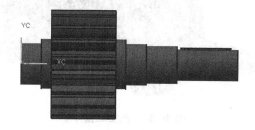

图 10.86 添加键组件

图 10.87 盘型齿轮组件配对约束对象选择

10.3 汽压缸设计

汽压缸设计是对汽压缸进行建模、装配以及设计工程图等。汽压缸由 7 部分组成，分别是前盖、后盖、汽压推杆、活塞、缸体、螺栓和螺母。在汽压缸各零部件的建模过程中，本节将用到本书中大部分的建模操作命令，如草图操作、成形特征、特征操作等；在汽压缸的装配设计和设计工程图的过程中，将要用到 UG NX 4.0 装配模块和工程图模块的诸多基本操作。

10.3.1 模型介绍

这个实例模型的效果如图 10.88 和图 10.89 所示。其中图 10.88 所示为汽压缸整体图。图 10.89 所示为汽压缸模型的爆炸视图，从图中可以知道：汽压缸由 1 个缸体、1 个前盖、1 个后盖、1 个活塞、1 个汽压推杆、8 个螺栓以及 8 个配套的螺母装配而成。

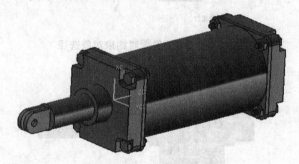

图 10.88 汽压缸整体图

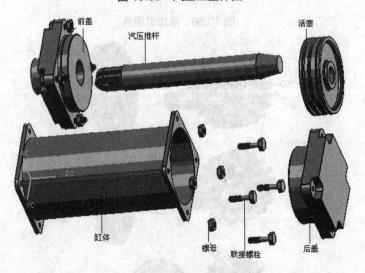

图 10.89 汽压缸爆炸视图

汽压缸的设计流程如下：
(1) 创建汽压缸的缸体。
(2) 创建汽压缸的前盖。

(3) 创建汽压缸的后盖。
(4) 创建汽压缸的活塞。
(5) 创建汽压缸的汽压推杆。
(6) 创建汽压缸的联接螺栓。
(7) 创建汽压缸的螺母。
(8) 汽压缸装配设计。
(9) 创建汽压缸的爆炸视图。
(10) 设计汽压缸的工程图。

10.3.2 设计步骤

由上面的设计流程可知，汽压缸的设计主要包括：汽压缸零部件的建模、汽压缸的装配和汽压缸工程图的设计。下面将详细介绍其设计过程。

1. 汽压缸缸体设计

汽压缸缸体结构简单，如图 10.90 所示，缸体由 2 个安装端、1 缸筒和 4 个定位孔组成。缸体建模所用到的操作有草图命令、特征操作、成形特征等 UG NX 4.0 建模命令。

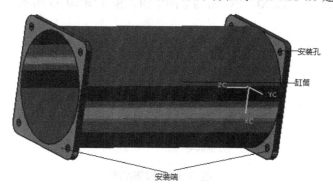

图 10.90　缸体模型

(1) 新建模型文件。在菜单栏中选择【文件】|【新建】命令，输入文件名 qiyatao.prt，选择单位为毫米，单击 OK 按钮，创建汽压缸缸体模型文件。

(2) 绘制安装端面草图。在菜单栏中选择【插入】|【草图】命令，或者在【成形特征】工具条中单击【草图】图标，打开草图绘制环境，在打开的草图工具条中单击图标，在 XC-YC 平面按 UG NX 4.0 草图绘制的方法绘制如图 10.91 所示的草图曲线。

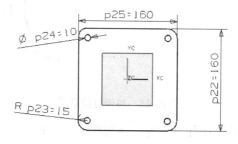

图 10.91　草图绘制

(3) 拉伸草图曲线。在【成形特征】工具条中单击【拉伸】图标,打开【拉伸】对话框。在【拉伸】对话框中输入【限制】选项的参数值:起始值 0,结束值 8;选择步骤(2)绘制的草图曲线为剖面线圈,拉伸方向为+ZC 方向。【拉伸】对话框和拉伸操作结果如图 10.92 所示。

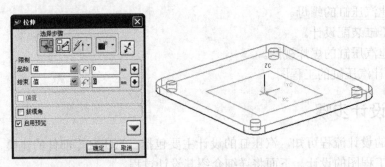

图 10.92 草图的拉伸操作

(4) 绘制缸筒草图曲线。在【实用】工具条单击【原点】图标,或者选择【格式】|WCS |【原点】命令,打开【点构造器】对话框,把坐标移动到距离基点:XC 为 0、YC 为 0、ZC 为 8 的位置,以 XC-YC 面为草图平面,按如图 10.93 所示的尺寸要求绘制草图圆曲线。

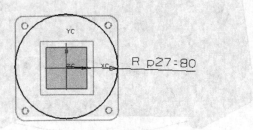

图 10.93 缸筒草图

(5) 拉伸缸筒草图。按与步骤(3)相同的方法,在【拉伸】对话框中输入【限制】选项的参数值:起始值 0,结束值 304;选择步骤(4)绘制的草图圆曲线为剖面线圈,拉伸方向为+ZC 方向。拉伸操作结果如图 10.94 所示。

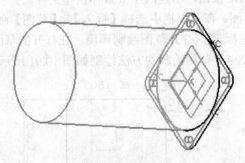

图 10.94 拉伸缸筒草图

(6) 创建基准平面。此步操作是创建一镜像的基准平面。在【特征操作】对话框中单击【基准平面】图标,打开【基准平面】对话框,如图 10.95 所示。选择【固定方法】

选项组中的图标 ，在【偏置】文本框输入参数值为 152，偏置方向为默认值，单击【确定】按钮，得到如图 10.96 所示的操作结果。

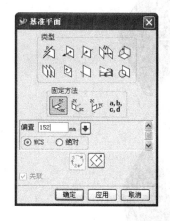

图 10.95 【基准平面】对话框

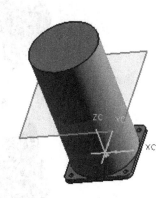

图 10.96 创建基准平面

(7) 镜像安装端面。运用【镜像特征】操作命令，并以上一步创建的基准平面作为镜像平面对安装端面进行镜像操作。在【特征操作】工具条中单击【实例特征】命令，选择【镜像特征】选项，打开【镜像特征】对话框，如图 10.97 所示；在【镜像特征】对话框中选择步骤(3)的拉伸体为要镜像的特征，选择步骤(6)创建的基准平面为镜像面，操作结果如图 10.98 所示。

图 10.97 【镜像特征】对话框

图 10.98 镜像安装端面

(8) 相加运算。运用布尔运算中的求和运算把各个特征加起来，此步操作十分简单，这里就不再赘述。

(9) 创建中心孔。在【成形特征】工具条中单击【孔】图标 ，打开【孔】对话框，选择孔的类型为简单孔，选择缸体的上表面为放置面，下表面为孔的通过面，孔的直径参数为 150；定位方式为【点到点】的定位，即缸筒中心与孔中心重合的方式定位孔。操作结果如图 10.99 所示。

(10) 隐藏除实体外的其他图形元素。在菜单栏中选择【编辑】|【隐藏】|【隐藏】命令，打开【类选择】对话框，选择除实体外的所有图形元素，再单击【确定】按钮，得到如图 10.100 所示的结果。

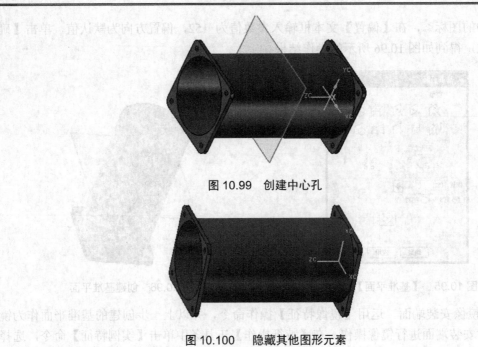

图 10.99　创建中心孔

图 10.100　隐藏其他图形元素

2. 汽压缸后盖设计

汽压缸后盖模型如图 10.101 所示，后盖由 1 个盖体、4 个安装基座、1 安装轴端和 4 个安装定位孔组成。

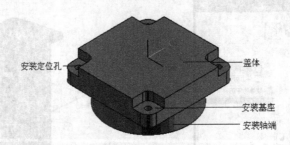

图 10.101　汽压缸后盖模型

(1) 新建模型文件。在菜单栏中选择【文件】|【新建】命令，输入文件名 qiyabeiban.prt，选择单位为毫米，单击 OK 按钮，创建汽压缸后盖模型文件。

(2) 绘制盖体草图。按与缸体设计步骤(2)相同的方法绘制如图 10.102 所示的草图曲线。

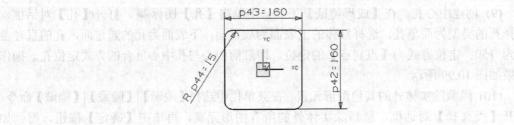

图 10.102　盖体草图

(3) 拉伸盖体草图。按与缸体设计步骤(3)相似的方法，输入【限制】选项的参数值：起始值 0，结束值 35，选择步骤(2)绘制的草图曲线为剖面线圈，拉伸方向为+ZC 方向。拉伸操作结果如图 10.103 所示。

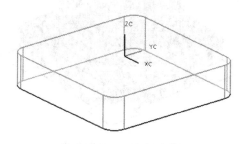

图 10.103　拉伸草图

(4) 绘制端盖安装基座草图。移动坐标系，在【实用】工具条中单击【原点】图标，或者选择【格式】|WCS|【原点】命令，把坐标移动到距离基点：XC 为 0、YC 为 0、ZC 为 35 的位置；按与缸体设计的步骤(2)相同的方法绘制如图 10.104 所示的草图曲线。

(5) 拉伸端盖安装面草图曲线。按与缸体设计的步骤(3)相似的方法，输入【限制】选项的参数值：起始值 0，结束值 15，选择步骤(4)绘制的端盖安装面草图为剖面线圈，拉伸方向为-ZC 方向，布尔运算类型选择求差运算，得到的操作结果如图 10.105 所示。

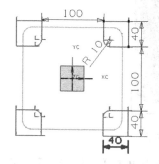

图 10.104　端盖安装基座草图

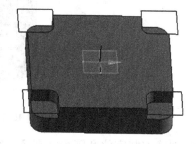

图 10.105　拉伸端盖安装基座草图

(6) 绘制盖体反面圆曲线。把坐标移动到距离基点：XC 为 0、YC 为 0、ZC 为-35 的位置，在盖体反面绘制直径为 150，圆心为坐标原点的圆，如图 10.106 所示。

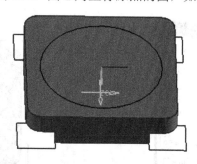

图 10.106　绘制盖体反面上圆曲线

(7) 拉伸圆曲线。按照前面拉伸的方法对圆曲线进行拉伸，其中拉伸输入【限制】选项的参数值：起始值 0，结束值 35，选择圆曲线为剖面线圈，拉伸方向为-ZC 方向，布尔运算类型选择求和运算,得到的操作结果如图 10.107 所示,到此汽压缸后盖创建完毕。

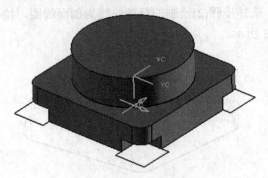

图 10.107 拉伸圆曲线

(8) 创建安装定位孔。在【成形特征】工具条中单击【孔】图标,打开【孔】对话框,分别选择安装基座上表面为放置面,下表面为通过面,孔直径为 10,定位方式为点到点定位,即孔中心与安装基座圆角中心重合,操作结果如图 10.108 所示。

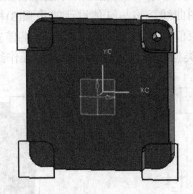

图 10.108 创建安装定位孔

(9) 创建安装定位孔阵列。在【特征操作】工具条中单击【实例特征】图标,打开【实例】对话框,单击【矩形阵列】按钮,选择步骤(8)创建的孔特征作为阵列特征,打开【输入参数】对话框,输入参数值,如图 10.109 所示,单击【确定】按钮,创建引用特征,如图 10.110 所示。

图 10.109 输入参数对话框

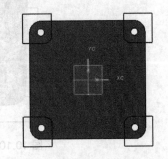

图 10.110 创建安装定位孔阵列

3. 汽压缸前盖设计

汽压缸前盖模型如图 10.111 所示，前盖由 1 个盖体、4 个安装基座、1 配套轴端、1 个密封槽、1 个凸台和 4 个安装定位孔、1 个中心孔组成。

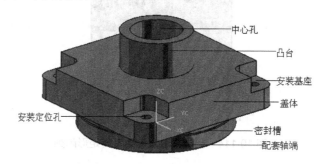

图 10.111　汽压缸前盖

(1) 新建模型文件。在菜单栏中选择【文件】|【新建】命令，输入文件名 qiyahouban.prt，选择单位为毫米，单击 OK 按钮，创建汽压缸前盖模型文件。

(2) 绘制盖休草图。操作方法和草图曲线同缸后盖设计的步骤(2)一样，这里就不再赘述。

(3) 拉伸盖体。该步操作同缸后盖设计的步骤(3)操作一样，操作结果如图 10.112 所示。

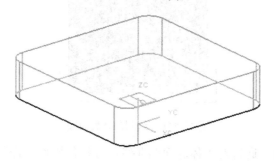

图 10.112　拉伸盖体

(4) 创建安装基座。按照缸后盖设计的步骤(4)、(5)相同的步骤进行操作，操作结果如图 10.113 所示。

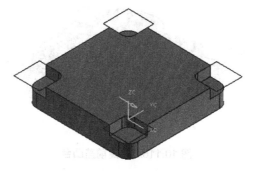

图 10.113　创建安装基座

(5) 创建安装定位孔及其矩形阵列。按照缸后盖设计的步骤(8)、(9)相同的方法创建安装定位孔，操作结果如图 10.114 所示。

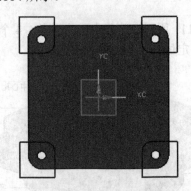

图 10.114　创建安装定位孔及其矩形阵列

(6) 绘制盖体底面圆曲线。在【曲线】工具条中单击【基本/曲线】图标，打开【基本曲线】对话框，在坐标原点、XC-YC 平面处绘制一直径为 70mm 的圆，操作结果如图 10.115 所示。

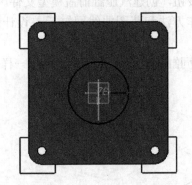

图 10.115　绘制盖体底面圆

(7) 创建前盖凸台。通过对盖体底面圆曲线进行拉伸操作，操作方法与缸体设计的步骤(3)相似，其中，输入【限制】选项的参数值：起始值 35，结束值 70，选择步骤(6)绘制的草图曲线为剖面线圈，拉伸方向为+ZC 方向，选择布尔运算为相加运算。拉伸操作结果如图 10.116 所示。

图 10.116　创建前盖凸台

(8) 绘制密封槽和配套轴端草图。调整视图为右视图，进入草图绘制环境，以 YC-ZC 为草图放置面，绘制如图 10.117 所示的草图曲线。

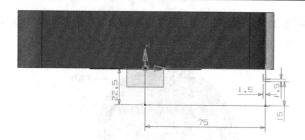

图 10.117　绘制密封槽和配套轴端草图

(9) 创建密封槽和配套轴端。运用【回转】命令来完成此操作。在【成形特征】工具条中单击【回转】图标，打开【回转】对话框，选择步骤(8)绘制的草图曲线为剖面线圈，以+ZC 轴为旋转矢量，选择坐标原点为旋转点，布尔运算方式为相加运算，角度限制参数为默认值不变，操作结果如图 10.118 所示。

图 10.118　创建密封槽和配套轴端

(10) 创建中心孔。在【成形特征】工具条中单击【孔】图标，打开【孔】对话框，分别选择凸台上表面为放置面，配套轴端下表面为通过面，孔直径为 50，定位方式为点到点定位，即孔中心与凸台中心重合，操作结果如图 10.119 所示。

图 10.119　创建中心孔

4. 汽压缸活塞设计

汽压缸活塞模型如图 10.120 所示，活塞由活塞体、活塞孔以及端面倒圆角组成。

(1) 新建模型文件。在菜单栏中选择【文件】|【新建】命令，输入文件名 qiyahuosai.prt，选择单位为毫米，单击 OK 按钮，创建汽压缸活塞模型文件。

(2) 绘制活塞体草图。按前面的草图绘制方法，以 XC-YC 平面为草图面绘制如图 10.121 所示的草图曲线。

(3) 回转活塞体草图。采用与缸前盖设计的步骤(9)相同的方法，运用【回转】命令来完成此操作。选择步骤(2)绘制的草图曲线为剖面线圈,以+XC 轴为旋转矢量,选择坐标原点为旋转点,操作结果如图 10.122 所示。

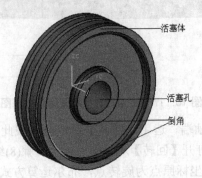

图 10.120 汽压缸活塞模型

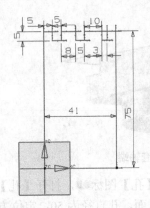

图 10.121 绘制活塞体草图

图 10.122 回转活塞体草图

(4) 绘制活塞中心孔草图。按照前面的草图绘制方法在 ZC-XC 平面绘制如图 10.123 所示的草图曲线。

(5) 创建活塞中心孔。采用与缸前盖设计的步骤(9)相同的方法,运用【回转】命令来完成此操作。选择步骤(4)绘制的草图曲线为剖面线圈,以+XC 轴为旋转矢量,选择坐标原点为旋转点,选择布尔运算选项中的相减操作,操作结果如图 10.124 所示。

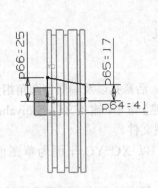

图 10.123 绘制活塞中心孔草图

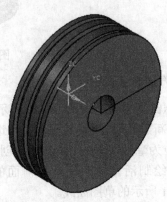

图 10.124 创建活塞中心孔

(6) 绘制活塞端部草图。按与步骤(4)相同的方法在 ZC-XC 平面绘制如图 10.125 所示的草图。

(7) 创建活塞端部。此步操作完成与步骤(5)相同，这里就不再赘述，操作结果如图 10.126 所示。

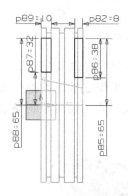 

图 10.125　绘制活塞端部草图　　　　图 10.126　创建活塞端部

(8) 活塞端部倒圆角。在【成形特征】工具条单击【边倒圆】图标，打开【边倒圆】对话框，按图 10.127 所示的位置选择倒角边，倒角半径为 3mm，操作结果如图 10.128 所示。

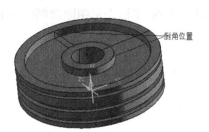 

图 10.127　倒角边位置　　　　图 10.128　活塞端部倒圆角

5. 汽压缸推杆设计

汽压缸推杆模型如图 10.129 所示。汽压缸推杆包括推杆轴、配对端、安装端以及安装孔组成。

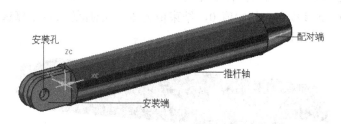

图 10.129　汽压缸推杆模型

(1) 新建模型文件。在菜单栏中选择【文件】|【新建】命令，输入文件名 qigangtuigan.prt，选择单位为毫米，单击 OK 按钮，创建汽压缸推杆模型文件。

(2) 绘制推杆轴及配对端草图。按前面的草图绘制方法，以 XC-YC 平面为草图面上绘制如图 10.130 所示的草图曲线。

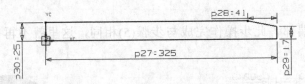

图 10.130 推杆轴及配对端草图

(3) 回转推杆轴及配对端草图。利用【回转】命令创建推杆轴及配对端。运用类似于缸前盖设计的步骤(9)的方法，打开【回转】对话框，选择步骤(2)绘制的推杆轴及配对端草图为剖面线圈，以+ZC 轴为旋转矢量，选择坐标原点为旋转点，角度限制参数为默认值不变，单击【确定】按钮，完成操作如图 10.131 所示。

图 10.131 创建推杆轴及配对端

(4) 绘制安装端草图。按前面的草图绘制方法，以 YC-ZC 平面为草图面绘制如图 10.132 所示的草图曲线。

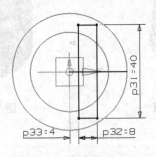

图 10.132 安装端草图

(5) 拉伸安装端草图。利用拉伸命令对上一步绘制的草图进行拉伸，拉伸方向为草图垂直方向，拉伸限制参数为：起始值 0，结束值为 60，选择的布尔运算选项为相加运算，操作结果如图 10.133 所示。

图 10.133 拉伸安装端草图

(6) 安装端倒圆角。按与活塞设计的步骤(8)类似的方法对安装端顶部边进行边倒圆操作，圆角半径为 20，操作结果如图 10.134 所示。

图 10.134　安装端倒圆角

(7) 创建安装孔。按与缸前盖设计的步骤(10)类似的方法，分别选择安装端两表面为放置面和通过面，孔直径为 14，定位方式为点到点定位，即孔中心与圆角中心重合，操作结果如图 10.135 所示。

图 10.135　创建安装孔

(8) 创建基准平面。在坐标系的 YC-ZC 平面创建一基准面，创建方法与前面的方法类似，这里就不再赘述，操作结果如图 10.136 所示。

图 10.136　创建基准平面

(9) 镜像安装端、安装孔以及倒圆角。按与缸体设计的步骤(7)类似的方法对安装端进行镜像，在【镜像特征】对话框中选择安装端、安装孔以及倒圆角为要镜像的特征。选择步骤(8)创建的基准平面为镜像面，操作结果如图 10.137 所示。此时，汽压缸推杆创建完毕。

图 10.137　镜像安装端、安装孔以及倒圆角

6. 创建联接螺栓和配套螺母

联接螺栓和配套螺母属于两个模型文件，这里把它们放在一起介绍，模型如图 10.138 所示。

(1) 新建螺栓模型文件。在菜单栏中选择【文件】|【新建】命令，输入文件名 luoshua

ntou.prt，选择单位为毫米，单击 OK 按钮，创建联接模型文件。

图 10.138 联接螺栓及配套螺母

(2) 绘制正六边形。在【曲线】工具条中单击【多边形】图标⊙，打开【多边形】对话框，输入侧面数为 6，单击【确定】按钮，打开选择创建方式的【多边形】对话框，选择【外切圆半径】选项，在打开的输入参数的【多边形】对话框输入以下参数值：圆半径为 12，方位角为 0，如图 10.139 所示，单击【确定】按钮，以坐标原点为正六边形中心，操作结果如图 10.140 所示。

图 10.139 输入参数的多边形对话框

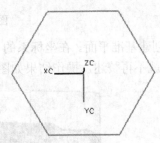

图 10.140 绘制正六边形

(3) 拉伸正六边形。该步跟前面的拉伸操作类似，拉伸方向为+ZC 方向，拉伸限制参数为：起始值 0，结束值为 8，操作结果如图 10.141 所示。

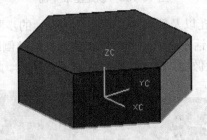

图 10.141 拉伸正六边形

(4) 创建圆柱体。把坐标系移动到距离基点：XC 为 0、YC 为 0、ZC 为 8 的位置；在【成形特征】工具条中单击【圆柱】图标，打开【圆柱】对话框，选择圆柱创建方式为【直径，高度】方式，以+ZC 方向为圆柱方向，输入参数值：直径为 10；高度为 45，如图 10.142 所示【编辑参数】，操作结果如图 10.143 所示。

(5) 螺栓倒斜角。在【成形特征】工具条中单击【倒斜角】对话框，选择倒斜角创建方式为【等距离偏置】，输入偏置值为 1.5，操作结果如图 10.144 所示。

图 10.142 【编辑参数】对话框

图 10.143 创建圆柱体

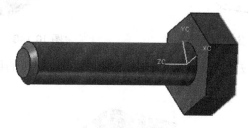

图 10.144 螺栓倒斜角

(6) 创建螺纹。在【特征操作】工具条中单击【螺纹】图标，打开【螺纹】对话框，选择螺纹类型为详细型，选择圆柱面为螺纹面，圆柱体的自由端面为螺纹起始面，输入螺纹参数，如图 10.145 所示的【编辑螺纹】对话框。创建螺纹的操作结果如图 10.146 所示。

图 10.145 【编辑螺纹】对话框

图 10.146 创建螺纹

(7) 新建模型文件。在菜单栏中选择【文件】|【新建】命令，输入文件名 luomu.prt，

选择单位为毫米，单击 OK 按钮，创建螺母模型文件。

(8) 重做与步骤(1)、(2)相同的操作，操作结果如图 10.140 所示。

(9) 创建螺母中心孔。按与缸前盖设计的步骤(10)类似的方法，分别选择螺母两表面为放置面和通过面，孔直径为 10，定位方式为平行定位方式，定位尺寸如图 10.147 所示，操作结果如图 10.148 所示。

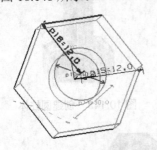 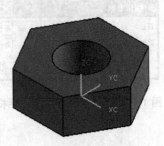

图 10.147　孔定位尺寸　　　　　　　　图 10.148　创建螺母中心孔

(10) 创建螺母螺纹按步骤(6)螺栓螺纹的创建方法创建螺母的螺纹，螺纹参数相同，操作结果如图 10.149 所示。

图 10.149　创建螺母螺纹

7. 汽压缸装配设计

汽压缸由缸体、前盖、后盖、活塞、推杆、联接螺栓以及配套螺母装配而成。汽压缸装配设计是采用从底向上的装配方法。

(1) 创建文件名为 zhuangpeiti.prt 的模型文件，进入装配应用环境，打开【装配】工具条。

(2) 添加缸体组件。在【装配】工具条中单击【添加现有组件】图标，选择 qiyatao.prt。缸体组件的添加是按照绝对定位方式，选择绝对定位的基点是为坐标原点，添加方箱体组件到装配文件中，把它作为参考组件。

(3) 添加后盖组件。按上面的方法选择文件 qiyabeiban.prt，打开【选择现有部件】对话框，选择【配对】定位方式，单击【确定】按钮，打开【配对条件】对话框，配对类型为配对、对齐和中心 3 种配对方式，配对对象的选择按如图 10.150 所示的要求，操作结果如图 10.151 所示。

(4) 添加前盖组件。按照上面同样的方法添加文件 qiyahouban.prt，在【配对条件】对话框，配对类型同样为配对、对齐和中心 3 种配对方式，配对对象的选择按如图 10.152 所示的要求，操作结果如图 10.153 所示。

第 10 章 UG 设计综合范例

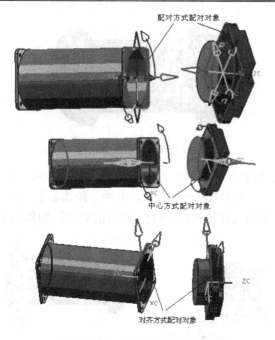

图 10.150 后盖组件的配对对象

图 10.151 添加后盖组件

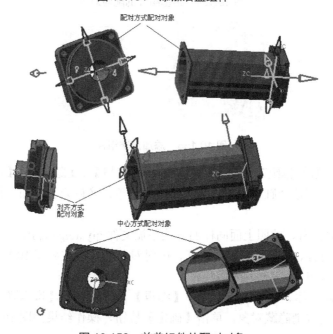

图 10.152 前盖组件的配对对象

图 10.153 添加前盖组件

(5) 添加活塞组件。按照上面同样的方法添加文件 qiyahuosai.prt，在【配对条件】对话框，配对类型同样为中心、距离两种配对方式，其中，距离参数为 100，选择活塞的大孔端面为配对对象。配对对象的选择按如图 10.154 所示的要求，操作结果如图 10.155 所示。

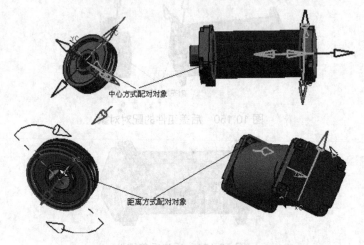

图 10.154 活塞组件的配对对象

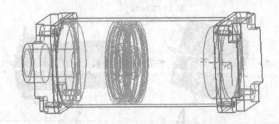

图 10.155 添加活塞组件

(6) 隐藏汽压缸缸体组建。在菜单栏中选择【编辑】|【隐藏】|【隐藏】命令，打开【类选择】对话框，选择缸体组件作为隐藏对象，单击【确定】按钮，操作结果显示缸体被隐藏。

(7) 添加推杆组件。按照上面同样的方法添加文件 qiyatuigan.prt，在【配对条件】对话框，配对类型为对齐、中心两种配对方式，配对对象的选择按如图 10.156 所示的要求，操作结果如图 10.157 所示。

(8) 取消隐藏缸体。在菜单栏中选择【编辑】|【隐藏】|【取消隐藏所选的】命令，选择缸体组件作为取消隐藏对象，单击【确定】按钮，操作结果如图 10.158 所示。

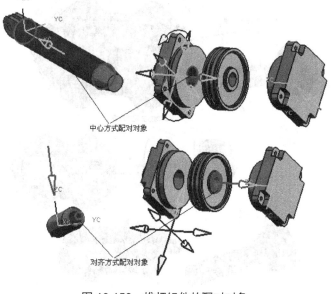

图 10.156　推杆组件的配对对象

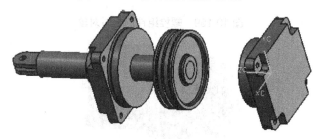

图 10.157　添加推杆组件

图 10.158　取消隐藏缸体

(9) 添加螺栓组件。按前面介绍的方法添加文件 luoshuantou.prt，在【配对条件】对话框，选择配对类型为配对、平行和中心 3 种配对方式，配对对象的选择按如图 10.159 所示的要求，操作结果如图 10.160 所示。

(10) 添加螺母组件。按同样的方法添加文件 luomu.prt，在【配对条件】对话框，选择配对类型为配对、平行和中心 3 种配对方式，配对对象的选择按如图 10.161 所示的要求，操作结果如图 10.162 所示。

(11) 创建螺栓组件阵列。在【装配】工具条中单击【创建组件阵列】图标，用鼠标选择螺栓组件，打开【创建组件阵列】对话框，其中【阵列定义】选项按默认值【从实例特征】不变，单击【确定】按钮，完成螺栓组件阵列的创建，如图 10.163 所示。

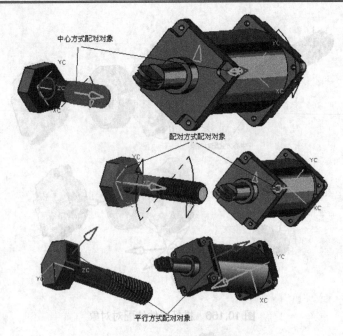

图 10.159 螺栓组件的配对对象

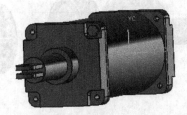

图 10.160 添加螺栓组件

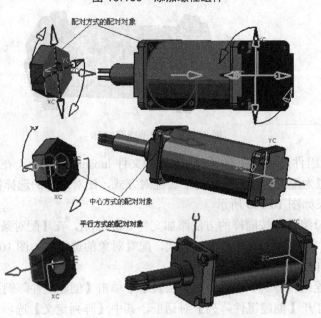

图 10.161 螺母组件的配对对象

第 10 章 UG 设计综合范例

图 10.162 添加螺母组件

图 10.163 创建螺栓组件阵列

(12) 创建螺母组件阵列。该步操作跟步骤(1)类似，只是在【阵列定义】选项选择【线性】选项，打开如图 10.164 所示的【创建线性阵列】对话框，在【方向定义】选项中选中【边缘】单选按钮，选择缸体安装端面边缘作为阵列的方向，如图 10.165 所示，并按图 10.164 所示的要求输入参数，单击【确定】按钮，操作结果如图 10.166 所示。

图 10.164 【创建线性阵列】对话框

图 10.165 选择螺母组件阵列方向

图 10.166 创建螺母组件阵列

(13) 创建基准面。按与缸体设计的步骤(6)相同的方法在缸体中间创建一垂直于缸筒轴线的基准面，如图 10.167 所示。

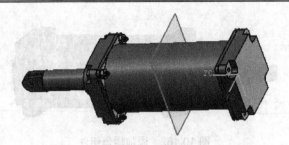

图 10.167 创建基准面

(14) 镜像装配螺栓和螺母组件。在【装配】工具条中单击【镜像装配】图标,打开【镜像装配向导】对话框,单击【下一步】按钮,选择前面几步创建的螺栓和螺母组件作为要镜像的组件,如图 10.168 所示,单击【下一步】按钮,选择上一步的基准平面为镜像面,连续两次单击【下一步】按钮,最后单击【完成】按钮,结果如图 10.169 所示。

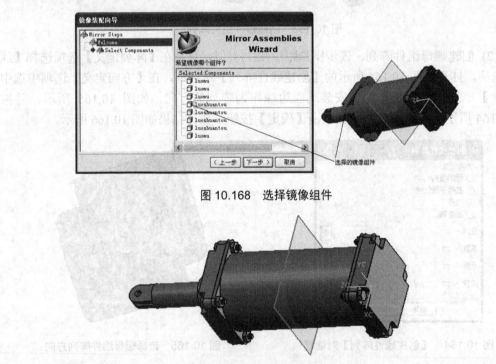

图 10.168 选择镜像组件

图 10.169 镜像装配螺栓和螺母组件

8. 工程图设计

汽压缸的工程图设计是对汽压缸模型绘制二维工程图的过程。本实例绘制模型的装配图,包括三视图、剖视图等视图的绘制。

(1) 进入 UG NX 4.0 制图环境,打开【插入图纸页】对话框,输入图纸页名称为 SHT1,选择图纸型号为 A0-841×1189,其他参数值不变,如图 10.170 所示,单击【确定】按钮。

(2) 绘制汽压缸的三视图。在【图纸布局】工具条中单击【基本视图】图标。此时,打开【基本视图】工具条,在【样式】下拉列表中选择【前视图】选项,把鼠标移动到适当的位置,单击后绘制前视图。按如此操作分别绘制左视图、俯视图,操作结果如图 10.171

所示。

(3) 简单标注汽压缸三视图。在【尺寸】工具条中选择各尺寸标注命令对汽压缸三视图进行标注，如图 10.172 所示。

图 10.170　【插入图纸页】对话框

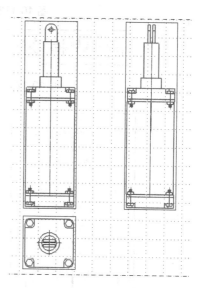

图 10.171　绘制汽压缸三视图

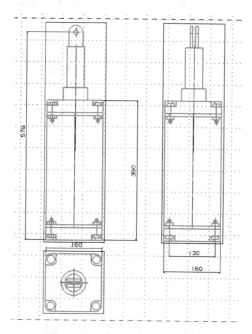

图 10.172　汽压缸三视图标注

(4) 绘制汽压缸剖视图。在【图纸布局】工具条中单击【剖视图】图标 ，打开【剖视图】工具栏，如图 10.173 所示，单击图标 ，选择汽压缸前视图作为父视图，打开【剖面线生成】工具栏，如图 10.174 所示。单击图标 ，选择铰链线来定义剖切位置，然后把剖视图生成到适当的位置，默认的剖视图定义为 A-A 剖，操作结果如图 10.175 所示。

图 10.173　【剖视图】工具栏

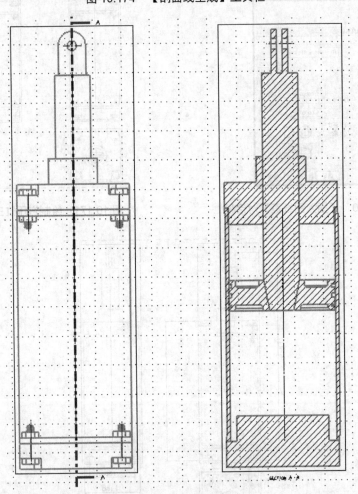

图 10.174　【剖面线生成】工具栏

图 10.175　绘制汽压缸剖视图

10.4　本章小结

本章对 3 个综合设计范例——方箱设计、齿轮设计和汽压缸设计进行了详细介绍。这 3 个设计范例操作命令包含了本书大部分章节所讲述的内容，包括 UG NX 4.0 基本操作、实体建模技术、特征操作与特征编辑、草图设计、装配设计、工程图设计等。通过这 3 个综合范例的详细介绍，使读者对 UG NX 4.0 软件的基础设计内容有了一个较全面的认识。